"十三五"国家重点出版物出版规划项目

现代机械工程系列精品教材

见习机械设计工程师资格考试培训教材

现代机械设计方法

第 3 版

中国机械工程学会机械设计分会　组编

主　编　谢里阳

参　编　钟　莹　赵新军　李剑敏

张　翔　何雪浤

机械工业出版社

本书是根据中国机械工程学会《见习机械设计工程师资格认证实施细则》的规定与要求编写的，其目的是提高大学生从业的适应能力，满足用人单位对人才的迫切需要。

本书的编写充分考虑了工科大学生的基础和现实需要，内容全面，体系清楚，着重实例示范。本书内容包括四大部分：创新设计理论与方法、有限元法与应用、优化设计、可靠性设计。本书基本上包括了工程技术人员需要掌握的现代设计理论知识，在内容上力求做到深入浅出。

本书主要作为高等院校机械工程类专业毕业生和在校大学生参加见习机械设计工程师资格考试的指导教材，也可供有关工程技术人员参考。

图书在版编目（CIP）数据

现代机械设计方法/谢里阳主编. —3 版. —北京：机械工业出版社，2018.10（2023.1 重印）

"十三五"国家重点出版物出版规划项目　现代机械工程系列精品教材

见习机械设计工程师资格考试培训教材

ISBN 978-7-111-61213-1

Ⅰ.①现…　Ⅱ.①谢…　Ⅲ.①机械设计-高等学校-教材　Ⅳ.①TH122

中国版本图书馆 CIP 数据核字（2018）第 243664 号

机械工业出版社（北京市百万庄大街 22 号　邮政编码 100037）

策划编辑：蔡开颖　责任编辑：蔡开颖　段晓雅　杨　璇

责任校对：张　薇　封面设计：张　静

责任印制：郜　敏

中煤（北京）印务有限公司印刷

2023 年 1 月第 3 版第 4 次印刷

184mm×260mm・14 印张・1 插页・346 千字

标准书号：ISBN 978-7-111-61213-1

定价：36.00 元

前　言

"21 世纪是设计的世纪"。为了保证产品质量，更好地满足用户的需求，同时给企业带来最大的效益，减少资源消耗及其对环境的影响，掌握科学、先进的设计方法十分重要。

在"设计的世纪"，设计工程师具有更高的地位，也被赋予更多的责任。设计工程师需要具备科学设计的理念，掌握先进的设计方法，综合应用多学科的知识，创造性地设计出更好的产品。

同时，21 世纪也开始了终生学习的时代，知识更新、持续发展变得更加迫切。作为见习机械设计工程师培训教材，本书以"适当阐释原理、力求学以致用、着重实例示范"为宗旨，设置了创新设计理论与方法（钟莹、赵新军编写）、有限元法与应用（李剑敏、谢里阳编写）、优化设计（张翔、何雪浤编写）和可靠性设计（谢里阳编写）四部分内容。

设计的核心就是创新。创新能力已是当今企业核心竞争力的重要标志，也是设计人员能力与价值的体现。本书创新设计部分介绍创造、创新、发明以及创新设计等基本概念，结合工程应用实例，对解决创新、创造问题的理论（TRIZ）进行详细的分析和论述。本书内容包括各种冲突概念及其分类，设计中物理冲突、技术冲突的解决原理和方法，利用冲突矩阵实现设计创新的具体步骤，使创新设计过程具体化。通过技术进化的实例分析，介绍了技术进化的基本思想，比较详细地论述了技术系统进化的 11 种模式。该部分内容有助于设计人员打破传统思维定式，避免习惯思维惰性，挖掘自身潜能，开发创新、创造及发明意识，实现技术创新。

有限元法是一种应用十分广泛的数值计算方法。在有限元法与应用部分，作为弹性力学问题有限元法的理论基础，介绍了弹性力学中的基本概念、基本假设、基本方程以及虚位移原理等。结合弹性力学平面问题，讲述了有限元法的基本内容、方法与步骤，包括边界条件处理和计算结果的整理等内容。此外，还简单介绍了结构动力学问题有限元分析的基本原理及方法，并给出了一些典型问题的有限元分析实例。

在优化设计部分，从优化设计的基本概念、分类及进行机械优化设计的一般过程开始，通过机械优化设计实例，介绍了机械优化设计的数学模型、数学模型的标准格式、数学模型中应用到的基本概念以及优化设计问题的基本解法。

在可靠性设计部分，讲述了工程中可靠性问题的特点和可靠度、失效率等可靠性度量指标，以及可靠性设计的基本内容和流程，介绍了可靠性设计中经常用到的概率分布函数，着重阐释了作为零件可靠性设计基础的应力-强度干涉模型及其应用。此外还介绍了系统可靠性模型和系统可靠性分配等内容。

产品的质量在很大程度上依赖于产品的设计，而设计水平主要取决于设计人员的能力。希望本书能作为设计人员拓展设计能力的有效工具，能对设计人员应用先进设计方法与技术、提高设计水平有所补益。

编　者

目 录

第 3 篇 优 化 设 计

第 4 篇 可靠性设计

第 1 篇

创新设计理论与方法

第1章

创新设计的基本概念

1.1　创新

创新是人类文明进步的动力，是社会经济发展的源泉。历史地看待创新，人类发展的历史就是一部创新史，创新的数量、质量和速度影响着人类发展进步的幅度和速度。认识创新，了解创新对人类文明的影响，了解创新人才的特征，把握创新人才的培养要点，是创新人才成长发展的第一步。

创新的提法由来已久。美国第一任总统华盛顿在 1786 年的告别演讲中，告诫美国人民要"保持自由创新精神"；但是，对创新的理论研究却发端于 20 世纪初期。随着知识经济时代的到来，创新成为一个越来越广泛使用的名词，全面理解创新显得非常必要。

创新包括技术创新（产品创新与过程创新）与组织管理上的创新，因为两者均可导致生产函数的变化。创新是一个经济范畴，而非技术范畴；它不是科学技术上的发明创造，而是把已发明的科学技术引入企业之中，形成一种新的生产能力。具体来说，创新包括以下五种情况，见表 1-1。

表 1-1　创新的五种情况

序号	创新的五种情况
1	引入新产品(消费者不熟悉的产品)或提供新的产品质量
2	采用新的生产方法(制造部门中未曾采用过的方法,此种新方法并不需要建立在新的科学发现基础之上,可以是以新的商业方式来处理某种产品)
3	开辟新的市场(使产品进入以前不曾进入的市场,不管这个市场以前是否存在过)
4	获得原料或半成品的新的供给来源(不管这种来源是已经存在的,还是第一次创造出来的)
5	实行新的企业组织形式(如建立一种垄断或打破一种垄断)

创新概念包含的范围很广，各种提高资源配置效率的新活动都是创新。其中，既有涉及技术性变化的创新，如技术创新、产品创新、过程创新等；也有涉及非技术性变化的创新，如制度创新、政策创新、组织创新、管理创新、市场创新、观念创新等。

从事创新活动、使生产要素重新组合的人称为创新者。创新者必须具备三个条件：第一，是要有发现潜在利润的能力；第二，要有胆量敢于冒风险；第三，要有组织能力。

1.2 创新设计

设计本身就是创新的一个过程，将创新的理论与设计的实践切实地结合起来就能创造出更多更好的优秀设计作品。设计是人类的基本活动。按研究目的的不同，设计可以分为三个层面，即：设计哲学，从心理学及认知的层面研究设计的本质；设计理论与方法，依据设计哲学的研究结果及设计的实践，建立分步的或细化的设计过程模型、研究过程模型的支持工具、开发工具软件；设计的应用，包括产品设计、稳健设计、可靠性设计、优化设计、动态设计等。

1. 设计的内涵

人类通过劳动改造世界，创造文明，创造物质财富和精神财富，而最基础、最主要的创造活动是造物。设计便是对造物活动进行预先的计划，可以把任何造物活动的计划技术和计划过程理解为设计。

设计的种类相当多，如机械设计、工业设计、环境设计、建筑设计、广告设计、包装设计、平面设计、形象设计、网页设计、动画设计、人机界面设计、通用设计等。设计包含于人们日常生活的各个方面。

2. 创新设计的内涵

研究创新设计，主要是研究如何将创新理论和创新方法应用于各个设计门类之中。在设计的过程中融入创新的理论和方法，能够使创新更有效地推动设计向前发展；同时，在设计实践中实施的经验也是对于创新理论研究的一个有效补充和完善。所以，创新与设计的关系如图 1-1 所示是互为依托、不可分割的两个领域。创新设计的立足点应为两者相结合的区间，是十分有研究价值及发展空间的。

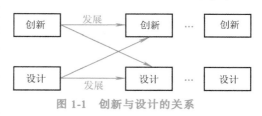

图 1-1 创新与设计的关系

设计中科学的一面是设计者能更好地理解设计过程，艺术的一面是设计者的灵感及创造性能得到发挥。设计过程是解决问题的过程，是使产品由初始状态通过单步或多步变换实现或接近理想状态的过程。如果实现变换的所有步骤都已知，则称为"常规问题"；如果至少有一步未知，则称为"发明问题"。解决常规问题的设计是常规设计，解决发明问题的设计是创新设计。

创新设计是解决发明问题的设计，该过程的核心是概念设计。创新设计的特征是在概念设计阶段解决设计中的冲突和矛盾，提出新的或有竞争力的原理解。

1.3 创新思维的基本方法

笛卡儿说："最有价值的知识，是关于方法的知识"。学习创新设计方法，应当重点学习创新思维和创新技法。

创新思维产生于人类生产、生活实践，并且不断丰富发展。经过实际生产、生活的检验，许多常用的创新思维被总结出来。这些思维方法看似简单，却非常实用有效。特别是当这些创新思维成为自觉的思维习惯时，会产生巨大的成效。熟悉并用心体会以下这些创新思维方法，是培养创新能力的有效途径。主要的创新思维方法见表1-2。

表 1-2 主要的创新思维方法

创新思维方法	内　涵	种　类	方　法
静态思维	思维主体从固定的概念出发，遵循固定的程序，达到固定成果的思维方法	绝对化静态思维	按照约定俗成的规则、模式进行思考的思维过程
		相对化静态思维	在思维过程中寻求稳定因素和秩序，使思维规则化，以便不断重复
逆向思维	思维主体沿事物的相反方向，用反向探求的方式进行思考的思维方法	功能反转	从已有事物的相反功能去设想和寻求解决问题的新途径
		结构反转	从已有事物的相反结构形式去设想和寻求解决问题的新途径
		因果反转	从已有事物的因果关系，变因为果去发现新的现象和规律，寻找解决问题的新途径
		状态反转	根据事物的某一属性（如正与负，动与静，进与退，作用与反作用）的反转来认识事物和引发创造的方法
联想思维	思维过程中从研究一事物联想到另一事物的现象和变化，探寻其中相关或类似的规律，以解决问题的思维方法	相似联想	大脑受到某种刺激后，自然而然想起同这一刺激相似的经验
		对比联想	大脑受到某种刺激后，想起与这一刺激完全相反的经验，即把性质完全不同的事物，进行对比对照
		相关联想	大脑受到某种刺激后，想起时间上或空间上与这一刺激有关联的经验
抽象思维	利用概念、借助言语符号进行思维的方法	经验思维	依据日常生活经验和日常概念进行的思维
		理论思维	根据科学概念和理论进行的思维
形象思维	用直观形象和表象解决问题的思维方法	具体形象思维（初级形式）	凭借事物具体形象和表象的联想来进行的思维
		言语形象思维（高级形式）	借助鲜明生动的语言表征，以形成具体的形象和表象来解决问题的思维过程，带有强烈的情绪色彩
简化思维	思维过程中尽可能撇开非主要因素，减少不必要的环节，使复杂问题简单易行地解决的思维方法	剪枝去蔓	思考时尽力排除可以不予考虑的非主要因素
		同类合并	把同一类的问题合并在一起分析和处理
		寻觅快捷方式	在思考中尽量找出和在实践中尽力避开非必需的程序、环节

（续）

创新思维方法	内　涵	种　类	方　法
发散思维	在思维过程中,无拘束地将思路由一点向四面八方展开,从而获得众多的设想、方案和办法的思维过程	材料发散	以某种物品或图形等作为材料,以此为发散点,设想它的多种用途或多种与此相像的东西
		组合发散	从某一事物出发,以此为发散点,尽可能多地设想与另一事物连接成具有新价值(或附加价值)的新事物的各种可能性
		因果发散	以某个事物发展的结果为发散点,推测造成此结果的各种可能的原因;或以某个事物发展的起因为发散点,推测可能发生的各种结果
		关系发散	从某一事物出发,以此为发散点,尽可能多地设想与其他事物的各种关系
		功能发散	以寻求的某种功能为发散点,尽可能多地说出获得这种功能的各种可能的途径
		方法发散	以解决问题或制造物品的某种方法为发散点,设想出利用该种方法的各种可能性
		形态发散	以事物的某种形态(如形状、颜色、音响、味道、明暗等)为发散点,想出尽可能地利用这种形态的各种可能性
		结构发散	以某种结构为发散点,设想出尽可能多地利用该种结构的各种可能性
收敛思维	以某种研究对象为中心点,将众多思路和信息汇集于这个中心点,通过比较、筛选、组合、论证从而得出在现有条件下最佳方案的思维过程	目标识别	思考问题时,细致观察,从中找出关键的现象,对其加以关注和定向思维
		间接注意	用间接手段寻找关键技术或目标,以解决最终的问题
		层层剥笋	在思维过程中应层层分析,逐渐逼近问题的核心,避开繁杂的、表面的特征,以揭示隐藏在表面现象下的深层本质
聚焦思维	把针对解决问题的各种信息集中起来加以研究,进而找出解决问题的最好方案的思维方法	广泛调查	研究问题是如何存在的,以加宽注意的广度及想出较多的解决方法
		深入研究	区分问题的叙述,以决定是否把精神集中于一个更待定的层面上

（续）

创新思维方法	内　涵	种　类	方　法
多屏幕思维	多屏幕思维方法是在分析和解决问题的时候，不仅考虑当前的系统，还要考虑它的超系统和子系统；不仅要考虑当前系统的过去和将来，还要考虑超系统和子系统的过去和将来	考虑当前系统的过去和将来	考虑发生当前问题之前和之后该系统的状况（包括系统之前和之后运行的状况、其生命周期的各阶段情况等），考虑如何利用过去和以后的事情来防止此问题的发生，以及如何改变过去和以后的状况来防止问题发生或减少当前问题的有害作用
		考虑当前系统的超系统和子系统	当前系统的超系统和子系统的元素是物质、技术系统、自然元素、人与能量流，需分析如何利用超系统和子系统的元素及组合来解决当前系统的问题
		考虑当前系统的超系统和子系统的过去以及超系统和子系统的将来	分析发生问题之前和之后超系统和子系统的状况，并分析如何利用和改变这些状况来防止或减弱问题的有害作用
灵感思维	人们借助于直觉启示对问题得到突如其来的领悟或理解的一种思维方法	联想式	思维主体在久思不得结果的情况下，因为某一偶然事件的刺激顿时产生各种联想，从而使问题迎刃而解
		触发式	思维主体在受到某种刺激、特别是与别人展开讨论或争论并受到别人或自己提出想法的激励时直接迸发出灵感的一种诱发灵感的形式
		自生式	灵感诱发形式的产生不需要借助外界触媒的刺激，而是通过头脑中内在的省悟和内部思想的闪光
想象思维	将记忆中的表象（知识、经验和信息）加以重新组合，使之产生新思想、新方案、新方法的思维过程	再造想象	根据语言和文字的描述或图样的示意，在头脑中形成相应新形象的过程
		创造想象	根据一定的目的和希望，对头脑中已有的表象进行加工改造，独立地创造出新形象的过程
		幻想	创造想象的特殊形式，是一种指向未来的想象；符合客观事物发展规律的幻想即理想
		梦	一种漫无目的、不由自主的奇异想象

（续）

创新思维方法	内 涵	种 类	方 法
直觉思维	在思维过程中，不依靠明确的分析活动，不经过严密的推理和论证，直接迅速地从感性形象材料中捕捉、领悟到解决问题途径的思维方法	暴风骤雨式联想	以极快的联想方式进行思维，并从中引出新颖观念的方法
		笛卡儿式连接	用抽象的几何图形来说明代数方程，尽可能采用智力图像来解决问题的方法
立体思维	从多角度、多方位、多层次认识对象、研究对象，全面地反映问题的整体及其周围事物构成的立体画面的思维模式	整体性思考	以诸多因素综合律为依据的整体性思维方法
		系统性思考	以各层次、因素、方面贯通为依据的思维方法
		结构分析	以纵横因素交织为依据的思维方法
潜思维	从反映客观对象呈现出来的模糊状态到反映事物特有属性的过渡阶段的思维形式	潜概念	描述客观对象呈现的模糊状态时使用的概念
		潜判断	借助潜在语境表达隐含丰富的思维内容，为人们进行创造性思维和潜意识活动提供了中间环节
		潜推理	帮助人们发现推理及某一理论潜在的错误倾向，使思维灵敏地做出判断，防患于未然
演绎思维	思维从若干已知命题出发，按照命题之间的逻辑联系，推导出新命题的思维方法	原因到结果	由已知的条件演绎推导出可能出现的结果
		结果到原因	由已知的结果演绎回溯出引发其出现的原因
博弈思维	思考出许多方案，并以极快的思维操作比较其优劣，从中挑选出最好、最理想的方案并付诸实施的思维方法	经验判断法	通过对各种预选方案进行直观比较，按一定的价值标准从优到劣进行排序
		求异和求同思维	求异是分析比较诸方案间的差异，深入思考，往往能提出新的科学严密方案；求同是利用相同的标准对诸方案进行比较和论证，选出最终方案
		数学定量思维	在对复杂事物如气象预测、军事国防、海洋捕鱼、经济竞争、大型产品的设计等制定对策时，必须借助于大型数学模型，运用电子计算机进行设计、比较和筛选方案

（续）

创新思维方法	内　涵	种　类	方　法
迂回思维	思维活动遇到了难以消除的障碍时，谋求避开或越过障碍而解决问题的思维方法	中间传导	增加解决问题的中间环节，比直来直去更为切实可行
		曲径通幽	面对难题暂时抛开，充实必要的知识和技能后再回头攻关
		以远为近	先解决与所主攻的问题关联较小的问题，后解决主要问题
辩证思维	从联系、运动、发展等方面来考察和研究事物的思维方法	对立统一思维	原因和结果、自由和必然、民主和集中、正确和错误、优点和缺点，都是处于对立统一之中的，两者之间既是有区别的，又是相互联系和相互转化的
		发展思维	在客观现实中，任何事物都在不断运动、变化和发展着，绝对静止的事物是不存在的，思维要正确反映对象发展，必须具有灵活性，从发展变化来思考对象
		整体历史思维	任何事物都是在一定历史条件下存在和发展的，都有其产生、发展和消亡的过程，思维要达到正确反映客观事物的目的，就必须全面地、历史地思考对象，才能获得关于对象的具体真理
变换思维	将思维对象当作能够进一步开拓或挖掘的主体，循序变换思维的视点、角度，进而猎取新颖、奇特的思想火花，从而解决问题的思维方法	变换视点	认识物体间的部位转移
		变换角度	思维主体的方法、方式的更替

1.4　创新技法

创新技法主要研究在发明创造过程中分析解决问题，形成新设想、产生新方案的规律、途径、手段和方法，目的在于拓展创造性思维的深度和广度，提高创造活动的成效，缩短创造探索过程。一个人仅有优秀的创新思维而没有正确的创新技法不可能实现创新，掌握创新技法对培养和提高人们的创新能力具有重要作用。

人们在创新活动的实践中总结了数百种创新技法，不同的创新技法适合不同领域的创新，适合解决问题的不同环节；反过来讲，同一个创新也可以采用多种创新技法。常用的创新技法见表1-3。

表1-3　常用的创新技法

技　法	内　涵
智力激励法	采用会议的形式，引导每个参加会议的人围绕某个中心议题，广开思路，激发灵感，毫无顾忌地发表独立见解，并在短时间内从与会者中获得大量的观点的方法

（续）

技　法	内　涵
检核表法	根据需要解决的问题,或需要发明创造、技术革新的对象,找出有关因素,列出一张思考表,然后逐个地去思考、研究、深入挖掘,由此激发创造性思维,使创造过程更为系统,从而获得解决问题的方法或发明创造的新设想,实现发明创造的目标的方法
列举法	以列举的方式把问题展开,用强制性的分析寻找创造发明的目标和途径的一种发明创造方法
模拟法	把自己要发明创造的对象和别的事物进行比较,找出两个事物的类似之处,加以吸收和利用的方法
联想法	通过一些技巧,或者激发自由联想,或者产生强制联想,从而解决问题的方法
组合法	将两种或两种以上的技术思想、物质产品的一部分或整体进行适当的组合变化,形成新的技术思想、设计出新的产品的发明创造方法
模仿法	以某一模仿原型为参照,在此基础之上加以变化产生新事物的方法
移植法	将某一领域已见成效的发明原理、方法、结构、材料等,部分或全部引进到其他领域,或者在同一领域、同一行业中,把某一产品的原理、构造、材料、加工工艺和试验研究方法,引用到新的发明创造或革新项目上,从而获得新成果的发明创造方法
逆向发明法	运用逆向思维进行发明创造的技术方法
形态分析法	将研究对象视为一个系统,将其分成若干结构上或功能上专有的形态特征,即将系统分成人们用以解决问题和实现基本目的的参数和特性,然后加以重新排列与组合,从而产生新的观念和创意的方法
信息交合论	从多角度探讨思维方法,从各个学科、各个行业中汲取营养,指导发明创造的一种方法
分解法	利用分解技巧,将一个事物分解为多个事物进而实现发明创造的方法
分析信息法	从分析信息中寻找发明创造的课题,可采取找空白和找联系的方法
综摄法	不同性格、不同专业的人员组成精干的创新小组,针对某一问题,用分析的方法深入了解问题,查明问题的各个方面和主要细节,即变陌生为熟悉;通过自由的亲身模拟、比喻和象征模拟等综合模拟,进行创造性思考,重新理解问题,阐明新观点等,即变熟悉为陌生,最终达到解决问题的方法
德尔菲法	根据经过调查得到的情况,凭借专家的知识和经验,直接或经过简单的推算,对研究对象进行综合分析研究,寻求其特性和发展规律,并进行预测的一种方法
六顶思考帽法	使用六顶思考帽代表六种思维角色分类,有效地支持和鼓励个人行为在团体讨论中充分发挥的方法
创造需求法	寻求人们想要得到的东西,并给予他们、满足他们的一种创新方法
替代法	用一种成分代替另一种成分、用一种材料代替另一种材料、用一种方法代替另一种方法,即寻找替代物来解决发明创造问题的方法
溯源发明法	沿着现有的发明创造,追根溯源,一直找到创造源,从创造源出发,再进行新的发明创造的一种方法
卡片分析法	通过将所得到的记录有有关信息或设想的卡片,进行分析,进行整理排列,以寻找各部分之间的有机联系,从整体上把握事物,最后形成比较系统的新设想的方法
感官补偿法	假设人感知部分丧失或全部丧失的基础上,通过设计功能和尺寸的调整来对其活动的需求进行补偿的方法
专利发明法	通过查阅、分析、研究专利文献,激发发明创造的新设想,在已有发明专利的基础上创造出新的发明成果的方法
等值变换法	从现有事物的特性中,寻找能够与其他事物特性相结合、相转换的方法
变换合成法	把已有的产品或设备进行功能分解,对各部件进行功能分析,看能否进行改进创新,或用其他物质代替,或选取更好的部件,然后进行合成,创造出性能更好的产品或设备的方法
捕捉机遇法	在创造、创新的过程中,抓住偶然的机遇深入进行研究而取得成果的方法
废物利用法	利用所谓的废物作为发明创造的选题方向,并进行钻研最终形成研究成果的方法

（续）

技 法	内 涵
省略法	尽可能地省去一些材料、成分、结构和功能等，以此来诱发创造性设想的方法
开孔拉槽法	在某一物品上通过钻孔或拉槽，使这一物品成为有创意的新物品的方法
开源节流法	在创新、创造过程中，为了有效地利用资源和开发新的资源而采取的措施，并最终实现创新的方法
控制条件法	通过控制各种条件，来达到发明创造的目的的方法

1.5 TRIZ 的基本概念

1. TRIZ 的产生和主要内容

TRIZ 是解决发明创造问题的理论，是实现发明创造、创新设计、概念设计的最有效方法。TRIZ 的一系列普适性工具能帮助研究、设计人员尽快获得满意的解决方案。

TRIZ（俄文首字母的缩写）意为解决发明创造问题的理论，起源于苏联，英译为 Theory of Inventive Problem Solving，英文缩写为 TIPS。1946 年，苏联海军专利部专家开始对数以百万计的专利文献加以研究，经过 50 多年的搜集整理、归纳提炼，发现技术系统的开发创新是有规律可循的，并在此基础上建立了一整套体系化的、实用的解决发明创造问题的方法。TRIZ 是基于知识的、面向人的解决发明创造问题的系统化方法学，其核心是技术系统进化原理。TRIZ 理论对产品的创新是前所未有的突破，TRIZ 的来源及主要内容如图 1-2 所示。

由于 TRIZ 将产品创新的核心——产生新的工作原理的过程具体化了，并提出了规则、算法与发明创造原理供研究、设计人员使用，使它成为一种较完善的创新设计理论。

TRIZ 几乎可以被用在产品全生命周期的各个阶段。它与开发高质量产品、获得高效益、扩大市场、产品创新、保护自主知识产权以及研发下一代产品等都有十分密切的联系。TRIZ 的主要内容如图 1-2 右部分所示。

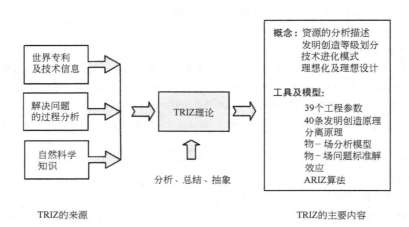

图 1-2　TRIZ 的来源及主要内容

2. TRIZ 的重要发现

在技术发展的历史长河中，人类已完成了许多产品的设计，设计人员或发明家已经积累了很多发明创造的经验。研究发现：

1）在以往不同领域的发明中所用到的原理（方法）并不多，不同时代的发明，不同领域的发明，其应用的原理（方法）被反复利用。

2）每条发明原理（方法）并不限定应用于某一特殊领域，其是融合了物理的、化学的和各工程领域的原理，这些原理适用于不同领域的发明创造和创新。

3）类似的冲突或问题与该问题的解决原理在不同的工程及科学领域交替出现。

4）技术系统进化的模式（规律）在不同的工程及科学领域交替出现。

5）创新设计所依据的科学原理往往属于其他领域。

如何高效地获得能源，是世界范围内的难题。以往的做法是，对于自然能源的掠夺和攫取。水力发电、火力发电、核电等方式，在获得能源的同时牺牲了地球的环境。这种开发能源的方式，已经被越来越多的人所诟病，现在，新型能源（如太阳能、风能、潮汐能）如何有效地利用？同时，还有没有其他的能源尚未被开发和利用呢？

AIRPod 空气动力汽车（图 1-3）是一个创新的尝试。科学家们在研究空气动力汽车时，大概的解决方案就是在车上放一个装满压缩空气的罐子，压缩空气的来源可以是专门的充气站，也可以通过电能等其他方式自行在车上储备，然后缓慢释放这些空气，并推动汽车前进。AIRPod 是一家名为 MDI 的公司研发的三人三轮空气动力汽车，采用玻璃纤维等重量轻、但是又有一定强度的材料制作，全重仅 220kg。AIRPod 采用了类似摩托车的操控方式，最高速

图 1-3　AIRPod 空气动力汽车

度可达 70km/h，其动力来自于一个容量为 175L、压强为 $350\times10^5\mathrm{Pa}$ 的空气罐子。根据 MDI 公司的测算，如果采用充气站的方式，全部充满这个空气罐子大概需要 1.1 欧元，但已足够让 AIRPod 行驶约 220km，而且对车本身来说，这可是真正意义上的零排放。

又例如，让蒸发变成动力的细菌蒸发发动机。这是一种将蒸发能量加以利用的新思路。科学家们利用塑料薄膜和细菌芽孢，做出了可以被水分蒸发带动的驱动装置——细菌蒸发发动机。将这些细菌芽孢附着在微米级厚度的塑料薄膜上，就制成了驱动装置中最基本的元件。在附着细菌芽孢一面的带动下，这些薄膜会随着湿度变化而改变形状：吸湿状态下较为平展，而干燥时则会卷起来。接下来，只要将这些"人工肌肉"元件组合起来，再控制局部湿度的变化，它们就可以带动各种装置运行了。科学家们把许多薄膜组装成轮状，并在其中加入提供水蒸气的潮湿表面，就做成了一个小小的"蒸发驱动引擎"。随着潮湿表面水分的蒸发，引擎被变形的薄膜带动旋转，其动力可以带动一辆 0.1kg 重的微型小车（图 1-4 和图 1-5）。只要空气具备一定的湿度，该产品就能转动着前进。

再比如，靠体温发电的手环（图 1-6）。这种手环看上去就像是一块铝质外壳、皮革腕带的手环，其巧妙利用了塞贝克效应（由于两种不同导体的温度差异而在其中产生电压差的热电现象），将之戴在手腕上，就能利用人体温度和外界环境温度差来产生电力，并储存到内置蓄电池中。设计师表示，每戴上几个小时，就可以获得足以让手机通话十几分钟的电力。所以，看上去这玩意最多也就是供应急使用，如果它能整合 GPS、手表之类的功能，在

图1-4 让蒸发变成动力的细菌蒸发发动机　　图1-5 引擎带动微型小车示意图

野外无疑会更有用。

　　上述的几个实例说明了"类似的冲突或问题与该问题的解决原理在不同的工程及科学领域交替出现"。只不过针对不同的领域具体的技术参数发生了变化。如空气动力汽车是通过压缩的空气逐渐释放提供动力；细菌蒸发发动机是利用细菌对于湿度的敏感和反应产生动力；而靠体温发电的手环则是利用最普通最易于获得的人体体温与外界温度差来产生动力并蓄积起来。虽然方法不同，但都是通过新型的能源解决了类似的冲突或问题。

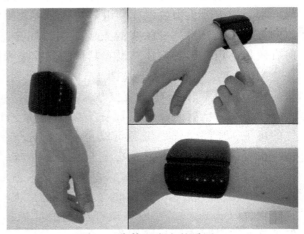

图1-6 靠体温发电的手环

　　例1-1 根据制作笔芯的原理设计的节水龙头（图1-7）。水龙头上面的部分可以储水，利用储存的水来供给使用者，每次使用后就会保留1L的水（图1-8）。它虽不具有自来水强大的冲击，但是足以应付日常清洗，这样的设计让更多的水被利用起来，设计师的环保意识充分体现出来。由此可见，若要实现某一功能，可以采用不同的原理，可以是几何学方面的，也可以是物理学方面的，这也印证了"创新设计所依据的科学原理往往属于其他领域"。

a)　　　　　　　　　　　　b)

图1-7 节水龙头　　　　图1-8 节水龙头的工作原理示意图
　　　　　　　　　　　　　a）开 b）关

3. TRIZ 解决发明创造问题的一般方法

最早的发明课题是靠试误（错）方法，即不断选择各种解决方案来解决问题。例如：仿制自然界中的原型物、放大物体、增加数量、把不同物体联成一个系统等方法。在这段漫长的岁月里，人们积累了大量的发明创造经验与有关物质特性的知识。人们利用这些经验与知识提高了探求的方向性，使解决发明创造问题的过程有序化，同时发明创造问题本身也发生了变化，随着时间的推移越来越复杂，直至今天，要想找到一个需要的解决方案，也得做大量的无效尝试。

TRIZ 解决发明创造问题的一般方法是：首先，将需要解决的特殊问题加以定义、明确；然后，根据 TRIZ 理论提供的方法，将需要解决的特殊问题转化为类似的标准问题，而针对类似的标准问题总结、归纳出类似的标准解决方法；最后，依据类似的标准解决方法就可以解决用户需要解决的特殊问题了。TRIZ 解决发明创造问题的一般方法如图 1-9 所示。图 1-9 中的 39 个工程参数和 40 条发明创造原理将在后续章节中详细介绍。

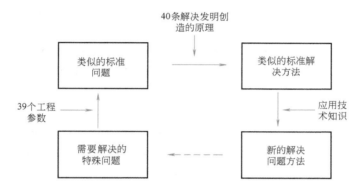

图 1-9 TRIZ 解决发明创造问题的一般方法

例 1-2 需设计一台旋转式切削机器。该机器需要具备低转速（100r/min）、高动力以取代一般高转速（3600r/min）的交流电动机。如何分析解决问题？

解 设计低转速、高动力机器分析框图如图 1-10 所示。

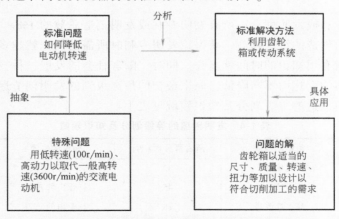

图 1-10 设计低转速、高动力机器分析框图

4. 发明创造的等级划分

TRIZ 通过分析专利发现，各国不同的发明专利内部蕴含的科学知识、技术水平都有很大的区别和差异。以往，在没有分清这些发明专利的具体内容时，很难区分出不同发明专利的知识含量、技术水平、应用范围、重要性、对人类的贡献大小等问题。因此，把发明专利依据其对科学的贡献程度、技术的应用范围以及为社会带来的经济效益等情况，划分一定的等级加以区别，以便更好地推广应用。TRIZ 理论将发明专利或发明创造分为以下 5 个等级（水平）。

第 1 级：通常的设计问题或对已有系统的简单改进。这一类问题的解决主要凭借设计人员自身掌握的知识和经验，不需要创新，只是知识和经验的应用。例如：用厚隔热层减少建筑物墙体的热量损失；用承载量更大的重型货车替代轻型货车，以实现运输成本的降低。

该类的发明专利或发明创造占所有发明专利或发明创造总数的 32%。

第 2 级：通过解决一个技术冲突对已有系统进行少量改进。这一类问题的解决主要采用行业内已有的理论、知识和经验即可实现。解决这类问题的传统方法是折中法，如在焊接装置上增加一个灭火器、可调整的转向盘等。

该类的发明专利或发明创造占所有发明专利或发明创造总数的 45%。

第 3 级：对已有系统的根本性改进。这一类问题的解决主要采用本行业以内的已有方法和知识，如汽车上用自动传动系统代替机械传动系统，电钻上安装离合器，计算机上用的鼠标等。

该类的发明专利或发明创造占所有发明专利或发明创造总数的 18%。

第 4 级：采用全新的原理完成对已有系统基本功能的创新。这一类问题的解决主要是从科学的角度而不是从工程的角度出发，充分挖掘和利用科学知识、科学原理，实现新的发明创造，如第一台内燃机的出现、集成电路的发明、充气轮胎的发明、记忆合金制成的锁、虚拟现实的出现等。

该类的发明专利或发明创造占所有发明专利或发明创造总数的 4%。

第 5 级：罕见的科学原理导致一种新系统的发明、发现。这一类问题的解决主要是依据自然规律的新发现或科学的新发现，如计算机、形状记忆合金、蒸汽机、激光、晶体管等的首次发现。

该类的发明专利或发明创造占所有发明专利或发明创造总数的 1%。

实际上，发明创造的级别越高，获得该发明专利时所需的知识就越多，这些知识所处的领域就越宽，搜索有用知识的时间就越长。同时，随着社会的发展、科技水平的提高，发明创造的等级随时间的变化而不断降低，原来最初的最高级别的发明创造逐渐成为人们熟悉和了解的知识。发明创造的等级划分及知识领域见表 1-4。

表 1-4　发明创造的等级划分及知识领域

发明创造的等级	创新的程度	所占百分比（%）	知识的来源	参考解的数量
1	明确解	32	个人的知识	10
2	少量改进	45	行业内的知识	100
3	根本性改进	18	行业内的知识	1000
4	全新的概念	4	行业外的知识	10000
5	发现	1	整个社会的知识	100000

由表 1-4 可以发现：95%的发明创造是利用了个人以及行业内的知识，只有 5%的发明创造是利用了行业外的以及整个社会的知识。因此，如果企业遇到技术冲突或问题，可以先在行业内寻找答案；若不可能，再向行业外拓展，寻找解决方法。若想实现创新，尤其是重大的发明创造，就要充分挖掘和利用行业外的知识，正所谓"创新设计所依据的科学原理往往属于其他领域"。

第2章

设计中的冲突及其解决原理

2.1 概述

2.1.1 冲突的概念

产品是多种功能的复合体。为了实现这些功能，产品要由具有相互关系的多个零部件组成。为了提高产品的市场竞争力，需要不断根据市场的潜在需求对产品进行改进设计。当改变某个零部件的设计，即提高产品某方面的性能时，可能会影响到与这些被改进零部件相关联的零部件，结果可能使产品或系统的另一些方面的性能受到影响。如果这些影响是负面影响，则设计出现了冲突。

> **例2-1** 在飞机设计中，如果使其垂直稳定器的面积加大一倍，将减少飞机振动幅值的50%，但这将导致飞机对阵风和阵雨的敏感，同时增加了飞机的质量。

冲突普遍存在于各种产品的设计中。按传统设计中的折中法，冲突并没有得到彻底解决，而只是在冲突双方间取得折中方案，降低冲突的程度。TRIZ理论认为，产品创新的标志是解决或移走设计中的冲突，而产生新的有竞争力的解。发明创造问题的核心是发现冲突并解决冲突，未克服冲突的设计并不是创新设计。产品进化过程就是不断地解决产品存在的冲突的过程，一个冲突解决后，产品进化过程处于停顿状态；之后的另一个冲突解决后，产品移到一个新的状态。设计人员在设计过程中不断地发现并解决冲突，是推动设计向理想化方向进化的动力。

2.1.2 冲突的分类

1. 通常的分类

图2-1所示为冲突的一般分类。冲突分为两个层次，第一个层次分为三类冲突，即自然冲突、社会冲突及工程冲突，该三类冲突中的每一类又可细分为若干类。在图2-1中，自下向上、自左向右，冲突解决越来越困难，即技术冲突最容易解决，自然冲突最不容易解决。

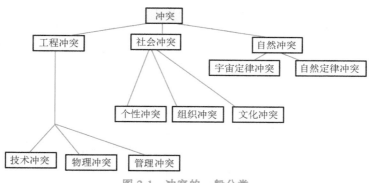

图 2-1 冲突的一般分类

自然冲突分为自然定律冲突及宇宙定律冲突。自然定律冲突是由于自然定律所限制的不可能的解。例如：就目前人类对自然的认识，温度不可能低于华氏零度以下，速度不可能超过光速，如果设计中要求温度低于华氏温度的零度或速度超过光速，则设计中出现了自然定律冲突，不可能有解。随着人类对自然认识程度不断深化，今后也许上述冲突会被解决。宇宙定律冲突是由于地球本身的条件限制所引起的冲突，如由于地球引力的存在，一座桥梁所能承受的物体质量不能是无限的。

社会冲突分为个性冲突、组织冲突及文化冲突。例如：只熟悉绘图而不具备创新知识的设计人员从事产品创新就出现了个性冲突；一个企业中部门与部门之间的不协调造成组织冲突；对改革与创新的偏见就是文化冲突。

工程冲突分为技术冲突、物理冲突及数学冲突，其主要内容正是解决发明创造问题的理论（TRIZ）研究的重点。

2. 基于 TRIZ 的冲突分类

TRIZ 理论将冲突分为三类，即管理冲突、物理冲突及技术冲突。

管理冲突是为了避免某些现象或希望取得某些结果，需要做一些事情，但不知道如何去做。例如：希望提高产品质量，降低原材料的成本，但不知道方法。管理冲突本身具有暂时性，而无启发价值。因此，不能表现出问题的解的可能方向，不属于 TRIZ 的研究内容。

物理冲突及技术冲突是 TRIZ 的主要研究内容，下面将分别论述这两种冲突。

2.2 物理冲突及其解决原理

2.2.1 物理冲突的概念

物理冲突是为了实现某种功能，一个子系统或元件应具有一种特性，但同时出现了与该特性相反的特性。

物理冲突是 TRIZ 需要研究解决的关键问题之一。当对一个子系统具有相反的要求时就出现了物理冲突。例如：为了容易起飞，飞机的机翼应有较大的面积，但为了高速飞行，机翼又应有较小的面积，这种要求机翼同时具有较大的面积与较小的面积的情况，对于机翼的设计就是物理冲突，解决该冲突是机翼设计的关键。

物理冲突出现的情况有以下两种。

1）一个子系统中有害功能降低的同时导致该子系统中有用功能的降低。

2）一个子系统中有用功能加强的同时导致该子系统中有害功能的加强。

物理冲突的表达方式较多，设计人员可以根据特定的问题，采用容易理解的表达方法描述即可。

2.2.2 物理冲突的解决原理

物理冲突的解决方法一直是 TRIZ 研究的重要内容，在 20 世纪 70 年代提出了 11 种解决方法，20 世纪 90 年代又提出了 14 种解决方法。现代 TRIZ 理论在总结物理冲突的各种解决方法的基础上，提出了采用如下的分离原理解决物理冲突。分离原理由以下四部分组成，如图 2-2 所示。

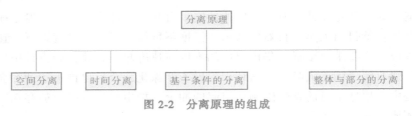

图 2-2 分离原理的组成

1. 空间分离原理

空间分离原理是将冲突双方在不同的空间上分离，以降低解决问题的难度。当关键子系统冲突双方在某一空间只出现一方时，空间分离是可能的。应用该原理时，首先应回答如下的问题。

1）是否冲突一方在整个空间中"正向"或"负向"变化？

2）在空间中的某一处，冲突的一方是否可以不按一个方向变化？

如果冲突的一方可不按一个方向变化，利用空间分离原理解决冲突是可能的。

例 2-2　自行车链轮与链条的传动是一个采用空间分离原理的典型例子。在链轮与链条发明之前，自行车存在两个物理冲突：其一，为了高速行进需要一个直径大的车轮，而为了乘坐舒适，需要一个小的车轮，车轮既要大又要小形成物理冲突；其二，骑车人既要快蹬脚蹬，以提高速度，又要慢蹬以感觉舒适。链条、链轮及飞轮的发明解决了这两组物理冲突。首先，链条在空间上将链轮的运动传给飞轮，飞轮驱动自行车后轮旋转；其次，链轮直径大于飞轮直径，链轮以较慢的速度旋转将导致飞轮以较快的速度旋转。因此，骑车人可以以较慢的速度蹬踏脚蹬，自行车后轮将以较快的速度旋转，自行车车轮直径也可以较小，使乘坐舒适。

2. 时间分离原理

时间分离原理是将冲突双方在不同的时间段上分离，以降低解决问题的难度。当关键子系统冲突双方在某一时间段中只出现一方时，时间分离是可能的。应用该原理时，首先应回答如下问题。

1）是否冲突一方在整个时间段中"正向"或"负向"变化？

2）在时间段中冲突的一方是否可不按一个方向变化？

如果冲突的一方可不按一个方向变化，利用时间分离原理是可能的。

例 2-3　折叠式自行车在行进时体积较大，在储存时因已折叠体积变小。行进与储存发生在不同的时间段，因此采用了时间分离原理实现了体积的变化。

飞机机翼在起飞、降落与在某一高度正常飞行时几何形状发生变化，这种变化也采用了时间分离原理。

3. 基于条件的分离原理

基于条件的分离原理是将冲突双方在不同的条件下分离，以降低解决问题的难度。当关键子系统冲突双方在某一条件下只出现一方时，基于条件分离是可能的。应用该原理时，首先应回答如下问题。

1）是否冲突一方在所有的条件下都要求"正向"或"负向"变化？

2）在某些条件下，冲突的一方是否可不按一个方向变化？

如果冲突的一方可不按一个方向变化，利用基于条件的分离原理是可能的。

例 2-4　在水与跳水运动员所组成的系统中，水既是硬物质，又是软物质。这主要取决于运动员入水时的相对速度和相对角度。相对速度高，水是硬物质，反之是软物质。入水时运动员身体与水平面的夹角为 90°时，运动员身体受力小，否则受力大。

例 2-5　对输水管路而言，冬季如果水结冰，管路将被冻裂。采用弹塑性好的材料制成的管路可解决该问题。

4. 整体与部分的分离原理

整体与部分的分离原理是将冲突双方在不同的层次上分离，以降低解决问题的难度。当冲突双方在关键子系统层次上只出现一方，而该方在子系统、系统或超系统层次内不出现时，整体与部分的分离是可能的。

例 2-6　自行车链条微观层面上是刚性的，宏观层面上是柔性的。

5. 实例分析

在超声速飞机的发展过程中曾经必须解决空气动力上的一个难题：为了优化飞机的亚声速性能，要求采用小后掠角、大展弦比的机翼；为了满足超声速的要求，则要求采用大后掠角、小展弦比的机翼。两种要求使机翼处于互相排斥的物理状态。这一矛盾可以用第二种方法（即时间分离原理）解决，即采用变后掠翼设计。通过在飞行的不同阶段（不同时间）相应调整后掠角，可以满足飞机在亚声速与超声速状态下的不同气动要求。

采用第二种方法的还有起落架的设计。在起降过程中要求飞机有起落架，以支持飞机在地面的滑行过程；在飞行中则要求不要有起落架，以免增加飞行阻力。为此设计了可收放的起落架，在起降时伸出机体外，飞行时则收回起落架舱中。

为了使煎锅很好地加热食品，要求煎锅是热的良导体，而为了避免从火上取下煎锅时烫手，又要求煎锅是热的不良导体。为了解决这一矛盾，设计了带手柄的煎锅，把对导热的不同要求分隔在锅的不同空间，这是第一种方法（即空间分离原理）的体现。

2.3 技术冲突及其解决原理

2.3.1 技术冲突的概念

技术冲突是一个作用同时导致有用及有害两种结果，也可是有用作用的引入或有害效应的消除导致一个或几个子系统或系统变坏。技术冲突常表现为一个系统中两个子系统之间的冲突。技术冲突可以用以下几种情况加以描述。

1）一个子系统中引入一种有用功能后，导致另一个子系统产生一种有害功能，或加强了已存在的一种有害功能。

2）一有害功能导致另一个子系统有用功能的变化。

3）有用功能的加强或有害功能的减少使另一个子系统或系统变得更加复杂。

例2-7 波音公司改进737的设计时，需要将使用中的发动机改为功率更大的发动机。发动机功率越大，它工作时需要的空气就越多，发动机机罩的直径就必须增大。而发动机机罩直径增大，机罩离地面的距离就会减少，但该距离的减少是设计所不允许的。

上述的改进设计中已出现了一个技术冲突，既希望发动机吸入更多的空气，但是又不希望发动机机罩与地面的距离减少。

2.3.2 技术冲突的一般化处理

TRIZ理论提出用39个工程参数描述冲突。在实际应用中，首先要把组成冲突的双方内部性能用该39个工程参数中的某2个来表示。目的是把实际工程设计中的冲突转化为一般的或类似标准的技术冲突。

1. 工程参数

39个工程参数中常用到运动物体与静止物体两个术语：运动物体是自身或借助于外力可在一定的空间内运动的物体；静止物体是自身或借助于外力都不在空间内运动的物体。表2-1列出了39个工程参数名称的汇总。

表2-1 39个工程参数名称的汇总

序号	名　称	序号	名　称
1	运动物体的质量	10	力
2	静止物体的质量	11	应力或压力
3	运动物体的长度	12	形状
4	静止物体的长度	13	结构的稳定性
5	运动物体的面积	14	强度
6	静止物体的面积	15	运动物体作用时间
7	运动物体的体积	16	静止物体作用时间
8	静止物体的体积	17	温度
9	速度	18	光照度

（续）

序号	名　　称	序号	名　　称
19	运动物体的能量	30	物体外部有害因素作用的敏感性
20	静止物体的能量	31	物体产生的有害因素
21	功率	32	可制造性
22	能量损失	33	可操作性
23	物质损失	34	可维修性
24	信息损失	35	适应性及多用性
25	时间损失	36	装置的复杂性
26	物质或事物的数量	37	监控与测试的困难程度
27	可靠性	38	自动化程度
28	测试精度	39	生产率
29	制造精度		

为了应用方便，上述39个工程参数可分为如下三类。

（1）通用物理及几何参数　No.1~12，No.17~18，No.21。

（2）通用技术负向参数　No.15~16，No.19~20，No.22~26，No.30~31。

（3）通用技术正向参数　No.13~14，No.27~29，No.32~39。

负向参数是这些参数变大时，使系统或子系统的性能变差，如子系统为了完成特定的功能所消耗的能量（No.19~20）越大，则设计越不合理。

正向参数是这些参数变大时，使系统或子系统的性能变好，如子系统可制造性（No.32）指标越高，子系统制造成本就越低。

2. 应用实例

例2-8　很多铸件或管状结构是通过法兰连接的，为了机器或设备维护，法兰连接处常常还要被拆开。有些连接处还要承受高温、高压，并要求密封良好。有的重要法兰需要很多个螺栓连接，如一些汽轮机、涡轮机的法兰需要100多个螺栓连接。但为了减小质量、减少安装时间或维护时间、减少拆卸时间，则螺栓越少越好。传统的设计方法是在螺栓数目与密封性之间取得折中方案。

分析可发现本例存在的技术冲突如下。

1）如果密封性良好，则操作时间变长且结构的质量增加。

2）如果质量小，则密封性变差。

3）如果操作时间短，则密封性变差。

按39个工程参数描述，希望改进的特性如下。

1）静止物体的质量。

2）可操作性。

3）装置的复杂性。

以上三种特性改善将导致如下特性的降低。

1）结构的稳定性。

2）可靠性。

3. 技术冲突与物理冲突

技术冲突总是涉及两个基本参数 A 与 B，当 A 得到改善时，B 变得更差。物理冲突仅涉及系统中的一个子系统或部件，而对该子系统或部件提出了相反的要求。往往技术冲突的存在隐含着物理冲突的存在，有时物理冲突的解比技术冲突的解更容易获得。

例 2-9 用化学的方法为金属表面镀层的过程如下：金属制品放置于充满金属盐溶液的池子中，溶液中含有镍、钴等金属元素；在化学反应过程中，溶液中的金属元素凝结到金属制品表面形成镀层。温度越高，镀层形成的速度越快，但温度高，使有用的元素沉淀到池子底部与池壁的速度也越快；而温度低又大大降低生产率。

该问题的技术冲突可描述为：两个工程参数即生产率（A）与材料浪费（B）之间的冲突。例如：加热溶液使生产率（A）提高，同时材料浪费（B）增加。

为了将该问题转化为物理冲突，选温度作为另一参数（C）。物理冲突可描述为：溶液温度（C）增加，生产率（A）提高，材料浪费（B）增加；反之，生产率（A）降低，材料（B）浪费减少。溶液温度既应该高，以提高生产率，又应该低，以减少材料浪费。

2.3.3 技术冲突的解决原理

1. 概述

在设计创新的历史中，人类已完成了很多产品的设计，一些设计人员或发明家已经积累了很多发明创造的经验。进入 21 世纪，设计创新已逐渐成为企业市场竞争的焦点。为了指导设计创新，一些研究人员开始总结前人发明创造的经验。这种经验的总结分为以下两类，即适应于本领域的经验（第一类经验）与适应于不同领域的通用经验（第二类经验）。

第一类经验主要是由本领域的专家、研究人员本身总结，或是与这些人员讨论并整理总结出来的。这些经验对指导本领域的产品创新有一定的参考意义，但对其他领域的创新意义不大。

第二类经验是由专门研究人员对不同领域的已有创新成果进行分析、总结，得到具有普遍意义的规律，这些规律对指导不同领域的产品创新都有重要的参考价值。

TRIZ 的技术冲突解决原理属于第二类经验，这些原理是在分析全世界大量专利的基础上提出的。

2. 40 条发明创造原理

在对全世界专利进行分析研究的基础上，TRIZ 理论提出了 40 条发明创造原理，见表2-2。

表 2-2 40 条发明创造原理

序号	原理名称	序号	原理名称	序号	原理名称	序号	原理名称
1	分割	11	预补偿	21	紧急行动	31	多孔材料
2	分离	12	等势性	22	变有害为有益	32	改变颜色
3	局部质量	13	反向	23	反馈	33	同质性
4	不对称	14	曲面化	24	中介物	34	抛弃与修复
5	合并	15	动态化	25	自服务	35	参数变化
6	多用性	16	未达到或超过的作用	26	复制	36	状态变化
7	嵌套	17	维数变化	27	低成本、不耐用的物体代替昂贵、耐用的物体	37	热膨胀
8	质量补偿	18	振动	28	机械系统的替代	38	加速强氧化
9	预加反作用	19	周期性作用	29	气动与液压结构	39	惰性环境
10	预操作	20	有效作用的连续性	30	柔性壳体或薄膜	40	复合材料

它们是解决技术冲突的核心内容。实践证明，这些原理对于指导设计人员的发明创造、创新具有非常重要的作用。下面结合工程实例对各条发明创造原理进行详细的分析和介绍。

（1）分割原理

1）将一个物体分成相互独立的部分。例如：用多台个人计算机代替一台大型计算机完成相同的功能；用一辆货车加拖车代替一辆载质量大的货车；大型企业设置子项目；将食用马铃薯片所用的调料按不同口味分装在不同的调料袋中；在工厂规划时，将办公设备和用于生产的设备分开设计；在设计旅馆时，将卧室区和公众区隔开。

2）使物体分成容易组装及拆卸的部分。例如：组合夹具是由多个零件拼装而成的；花园中浇花用的软管系统，可根据需要通过快速接头连成所需的长度；食品袋上特制的小口以方便打开；将集成电路和无源元件组装成多芯片模型。

3）增加物体相互独立部分的程度。例如：用百叶窗代替整体窗帘；用粉状焊接材料代替焊条改善焊接结果；将两层的酸乳酪改制成三层的酸乳酪。

例 2-10　模块化插座设计，如图 2-3 所示。说到插座，每个人都可能会用到。有两个需求，一是插孔要够多，二是插孔要能根据自己的需求进行组合，有些人需要三孔多一些，有些人需要两孔多一些，还有些人需要有 USB 接口。模块化插座能让用户根据喜好或需求选择功能自己组装。这款插座至少能提供下面的这些模块，包括两孔插座、三孔插座、USB 接口、蓝牙音箱、无线充电模块和有线网卡模块。而所有的模块中，一个叫作智能模块的最吸引用户注意，这个模块能提供远程管理功能，比如说，用户希望自己家的台灯能在进屋前自动打开，那么，他可以将台灯插在这个插座上，然后把这个插座与智能模块相连，就能通过互联网在手机上进行开关操作了。

图 2-3　模块化插座设计

（2）分离原理

1）将物体中的"干扰"部分分离出去。例如：在飞机场环境中，为了驱赶各种鸟，采用播放刺激鸟类的声音是一种方便的方法，这种特殊的声音使鸟与机场分离；将产生噪声的空气压缩机放于室外；用光纤或光缆分离光源；利用狗吠声而不用真正的狗作为警报；将蛋清从鸡蛋中分离出来用以烘焙面包；在办公大楼中用玻璃隔离噪声；

2）将物体中的关键部分挑选或分离出来。例如：离子培植中的离子分离；晶片工厂中储存铜的区域与其他区域隔离。

例 2-11　在利用风能方面的一个最大缺陷就是很多能量都被移动组件间的摩擦力消耗。利用磁铁系统减少摩擦力同时让涡轮机的旋转零件处于悬浮状态，这种设计不仅提高能效，同时还要比传统的风电厂占据更少空间。由于这种特殊的移动方式，磁悬浮风轮机（图 2-4）也可以旋转并在风速极低情况下发电，与风电厂的传统涡轮形成鲜明对比。

（3）局部质量原理

1）将物体或环境的均匀结构变成不均匀结构。例如：用变化中的压力、温度或密度代替定常的压力、温度或密度；饼干和蛋糕上的糖衣。

2）使组成物体的不同部分完成不同的功能。例如：午餐盒被分成放热食、冷食及液体的空间，每个空间功能不同；烤箱中有不同的温度档，不同的食物可以选择不同的温度来加热。

3）使组成物体的每一部分都最大限度地发挥作用。例如：带有橡皮的铅笔，带有起钉器的

图2-4　磁悬浮风轮机

榔头；瑞士军刀（带多种常用工具，如螺钉旋具、尖刀、剪刀等）；电缆电视集电话、上网、电视功能于一体。

该原理在机械产品进化的过程中表现得非常明显，如机器由零部件组成，每个零部件在机器中都应占据一个最能发挥作用的位置。如果某零部件未能最大限度地发挥作用，则应对其改进设计。

例2-12　为了减少煤矿装卸机中的粉尘，安装洒水的锥形容器。水滴越小，消除粉尘的效果就越明显，但是微小的水滴妨碍了正常的工作。解决方案就是产生一层大颗粒水滴，使其环绕在微小锥形水滴附近。

例2-13　多用免触摸水龙头（Miscea Touchless Faucet）造型很别致，如图2-5所示。它没有开关，出水口的旁边只有一个高科技感十足的感应盘。感应盘被划分成了几个区域，上面分别标着 soap（洗手液）、disinfect（消毒液）和 water（水），以及 + 和 − 控制区。感应盘的中间是一个液晶显示屏。

首先，感应盘是免触摸的。也就是说，使用者把手指悬在相应区域的上方一定时间就能起动相应的功能；其次，它可以按照需求喷出洗手液、消毒液和水三种液体。这意味着对手的清洁工作将变得异常简单：先让它喷出洗手液或消毒液，然后喷出普通水冲洗。最后，它还能调节水的温度。"+"和"−"两个区域就是温度控制区，

图2-5　多用免触摸水龙头

调节的效果可以即时地显示在感应盘中间的液晶显示屏上。如果预定的35°太冷，把手指悬在"+"控制区上，温度会自动增加。

（4）不对称原理

1）将物体形状由对称变为不对称。例如：不对称搅拌容器或对称搅拌容器中的不对称叶片；为增强混合功能，在对称的容器中用非对称的搅拌装置进行搅拌（水泥搅拌车，蛋糕搅拌机）；将 O 形圈的截面形状改为其他形状，以改善其密封性能；在圆柱形把手两端制作一个平面用以将其与门、抽屉等固定连接；非圆形截面的烟囱可以减少风对其的拖拽力。

2）如果物体是不对称的，增加其不对称的程度。例如：轮胎的一侧强度大于另一侧，以增加其抗冲击的能力；用散光片聚光。

机械设计中经常采用对称性原理，对称是传统上很多零部件的实现形式。实际上，设计中的很多冲突都与对称有关，将对称变为不对称就能解决很多问题。

例 2-14　轮胎一侧总比另一侧制造得牢固，这样就可以有效承受路缘的冲击。

例 2-15　使用一个对称的漏斗卸载湿沙时，在漏斗口处湿沙很容易形成一种拱形体，造成一种不规则的流动。形状不对称的漏斗就不会存在这种拱形效应。

例 2-16　荷兰设计团体将灯具与椅子集成一体，命名为诗人（Thepoet）。图 2-6a、c 款的灯具位于椅子右侧，象征右手诗人威廉·布莱克，图 2-6b 款的椅子则象征左手诗人歌德。这种灯具椅的折叠特性使其折叠时可作为落地灯且节省空间。

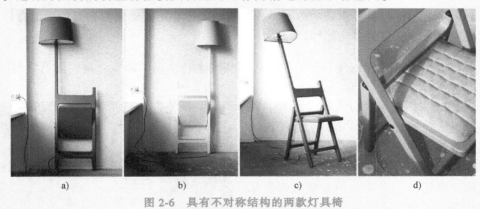

| a) | b) | c) | d) |

图 2-6　具有不对称结构的两款灯具椅

（5）合并原理

1）在空间上将相似的物体连接在一起，使其完成并行的操作。例如：网络中的个人计算机；并行计算机中的多个微处理器；安装在电路板两面的集成电路；通风系统中的多个轮叶；安装在电路板两侧的大量的电子芯片；超大规模集成芯片系统；双层/三层玻璃窗。

2）在时间上合并相似或相连的操作。例如：同时分析多个血液参数的医疗诊断仪；具有保护根部功能的草坪割草机。

例 2-17　旋转开凿机的运作元件上有一个特制的水蒸气喷嘴，用来除霜，软化冻结的土地。

例 2-18 美国汽车制造商福特汽车公司成功开发出世界第一个充气式安全带，一旦发生车祸，它可以在 40ms 内做出反应，给予乘客更多的安全保护。充气式安全带类似安全气囊，在撞车时会自动充气，福特公司会把这种安全带安装在车辆的后排位置。专家称，充气式安全带对防止儿童出现肋骨折断、内伤和瘀伤尤为有效。身体虚弱和年老的乘客同样会受益于这种安全带。此发明将传统的安全带和安全气囊合二为一：圆柱形气囊从搭扣伸出固定住肩膀，里面装入一个缝入安全带的气袋。90%以上接受过测试的志愿者表示，充气式安全带类似于传统安全带，但比传统安全带更舒适。一旦发生车祸，后排位置的乘客经常会骨折，但充气式安全带有助于降低乘客骨折的风险，因为相比传统前座安全带，气囊充气过程更轻柔、快速，如图 2-7 所示。

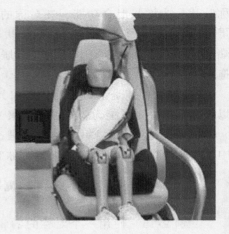

图 2-7 世界第一个充气式安全带

（6）多用性原理 使一个物体能完成多项功能，可以使原设计中完成这些功能所需的多个物体减为一个物体。例如：装有牙膏的牙刷柄；能用作婴儿车的儿童安全座椅；领队同时兼职为记录员和计时员；企业中的有多种才能的人才；用能够反复密封的食品盒作为储藏罐；集成电路包装底层的多功能性。

例 2-19 小型货车的座位通过调节可以实现多种功能，即坐、躺、支承货物。

例 2-20 地铁楼梯成为钢琴键盘，踩踏后可发出美妙音乐（图 2-8）。为了改善人们的生活方式，德国大众公司推出一款音乐楼梯，并率先在瑞典首都斯德哥尔摩的地铁站试运行。大众公司希望通过音乐楼梯吸引上下班的人们更多爬楼梯而不是乘电梯，从而加强锻炼。新颖的音乐楼梯设计成一个巨大的钢琴键盘，每走上一级楼梯就会产生一个乐符。自从推出音乐楼

图 2-8 踩踏地铁楼梯可发出美妙音乐

梯后，上下班时不少行人愿意选择爬楼梯，通过上下楼梯感受音乐带来的运动快感。调查发现，在试运行音乐楼梯的地铁站内，选择爬楼梯的人们比乘电梯的人们多了 66%。一些人还把自己上下楼梯的视频上传到网上，展示自己创造的乐曲。大众公司的发言人说："娱乐可以让人改善行为方式，我们称其为快乐理念。"

（7）嵌套原理

1）将第一个物体放在第二个物体中，再将第二个物体放在第三个物体中，并依此类

推。例如：儿童玩具不倒翁；套装式油罐，内罐装黏度较高的油，外罐装黏度较低的油；嵌套量规、量具；俄罗斯洋娃娃（里面还有许多玩具）；微型录音机（内置传声器和扬声器）；分层的大块硬糖（每层都有不同的颜色和味道，当外面层吃完后就可以尝到里边层的味道）。

2）使一个物体穿过另一个物体的空腔。例如：收音机伸缩式天线；伸缩式钓鱼竿；汽车安全带卷收器；伸缩教鞭；变焦透镜；飞机紧急升降梯；着陆轮。

例 2-21　为了储藏，可以把一把椅子放在另一把椅子上面。

例 2-22　笔筒里放有铅芯的自动铅笔。

例 2-23　现实版钢铁战士。两条银色的金属下肢托举着一套环形护腰（图 2-9）。这套单兵负重辅助系统是根据昆虫外骨骼的仿生学原理研制而成的。未来战场上，士兵的携带装具越来越多、越来越重，可人体的体能和负重能力却是有限的。研发这套外骨骼系统，能使人体骨骼的承重减少 50% 以上，让普通士兵成为大力士。在战场上，一支行军速度 20km/h，能够在夜间精确定位，负载 100kg 以上各种信息化装备的外骨骼机器人部队投入战斗，而对手是传统意义上的步兵，这将会获得怎样的战场优势。其实，外骨骼机器人技术在许多领域有着很好的应用前景：在民用领域，外骨骼机器人可以广泛

图 2-9　单兵负重辅助系统

应用于登山、旅游、消防、救灾等需要背负沉重的物资、装备而车辆又无法使用的情况；在医疗领域，外骨骼机器人可以用于辅助残疾人、老年人以及下肢肌无力患者行走，也可以帮助他们进行强迫性康复运动等，具有很好的发展前景。但其中最受大家关注的还是它在军事领域的应用。

（8）质量补偿原理

1）用另一个能产生提升力的物体补偿第一个物体的质量。例如：在圆木中注入发泡剂，使其更好地漂浮；用气球携带广告条幅。

2）通过与环境相互作用产生空气动力或液体动力的方法补偿第一个物体的质量。例如：飞机机翼的形状使其上部空气压力减少，下部空气压力增加，以产生升力；船在航行过程中船身浮出水面，以减少阻力。

例 2-24　背包式水上飞行器（图 2-10）。背上这款水上飞行器（JetLev-Flyer）就可以在水上自由飞行。类似背包的飞行器向下喷射出的两条水柱可以使人飞离水面约 9m 高，最快速度可达 100km/h。黄色水管连接的一个貌似小船的漂浮设备为飞行器输送动力，可以连续全速飞行 1h 左右。不难看出，水上飞行器很好操控，能够前进、左右转、上升下降自如飞行，并且设计者声称这款飞行器的危险系数跟篮球运动差不多。

图 2-10　背包式水上飞行器

（9）预加反作用原理

1）预先施加反作用。例如：缓冲器能吸收能量，减少冲击带来的负面影响；在做核试验之前，工作人员佩带防护装置，以免受射线损伤。

2）如果一物体处于或将处于受拉伸状态，预先增加压力。例如：在浇混凝土之前，对钢筋进行预压处理。

例 2-25　酸碱中和时预置缓冲期，以释放反应中的热量。

例 2-26　加固轴是由很多管子做成的，这些管子之前都已经扭成一定角度。

例 2-27　三点式安全带问世 50 年挽救百万生命（图 2-11）。尼尔斯·博林并不被很多人所熟知，但他的一项伟大发明却是人们再熟悉不过的了，它就是已经有着半个世纪历史的三点式安全带。三点式安全带的出现为驾乘者营造了一个更为安全的驾车乘车环境，无数人因此在车祸中幸免于难。在问世后的半个世纪时间里，三点式安全带已挽救了 100 万人的生命。当前，全球在公路上行驶的汽车总量已达到大约 6 亿辆左右，反应迟钝、酒后驾车以及粗心大意的驾驶者仍大有人在，基于这些事实，可能对这个数字感到有些吃惊，但预想中的数字似乎应该远远超过 100 万。在汽车发展史上，安全带为提高驾车

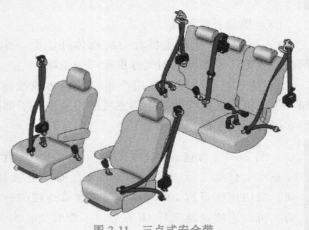

图 2-11　三点式安全带

乘车安全系数所做出的贡献仍旧是最大的，虽然在"生命拯救者"的比赛成绩表中，它的排名要落后于青霉素或者消毒外科手术。安全带的基本功能是：防止驾驶员撞向转向盘或者后面的乘客将巨大的冲击力（相当于一头奔跑的大象具有的能量）转移到前面的人；防止驾驶员和乘客在发生事故时被抛出车外。由于使用安全带，碰撞导致的死亡和受伤风险至少降低了 50% 以上。时至今日，几乎可以在每一辆现代汽车上看到三点式安全带的身影。传统的三点式安全带（胸部以及大腿前部分别被两条带子固定）是沃尔沃公司在 50 年前发明的。

（10）预操作原理

1）在操作开始前，使物体局部或全部产生所需的变化。例如：预先涂上胶的壁纸；在手术前为所有器械杀菌；不干胶粘贴（只需揭开透明纸，即可用来粘贴）；在将蔬菜运到食品制造厂前对其进行预处理（即切成薄片、切成方块等方法）；（胶片）感光底层预先的清洁处理；在印制电路板中用预先制造的胶片连接各碎片。

2）预先对物体进行特殊安排，使其在时间上有准备，或使其处于易操作的位置。例如：柔性生产单元；灌装生产线中使用所有瓶口朝一个方向，以增加灌装效率；厨师按照食谱中所写的详细顺序进行烹调。

例 2-28　装在瓶子里的胶水用起来很不方便，因为很难做到涂层干净、均匀。相反的，如果预先把胶水挤在一个纸袋上，那么适量的胶水要涂得比较均匀、干净就是一件很容易的事。

例 2-29　再大的风也吹不掉的衣架（图 2-12）。衣架每家每户都有，但有个问题却一直没有解决，那就是如果把衣服晾在外面，遇到起风，通常的衣架很可能会被吹落，导致衣服掉到地上。现在，法国设计师终于试图解决这个问题，这便是再大的风也无法吹落的衣架：线条非常简洁、流畅，而最大的改进是在衣架的挂钩部分，变成了一种别针般的结构，可以自动锁住，同时用手一握就能打开，也只有

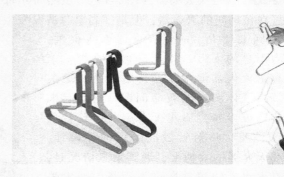

图 2-12　吹不掉的衣架

这种情况下才能将之从晾衣杆上面取下。好处是风再大也不会让衣架掉地上了，坏处是没法使用撑衣杆了，只适用于衣橱或者晾衣杆触手可及的晾晒场所。

（11）预补偿原理　采用预先准备好的应急措施补偿物体相对较低的可靠性。例如：飞机上的降落伞；胶卷底片上的磁性条可以弥补曝光度的不足；航天飞机的备用输氧装置。

例 2-30　商场中的商品印上磁条可以防止被窃。

例2-31 应急手电（图2-13）。在2011年的日本大地震之后，日本的企业都铆足了劲去研发和生产那些能应急、能救命的产品。应急手电，就是在这种背景下产生的最新成果。这款应急手电来自松下，最大的特点就是任何尺寸的干电池都可以用，不论是1号、2号、5号或者7号，只要能找到的干电池，都能塞进去，并且点亮它。而且，可以同时将这4种电池一起塞进去（这时，可以通过一个开关来选择使用其中某一种电池），也可以只塞1种，哪怕是7号电池塞进去，它都能正常工作。采用LED光源，松下给出的数据是，如果同时塞了4种尺寸的电池各1粒（也就是

图2-13 应急手电

说，里面有4节大小、尺寸各异的电池），那么最长可以连续工作86h。

（12）等势性原理 改变工作条件，使物体不需要被升高或降低。例如：与压力机工作台高度相同的工件输送带，将冲好的工件输送到另一工位；工厂中的自动送料小车；巴拿马运河的水闸；汽车制造厂的自动生产线和与之配套的工具。

例2-32 汽车发动机上润滑油是工人站在长形地沟里涂上去的，这样就避免使用专用提升机构。

例2-33 自走式灭火器（图2-14）。虽然每年都会有各种相关培训教会使用者如何使用放置在楼梯间的灭火器，但是，当紧急情况发生时，很少有人能保证自己冲过去扛起灭火器回来救火。毕竟灭火器本身很重，有些臂力不足的人万一拎不动可怎么办？于是一款自走灭火器诞生了。它用自己圆滚滚的轮子解决了体弱者的救命问题。它看起来长得有些像吸尘器，那些灭火用的干粉就装在它的滚轮里，喷射管做成了可伸缩设计，就缠绕在灭火器的滚轴上，遇到紧急情况时，可以拖着灭火器快速冲向事发现场，抽出喷射管就地灭火。由于滚轮式设计行动方便，也在另一个方面解决了普通干粉式灭火器的干粉容量问题，大滚轮里显然可以储存更多干粉，使其在灭火时喷射时间更持久。

图2-14 自走式灭火器

（13）反向原理

1）将一个问题说明中所规定的操作改为相反的操作。例如：为了拆卸处于紧配合的两个零件，采用冷却内部零件的方法，而不采用加热外部零件的方法。

2）使物体中的运动部分静止，静止部分运动。例如：扶梯运动，乘客相对扶梯静止；

健身器材中的跑步机。

3）使一个物体的位置倒置。例如：将一个部件或机器总成翻转，以安装紧固件；从罐子中取出豆类时，将罐口朝下就可以将豆类倒出了。

例2-34 喷砂清洗零部件是通过振动零部件来实现的，而不是使用研磨剂。

例2-35 倒着灌装啤酒的啤酒机（图2-15）。这是款神奇的啤酒机，能将啤酒从杯子的底部往上灌装。杯子底部其实有个磁控阀门，啤酒倒着灌，不但激起的泡沫更少，而且一灌满还能自动停止，一丁点也不会溢出。

图2-15 倒着灌装啤酒的啤酒机

（14）曲面化原理

1）将直线或平面用曲线或曲面代替，立方形用球形代替。例如：为了增加建筑结构的强度，采用拱形和圆弧形结构。

2）采用辊、球和螺旋。例如：斜齿轮提供均匀的承载能力；采用球或滚柱为笔尖的钢笔增加了墨水的均匀程度；千斤顶中螺旋机构可产生很大的升举力。

3）用旋转运动代替直线运动，产生离心力。例如：鼠标采用球形结构产生计算机屏幕内光标的运动；洗衣机采用旋转产生离心力的方法，去除湿衣服中的水分；在家具底部安装球形轮，以利移动。

例2-36 弧形的开关插座（图2-16）。众所周知，家里的电器即使是在待机状态下也是耗电的，所以不用时最好能将插头拔出来；如果出远门的话，为了不留安全隐患，更应该彻底关闭所有电源才是。但往往人们并没有这么做，因为很多插座设置在不易靠近的角落，插来拔去很费事，没有人想每天搬沙发、拖柜子、移冰箱。而且反复插拔容易导致插座松动坏死或者积累灰尘，最后一排插孔就只剩下一两个能正常使用了。这时人们往往需要的正是这款单手就能操作的开关插座（Clack Plug），它能轻易解决以上困扰：设计概念就是将插座、插头与开关三合为一，当电器插上插座时，往上推插头就是开，往下扳插头就是关。如此一来，无论插座是设置在床下或是大家电背后等难以触摸到的地方，都可以轻轻松松关闭电源，而且，把插头孔的位置做成了曲面化的形状，这样，便于插、拔的操作，更人性化。这款开关插座因此获得了2014年iF概念设计奖。

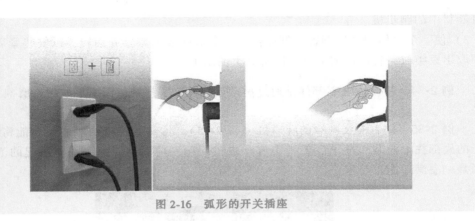

图 2-16 弧形的开关插座

（15）动态化原理

1）使一个物体或其环境在操作的每一个阶段自动调整，以达到优化的性能。例如：可调整驱动轮；可调整座椅；可调整反光镜；飞机中的自动导航系统。

2）把一个物体划分成具有相互关系的元件，元件之间可以改变相对位置。例如：计算机碟形键盘；装卸货物的铲车，通过铰链连接两个半圆形铲斗，可以自由开闭，装卸货物时张开铲斗，移动时铲斗闭合。

3）如果一个物体是静止的，使之变为运动的或可改变的。例如：检测发动机用柔性光学内孔件检测仪；医疗检查中挠性肠镜的使用。

例 2-37　手电筒的灯头和筒身之间有一个可伸缩的鹅颈管。

例 2-38　运输船的圆柱形船身。为了减少船载满时的吃水深度，船身一般都是由可以打开铰接的半圆柱构成的。

例 2-39　会跑的坦克音乐播放器（图 2-17）。坦克音乐播放器（Mint Tank Music Player）不仅外表看上去十分时尚讨喜，还能靠着身上的坦克履带到处跑动，使用者可以通过无线蓝牙设备远程控制。它自带的两个扬声器也有不错的音质效果，如果碰到同伴，它们还能协同播放乐曲，想想那满屋跑的 3D 环绕效果还真是让人期待。

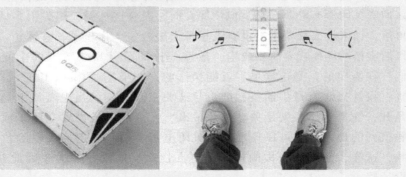

图 2-17　会跑的坦克音乐播放器

（16）未到达或超过的作用原理 如果严格地100%达到所希望的效果有困难，可以稍微未达到或稍微超过预期的效果将大大简化问题。

例如：缸筒外壁需要涂装时，可将缸筒浸泡在盛漆的容器中完成，但取出缸筒后，其外壁黏漆太多，通过快速旋转可以甩掉多余的漆。

例2-40 为了从储藏箱里均匀卸载金属粉末，送料斗里有一个特殊的内部漏斗，这个漏斗一直保持满溢状态，以提供差不多的持续压力。

例2-41 "闪耀"来复枪（图2-18）。非致命武器是为达到使人员或装备失去功能而专门设计的武器系统。目前，外国发展的用于反装备的非致命武器主要有超级润滑剂、材料脆化剂、超级腐蚀剂、超级黏胶以及动力系统熄火弹等。美军的武器研发部门推出了全新的致盲枪"闪耀"。"闪耀"是一把外形拉风的来复枪，采用具有更高能量的激光，选择了最具刺激性的波段，通过发射激光使对方人员暂时失明。

图2-18 "闪耀"来复枪

（17）维数变化原理

1）将一维空间中运动或静止的物体变成二维空间中运动或静止的物体，将二维空间中的物体变成三维空间中的物体。例如：为了扫描一个物体，红外线计算机鼠标在三维空间运动，而不是在一个平面内运动；五轴机床的刀具可被定位到任意所需的位置上。

2）将物体用多层排列代替单层排列。例如：能装6个CD盘的音响不仅增加了连续放音乐的时间，也增加了选择性；印制电路板的双层芯片；主题公园中的职员们经常从游客面前"消失"，他们通过一条地下隧道来到下一个工作地点，然后走出隧道出口，出现在游客们的面前。

3）使物体倾斜或改变其方向。例如：自卸车。

4）使用给定表面的反面。例如：叠层集成电路。

例2-42 温室的北部安装了凹面朝向温室的凹面反射镜，这样可通过白天反射太阳光以改善北部的光照。

例2-43 堆叠式电动汽车（图2-19）。麻省理工学院设计人员设计出一种堆叠式的轻型（450kg）电动汽车，可从路边的堆放架借出，就像机场的行李车一样，用完之后可将它还回城市内的任意一个堆放架。麻省理工学院将其称为"城市之车"（CityCar，泡状的双座小车，最高速度为88km/h），其原型只有2.5m长，折叠后尺寸更可缩小一半，从而便于进行堆叠。在一个传统的停车位中，可容纳4辆堆叠起来的汽车。预计这种车将很快出现在美国城市，目前通用公司正在制造原型车。

图 2-19 堆叠式电动汽车

（18）振动原理

1）使物体处于振动状态。例如：电动雕刻刀具具有振动刀片；电动剃须刀。

2）如果振动存在，增加其频率，甚至可以增加到超声波频率。例如：通过振动分选粉末；振动给料机。

3）使用共振频率。例如：利用超声共振消除胆结石或肾结石。

4）使用电振动代替机械振动。例如：石英晶体振动驱动高精度表。

5）使用超声波与电磁场耦合。例如：在高频炉中混合合金。

例 2-44 当铸型被填满时，使其振动，这样就可以改善流量，提高铸件的结构特性。

例 2-45 可振动的转向盘（图 2-20）。一种可振动的转向盘将能提醒分神的驾驶员，使他们专心开车，从而减少交通事故。英国公司设计了一种汽车驾驶室相机，可以观察驾驶员的表情，以检测他们是否分神。这种相机位于汽车后视镜，会扫描驾驶员的眼睛，并根据眨眼率来判断驾驶员是否分神。如果认为驾驶员分神，它就会振动转向盘、座位或者发出警报，通过这种技术让驾驶员保持注意力。

图 2-20 可振动的转向盘

（19）周期性作用原理

1）用周期性运动或脉动代替连续运动。例如：使报警器声音脉动变化，代替连续的报警声音；用鼓槌反复地敲击某物体。

2）改变周期性运动的频率。例如：通过调频传递信息；用频率调音代替摩尔电码。

3）在两个无脉动的运动之间增加脉动。例如：医用呼吸器系统中，每压迫胸部 5 次，呼吸 1 次。

例 2-46 用扳钳通过振动的方法就可以拧开生锈的螺母，而不需要持续的力。

例 2-47 报警灯总是一闪一闪，比起持续的发光，更能引起人们的注意力。

例 2-48 电波充电器（图 2-21）。电波充电器（Electromagnetic Harvester）希望借助这个世界无所不在的"波"来获取电力，而且使用方法非常简单。理论上，把它放在任何地方都能工作，只是，要想获得足够好的效果，就仍然需要靠近电磁源、电磁场。它们的强度越强，效果就越好。比如说，可以靠近一台工作的咖啡机，或者跑出去站在电线的下面。根据设计师的描述，这台充电器一般都能在 1 天内充满一节充电电池——效率听上去是比较一般，但是，考虑到这个星球几乎任何地方都充斥着各种免费的电磁场，至少，将之用作

图 2-21 电波充电器

野外的补充电力，还是非常合适的。据说它将会推出两种频率版本：一种适用于 100Hz 以下的低频磁场，比如交流电附近等；一种适用于高频磁场，从手机的 GSM 频段（900/1800MHz）到蓝牙和 WLAN（2.4GHZ）。

（20）有效作用的连续性原理

1）不停顿地工作，物体的所有部件都应满负荷地工作。例如：当车辆停止运动时，飞轮或液压蓄能器储存能量，使发动机处于一个优化的工作点；持续改善瓶颈工步，达到优化工序的目的。

2）消除运动过程中的中间间歇。例如：针式打印机的双向打印；点阵打印机、菊花轮打印机、喷墨打印机的后台打印，不耽误前台工作。

3）用旋转运动代替往复运动。

例 2-49 具有切刃的钻床可以实现切割。

例 2-50 持续飞行五年的无人机（图 2-22）。美国极光飞行公司（Aurora Flight Sciences）正在进行 Z-Wing 无人机项目。看上去它就像是一架 UFO，在人类最先进科技的支持下，其能够在空中连续飞行 5 年，相当于一颗大气层内的同步卫星：配备 9 台电动螺旋桨发动机，采用 Z 形机翼，翼展达到夸张的 150m，表面布满太阳电池。白天，独特

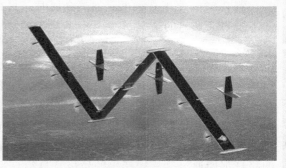

图 2-22 持续飞行五年的无人机

的姿态控制系统让 Z-Wing 总是能将自身最多的太阳电池同时对着日光，最大限度地储存电能。而到了夜间，它又会改变自己的 Z 形结构，拉伸为一条直线（以减少能耗），并保持在 18000～27000m 的高度巡航。目前，极光飞行的科学家们已经做出了完整的设计，预计 5 年内，这架能在天上连续飞行 43800h 的"神器"就能张开翅膀翱翔，并用于通信和环境监测等领域，如对温室效应的研究以及一些军事目的。

（21）紧急行为原理　以最快的速度完成有害的操作。例如：修理牙齿的钻头高速旋转，以防止牙组织升温；为避免塑料受热变形，高速切割塑料。

例 2-51　摩托车安全服（图 2-23）。骑摩托车是一件高危险性的事情，尽管可以戴上头盔，但是身体其他部位呢？加拿大设计师带来的摩托车安全服（Safety Sphere），也许能解决这个问题。简单地说，这衣服可以近似地理解为一个穿在身上的安全气囊，每次意外发生时，这衣服能在 1/500s 内膨胀成一个气球，将车手包在中间，减少伤害。

图 2-23　摩托车安全服

（22）变有害为有益原理

1）利用有害因素，特别是对环境有害的因素，获得有益的结果。例如：利用余热发电；利用秸秆作为板材原料；回收物品二次利用，如再生纸。

2）通过与另一种有害因素结合消除一种有害因素。例如：在腐蚀性溶液中加入缓冲性介质；潜水中使用氮氧混合气体，以避免单用其一造成昏迷或中毒。

3）加大一种有害因素的程度使其不再有害。例如：森林灭火时用逆火灭火；"以毒攻毒"。

例 2-52　在寒冷的天气里运输沙砾时，沙砾很容易冻结，但过度冻结（使用液氮）可以使冰碴易碎，进而使沙砾变得更纯。

例 2-53　使用高频电流加热金属时，只有外层金属变热，这个负面效应，可以应用于需要表面加热的情况。

例 2-54　吃垃圾就能发光的路灯（图 2-24）。吃垃圾就能发光的路灯，工作原理很简单，相当于是一个缩微版的沼气池：路灯下面是垃圾桶，将生活垃圾倒入后，它们将在这个特别的垃圾桶中被发酵，产生甲烷，然后甲烷再被输送至路灯顶部，用于照明，而发酵之后的垃圾，还可以作为堆肥用于城市绿化。当然，尚不清楚这样的一盏路灯，每天需要吃进多少垃圾才能维持其运转。但是，如果技术上能够实现，让每一栋楼周边的路灯都能通过这栋楼产生的垃圾来自给自足，那无疑就太完美了。

图 2-24 吃垃圾就能发光的路灯

（23）反馈原理

1）引入反馈以改善过程或动作。例如：音频电路中的自动音量控制；加工中心的自动检测装置；声控喷泉；自动导航系统；自动工艺控制。

2）如果反馈已经存在，改变反馈控制信号的大小或灵敏度。例如：飞机接近机场时，改变自动驾驶系统的灵敏度；自动调温器的负反馈装置；为使顾客满意，认真听取顾客的意见，改变商场管理模式。

例 2-55 会说话的花盆（图 2-25）。会说话的花盆基本上可以将其理解为一个小型的遥感和化验设备。外观如白色花盆，但是正面却嵌着 LED 显示器，背后还插着 USB 电缆。当然，对会说话的花盆来说，这是有必要的，需要使用软件配合才能分析采集到的数据。基本上，所有种植者所关心的项目，如温度、湿度等参数，会说话的花盆都可以实时测定，并将结果通过浅显易懂的图标反馈到显示器上：笑脸表示花草过得很舒服，苦瓜脸表示它们正在受罪，满格的温度计表示太热了，空白的温度计表示太冷了等。

图 2-25 会说话的花盆

（24）中介物原理

1）使用中介物传送某一物体或某一种中间物体。例如：机械传动中的惰轮；机加工中钻孔所用的钻孔导套。

2）将一容易移动的物体与另一物体暂时结合。例如：机械手抓取重物并移动该重物到另一处；用托盘托住热茶壶；钳子、镊子帮助人手。

例 2-56 当将电流应用于液态金属时，为了减少能量损耗，冷却电极的同时还采用具有低熔点的液态金属作为中介物。

例 2-57 万能遥控器（图 2-26）。万能遥控器能操纵家里所有电器。它由两部分组成：圆形盘子是连接电器设备所用，称为主机；像早期直板手机的东西是可操作的遥控器。此外，还有一个与之相关的软件 APP，在手机上可以下载使用。主机可支持低功耗蓝牙 4.0、Wi-Fi、基于 IPv6 协议的低功耗无线个人局域网 6LowPAN、ZigBee、无线网络协议 Thread、Z-Wave 以及 360°红外。它能够识别的设备超 3 万台，我国的海尔、海信，韩国 LG、三星，日本的夏普、索尼等市面上的品牌都囊括在内。考虑到热衷复古风的人们，十年前的主流音视频设备，如 DVD 播放器等，它也能全力配合。遥控器部分的屏幕像素比 iPad 更清晰。内置传感器，可通过感知

图 2-26　万能遥控器

识别使用者的手掌，从而根据浏览喜好调出日常播放列表。有些少儿不宜的东西，家长们也可以在遥控器上进行设置，从而禁止其浏览。遥控器与主机不可相距太远，50m 以内可用。只要在此范围内，一台主机可以同时支持 10 个遥控器工作。手机上的 APP 不仅可以替代所有的智能设备应用程序，也可寻找万能遥控器。

（25）自服务原理

1）使一物体通过附加功能产生自己服务于自己的功能。例如：冷饮吸管在二氧化碳产生的压力下工作。

2）利用废物的材料、能量与物质。例如：钢厂余热发电装置；利用发电过程产生的热量取暖；用动物的粪便做肥料；用生活垃圾做化肥。

例 2-58　为了减少进料机（传送研磨材料）的磨损，其表面通常由一些研磨材料制成。

例 2-59　电子焊枪杆一般需要使用一些特殊装置来改进，为了简化系统，可以直接使用由焊接电流控制的螺线管实现改进。

例 2-60　自动泊车技术（图 2-27）。自动泊车技术大部分用于顺列式驻车情况。常见的自动泊车系统的基本原理是基于车辆的四距离传感器的，低速开过有空缺车位的一排停车位，传感器扫描到有空缺的车位足够可以放下这辆车的话，人工就可以启动自动泊车程序。将回波的距离数据发送给中央计算机并由中央计算机控制车辆的转向机构，但是仍然需要人工来控制节气门，因此并不是全自动的，但这种设备的确使顺列式驻车更加容易。驾驶员仍然必须踩着制动踏板控制车速（汽车的怠速足以将车驶入停车位，

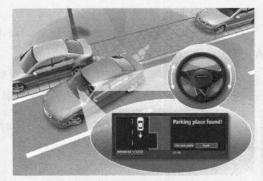

图 2-27　自动泊车技术

无须踩加速踏板）。有些车辆现在已经可以实现全自动泊车，但是只限于横列和纵列的标准车位，这些车辆可以由人下车来操作，按动按钮车辆就可以实现完全自动的泊车入位。

汽车移动到前车旁边时，系统会给驾驶员一个信号，告诉他应该停车。然后，驾驶员换倒档，稍稍松开制动，开始倒车。计算机通过动力转向系统转动车轮，将汽车完全倒入停车位。当汽车向后倒得足够远时，系统会给驾驶员另一个信号，告诉他应该停车并换为前进档。汽车向前移动，将车轮调整到位。最后，系统再给驾驶员一个信号，告诉他车子已停好。有些手动档的自动泊车还需要控制节气门和离合器的配合，因此现有的自动泊车技术还属于半自动状况。

（26）复制原理

1）用简单、低廉的复制品代替复杂的、昂贵的、易碎的或不易操作的物体。例如：通过虚拟现实技术可以对未来的复杂系统进行研究；通过对模型的试验代替对真实系统的试验；网络旅游既安全又经济；看电视直播，而不到现场。

2）用光学复制或图像代替物体本身，可以放大或缩小图像。例如：通过看一名教授的讲座录像可代替亲自听他的讲座；用卫星相像代替实地考察；由图像测量实物尺寸；用B超观察胚胎的生长。

3）如果已使用了可见光复制，那么可用红外线或紫外线代替。例如：利用红外线成像探测热源。

例 2-61　可以通过测量物体的影子来推测物体的实际高度。

例 2-62　新型床垫模拟子宫感觉令婴儿迅速入睡（图 2-28）。这项发明由多个充气垫组成，可放在现有床垫的下面，在试验中可令婴儿入睡所用时间减少 90%。充气垫中先是轻轻注满空气，然后再放气，模拟一种上下起伏摇摆的运动。一个可爱的绵羊玩具挂在床头一侧，发出类似母亲心跳的声音，此外还伴随着其他各种声音，如真空吸尘器和竖琴音乐。科学家们很久以前便知道，真空吸尘器的噪声可以帮助舒缓婴儿情绪，令其安静下来，因为它听上去类似于子宫发出的嗖嗖声。同时，多项研究表明，竖琴音乐也可起到抚慰的作用，让人放松心情。充气垫的活动还有助于让婴儿平躺睡眠，这是医疗机构推荐的 6 个月以下婴儿最安全的睡姿。

图 2-28　新型床垫模拟子宫感觉令婴儿迅速入睡

（27）低成本、不耐用的物体代替昂贵、耐用的物体原理　用一些低成本的物体代替昂贵的物体，用一些不耐用的物体代替耐用的物体，有关特性进行折中处理。例如：一次性的纸杯子；一次性的餐具；一次性尿布；一次性拖鞋。

例 2-63　纸板音箱（图 2-29）。无印良品是日本一家以生产创新而又简单的产品而闻名的公司。该公司制造了一种新型纸板音箱，其由一些电子元件构成，携带时可以将其展开放入一个塑料袋中，使用时将它折叠起来即可。

图 2-29　纸板音箱

（28）机械系统的替代原理

1）用视觉、听觉、嗅觉系统代替部分机械系统。例如：在天然气中混入难闻的气体代替机械或电器传感器来警告人们天然气的泄漏；用声音栅栏代替实物栅栏（如光电传感器控制小动物进出房间）。

2）用电场、磁场及电磁场完成物体间的相互作用。例如：要混合两种粉末，使其中一种带正电荷，另一种带负电荷。

3）将固定场变为移动场，将静态场变为动态场，将随机场变为确定场。例如：早期的通信系统用全方位检测，现在用定点雷达预测，可以获得更加详细的信息。

4）将铁磁粒子用于场的作用之中。

例 2-64　为了将金属覆盖层和热塑性材料黏接在一起，无须使用机械设备，可以通过施加磁场产生应力来实现该过程。

例 2-65　不用牙膏的牙刷（图 2-30）。由日本制造商赞助所研发的太阳能牙刷，其前身早在 15 年前就已问世，经过改良后，当光照射在牙刷手柄上时，会与牙刷中的二氧化钛发生化学作用，产生电子，电子与口中的酸性结合，能有效去除牙菌斑，也就是说，从此刷牙不必用牙膏了。

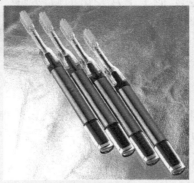

图 2-30　不用牙膏的牙刷

（29）气动与液压结构原理 物体的固体零部件可以用气动或液压零部件代替，将气动或液压用于膨胀或减振。例如：车辆减速时由液压系统储存能量，车辆运行时放出能量；气垫运动鞋，减少运动对足底的冲击；运输易损物品时，经常使用发泡材料保护。

例 2-66 为了提高工厂高大烟囱的稳定性，在烟囱的内壁装上带有喷嘴的螺旋管，当压缩空气通过喷嘴时形成了空气壁，提高烟囱对气流的稳定性。

例 2-67 为了运输易碎物品，经常要用到气泡封袋或泡沫材料。

例 2-68 加压喷射瓶盖（图 2-31）。它可以配合通常大小的水壶使用，将其替换原来的盖子即可。加压喷射瓶盖上有一个圆形的把手，将之拉出就能将其变成一个"气枪"，活塞运动就能给水壶加压。把手的旁边有个按钮，按动按钮，另外一边的喷口就能喷水，而且水流的粗细可调，可以是雾状的，当然也可以聚集成细流射出，最远能喷好几米。

图 2-31 加压喷射瓶盖

（30）柔性壳体或薄膜原理

1）使用柔性壳体或薄膜代替传统结构。例如：用薄膜制造的充气结构作为网球场的冬季覆盖物。

2）使用柔性壳体或薄膜将物体与环境隔离。例如：在水库表面漂浮一种由双极性材料制造的薄膜，一面具有亲水性能，另一面具有疏水性能，以减少水的蒸发；用薄膜将水和油分别储藏；农业上使用塑料大棚种菜。

例 2-69 为了防止植物叶面水分的蒸发，通常在植物叶面上喷洒聚乙烯。由于聚乙烯薄膜的透氧性比水蒸气好，可以促进植物生长。

例 2-70 充气旅行箱（图 2-32）。箱体由可充气的包装组成，拖杆就是打气装备，上下按压拖杆，向箱内充气以填满内部空隙，即紧密包裹，防止因行李过少、内部散乱造成的磕碰，同时形成的空气包可保护行李。抵达后，将侧面的阀门打开，放掉气体就可以了。

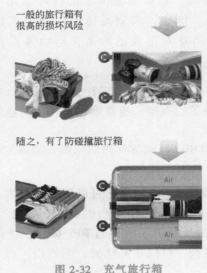

一般的旅行箱有
很高的损坏风险

随之，有了防碰撞旅行箱

图 2-32 充气旅行箱

（31）多孔材料原理

1）使物体多孔或通过插入、涂层等增加多孔元素。例如：在结构上钻孔，以减轻质量。

2）如果物体已是多孔的，用这些孔引入有用的物质或功能。例如：利用一种多孔材料吸收接头上的钎料；利用多孔钯储藏液态氢；用海绵储存液态氮。

例 2-71　为了实现更好的冷却效果，机器上的一些零部件内充满了一种已经浸透切削液的多孔材料。在机器工作过程中，切削液蒸发，可提供均匀冷却。

例 2-72　沙滩专用簸箕（图 2-33）。它是一把像筛子一样的簸箕，浑身上下有孔洞方便沙砾漏下，从而使垃圾很轻松被留在簸箕内。

图 2-33 沙滩专用簸箕

（32）改变颜色原理

1）改变物体或环境的颜色。例如：在洗相片的暗房中要采用安全的光线；在暗室中使用安全灯，作为警戒色。

2）改变一个物体的透明度或改变某一过程的可视性。例如：在半导体制作过程中利用照相平板印刷术将透明的物质变为不透明的物质，使技术人员可以容易地控制制造过程；同样，在丝绢网印花过程中，将不透明的原料变为透明的原料；透明的包装使用户能够看到里面的产品。

3）采用有颜色的添加物，使不易被观察到的物体或过程被观察到。例如：为了观察一个透明管路内的水是处于层流还是湍流，使带颜色的某种流体从入口流入。

4）如果已增加了颜色添加剂，则采用发光的轨迹。

例 2-73 包扎伤口时，使用透明的绷带，就可以在不解绷带的情况下观察伤口的愈合情况。

例 2-74 透光材料（图 2-34）。这是一种可透光的混凝土，它由大量的光学纤维和精致混凝土组合而成。这种混凝土可做成预制砖或墙板的形式，离这种混凝土最近的物体可在墙板上显示出阴影。亮侧的阴影以鲜明的轮廓出现在暗侧上，颜色也保持不变。用透光混凝土做成的混凝土墙就好像是一幅银幕或一个扫描器。这种特殊效果使人觉得混凝土墙的厚度和重量都消失了。混凝土能够透光的原因是混凝土两个平面之间的纤维是以矩阵的方式平行放置的。另外，由于光纤占的体积很小，混凝土的力学性能基本不受影响，完全可以用来作为建筑材料，因此承重结构也能采用这种混凝土。而这种透光混凝土具有不同的尺寸和绝热作用，并能做成不同的纹理和色彩，在灯光下达到其艺术效果。用透光混凝土可制成园林建筑制品、装饰板材、装饰砌块和曲面波浪形，为建筑师的艺术想象与创作提供了实现的可能性。

图 2-34 透光材料

（33）同质性原理 采用相同或相似的物体制造与某物体相互作用的物体。例如：为了减少化学反应，盛放某物体的容器应用与该物体相同的材料制造；用金刚石切割钻石，切割产生的粉末可以回收。

例 2-75 运输抛光粉的进料机的表面是由相同材料制成，这样可以持续恢复进料机的表面。

例 2-76 任何的空瓶子都可变为花洒（图2-35）。只需要简单地在空瓶子的口上加上一个手柄，就成了花洒了。创意就是应该来自日常生活，加入一点点的变化，就会给生活带来乐趣。

图 2-35 任何空瓶子都可变为花洒

（34）抛弃与修复原理

1）当一个物体完成了其功能或变得无用时，抛弃或修复该物体中的一个部分。例如：用可溶解的胶囊作为药面的包装；可降解餐具；在淀粉纸包装上喷水，可使其体积减小1000倍，减少环境污染；火箭助推器在完成其作用后立即分离。

2）立即修复一个物体中所损耗的部分。例如：割草机的自刃磨刀机；汽车发动机的自调节系统。

例 2-77 手枪发射子弹后，弹壳会自动弹射。

例 2-78 "喝"咖啡渣及茶叶渣的绿色环保打印机（图 2-36）。这款由韩国设计师设计的打印机，没有采用传统墨盒，而是利用咖啡渣及茶叶渣来制作墨水，只要将这些残渣放到配套的"墨盒"中即可，使用起来非常的环保。而为了达到省电的目的，这款打印机的喷头并没有利用电力来驱动，需要用户手动将其左右摇晃，即可将设定的图像和文字打印到纸上。普通打印机墨盒中散发出的细小物质很容易对人体健康造成威胁，由于这款打印机采用咖啡渣及茶叶渣这种天然材料作为打印耗材，因此，完全杜绝了传统打印机面临的微粒污染的问题。这款打印机摒弃了普通的打印耗材，采用咖啡渣及茶叶渣这些比较容易得到的材料作为打印原料，使用起来比较便捷，同时也十分环保，不会对人体健康造成伤害。但是没有采用电力驱动，用户需要手摇来完成打印，因此不适合大批量打印。

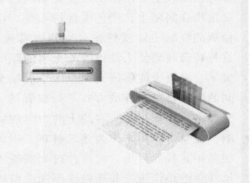

图 2-36 "喝"咖啡渣及茶叶渣的绿色环保打印机

（35）参数变化原理

1）改变物体的物理状态，即让物体在气态、液态、固态之间变化。例如：使氧气处于液态，便于运输；制作夹心巧克力时，将夹心糖果冷冻，然后将其浸入热巧克力中。

2）改变物体的浓度和黏度。例如：从使用的角度看，液态香皂的黏度高于固态香皂，且使用更方便。

3）改变物体的柔性。例如：用三级可调减振器代替轿车中不可调减振器；用可调断音装置减少物体沿容器壁落入容器产生的噪声；用工程塑料代替普通塑料，提高强度和耐久度。

4）改变温度。例如：使金属的温度升高到居里点以上，金属由铁磁体变为顺磁体；为了保护动物标本，需要将其降温；提高烹饪食品的温度（改变食品的色、香、味）。

例 2-79 在液态情况下运输石油可以减少体积和成本。

例 2-80 可以穿五年的童鞋（图 2-37）。这是可以通过变换鞋带扣位置从而改变大小的凉鞋。鞋子上部为皮革，鞋底为类似轮胎的橡胶质地。这种鞋总共有两种尺寸可选，其中小码可从幼儿园起穿，大码则可从五年级穿至九年级。

图 2-37 可以穿五年的童鞋

（36）状态变化原理 在物质状态变化过程中实现某种效应。例如：热泵利用吸热散热原理；水由液态变为固态时体积膨胀，可利用这一特性进行定向无声爆破；热管利用一个封闭的热力学循环中所产生的热量进行工作。

例 2-81 为了控制管子的膨胀程度，可以在管子里注入冷水然后冷却至冻结温度。

例 2-82 公仔变色表示泡面可以吃（图 2-38）。一碗泡面要怎样泡才能好吃？开水浸泡的时间是个重要因素，太短则面会太生，太长则面没嚼劲。对这个要素的把握，日本设计师给出了自己的解决之道。公仔看上去就像是一个弯着腰、张开双臂的小人，其有两个作用。首先，它能用来压住杯面撕开的盖子。曾经泡过面的人就会知道，为了让面能够尽快泡好，撕开的盖子必须要找东西压住才行，否则热量散失太快，泡出来会不好吃。以前，这个压盖子的东西，也许是手机，也许是一本书，而现在，可以让公仔专门来干这事。公仔使用了某种热感应材料制作。随着时间的推移，趴在泡面杯上的公仔会在热气的作用下越来

图 2-38 公仔变色表示泡面可以吃

越烫。而在受热之后，它会变白。于是，当它的上半身变成白色时，泡面就差不多了。目前，公仔有蓝色、橙色和红色三种颜色。

（37）热膨胀原理

1）利用材料的热膨胀或热收缩性质。例如：装配过盈配合的两个零件时，将内部零件冷却，将外部零件加热，然后装配在一起并置于常温中。

2）使用具有不同热膨胀系数的材料。例如：双金属片传感器；热敏开关（两条黏在一

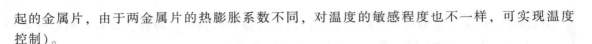

起的金属片，由于两金属片的热膨胀系数不同，对温度的敏感程度也不一样，可实现温度控制）。

例 2-83　为了控制温室天窗的闭合，可以在天窗上连接了双金属板。当温度改变时双金属板就会相应地弯曲，这样就可以控制天窗的闭合。

例 2-84　可以贴在身上的温度计（图 2-39）。贴在生病的孩子腋下，在一天内随时记录温度变化，将数据通过蓝牙传送到父母的智能手机上，并根据需要转发给儿科医生。这种温度计的材料柔软安全，不含乳胶成分。它测温时丝毫不会打扰生病的孩子，让其安心入睡；活动时也不用担心它会掉落；它方便贴合并卸除。

图 2-39　可以贴在身上的温度计

（38）加速强氧化原理　使氧化从一个级别转变到另一个级别。例如：从环境气体到充满氧气，从充满氧气到纯氧气，从纯氧气到离子态氧；为持久在水下呼吸，水中呼吸器中储存浓缩空气；用氧乙炔气焰代替空气乙炔气焰切割金属；用高压纯氧杀灭伤口细菌；为了获得更多的热量，焊枪里通入氧气，而不是用空气；在化学试验中使用离子化氧气加速化学反应。

例 2-85　为了从喷火器里获得更多能量，原本供应的空气被纯氧所代替。

例 2-86　日本三菱电机开发新技术，借助羟自由基的强氧化力处理工业废水（图 2-40）。三菱电机开发出了一项新的水处理技术，可利用气液界面放电产生的羟自由基（·OH）来分解难以分解的物质。与现有的方法相比，新技术可高效分解过去使用氯气和臭氧难以分解的表面活性剂和二氧杂环己烷等物质。新技术可用于工业废水和污水的处理和再利用。采用新技术的处理装置，将反应器倾斜设置，使被处理水在湿润氧气中流过。倾斜面上配置了电极，可在被处理水的气液界面诱发脉冲电晕放电，从而产生羟自由基。羟自由基的氧化还原电位为 2.85eV，其氧化力高于氧化还原电位为 2.07eV 的臭氧。新技术借助羟自由基的强氧化力，将难分解性物质分解成二氧化碳和水等。去除难分解性物质通常采用的两种方法是：①组合使用臭氧和紫外线（UV）照射的促氧化法；②让活性炭吸附并去除难分解性物质的活性炭处理法。但是，采用促氧化法时，更换和维护紫外线灯需要耗费成本，而且，为了降低产生臭氧时的氧气成本，需要提高臭氧浓度。而活性炭处理法虽然系统简单，但活性炭的再生和更换也需要耗费成本。新技术可以实现低成本。首先，通过反应器的模块化来简化装置构成，使装置成本比促氧化法更低。新技术可以高效生成羟自由基，分解效率达到促氧化法的两倍。而且，由于可以在湿润氧气中稳定放电，因此可以实现氧气的再利用、减少氧气使用量。新技术不必像活性炭处理法一样要更换活性炭。三菱电机在日本山形大学理工学研究科南谷研究室的协助下开发出了这项新技术，计划作为工业废水的再利用装置，在 2018 年度内实现商用化。

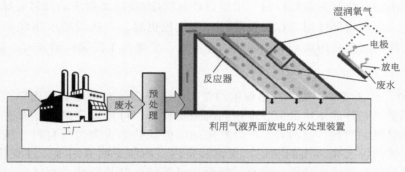

图 2-40　借助羟自由基的强氧化力处理工业废水

（39）惰性环境原理

1）用惰性环境代替通常环境。例如：为了防止炽热灯丝的失效，让其置于氩气中。

2）让一个过程在真空中发生。

通过添加惰性成分增加粉状去污剂的体积，这样更加便于用方便的工具进行测量；真空包装食品，延长储存期。

例 2-87　在冶金生产中，往往使用从熔炉气体中分离出的一氧化碳在燃烧室中燃烧来加热水和金属。在给燃烧室供气之前，应先将灰尘过滤掉。如果过滤器被阻塞，就应该使用压缩空气将灰尘清除。然而，这样形成的一氧化碳和空气的混合物容易发生爆炸。建议使用惰性气体代替空气，如将氮气通过过滤器以保证过滤器的清洁和工作过程的安全。

例 2-88　为了防止仓库内的棉花着火，在储存时添入惰性气体。

例 2-89　帮忙打包并储存食物的纳米机器人（图 2-41）。帮忙打包并储存食物的纳米机器人由 10^{100} 个能重组固态纳米机器人组成。只要将它放到需要打包和储存的食物上，它就会自动扩张开来，把食物聚拢在一起，并形成方形的固态——通过挤压食物，保留了食物原有的形式、质量，制造一个真空和零水分的口袋，以此来减少开支和浪费。

图 2-41　帮忙打包并储存食物的纳米机器人

（40）复合材料原理　将材质单一的材料改为复合材料。例如：玻璃纤维与木材相比较轻，其在形成不同形状时更容易控制；用复合环氧树脂/碳纤维制成的高尔夫球棍更加轻便、结实；飞机上一些金属部件用工程塑料取代，使飞机更轻；一些门把手用环氧基树脂制造，增强门把手的使用强度；用玻璃纤维制成的冲浪板，更加易于控制运动方向，也更加易于制成各种形状。

例 2-90　蘑菇墙板。艾本·巴耶尔和盖文·迈金泰尔准备用蘑菇建房。这两位年轻的企业家制造出一种成本很低但强度很高的生物材料，可以取代昂贵并有害于环境的聚苯乙烯泡沫材料和塑料，这两者是广泛使用的墙体隔热防火和包装材料。风力涡轮的叶片和汽车车体面板上也常用到它们。在试验室内，两位发明者用水、过氧化氢、淀粉、再生纸和稻壳等农业废弃品做成模具，然后注入菌丝，其是蘑菇的根体，看上去就像一束束白色的纤维。这些纤维消化养料，10~14 天后就会发育成一张紧密的网络，把模具变成结构坚固的生物复合板（一张 1in⊖ 的复合板内含有的菌丝连接起来长达 8mile⊜）。然后再用高温加以烘烤，阻止菌丝继续生长。两周之后，板材制作完成，可以用于建造墙体了。艾本·巴耶尔和盖文·迈金泰尔同是伦斯勒理工学院机械工程系学生。决定制造生物板材后，他们用特百惠保鲜盒种过各种蘑菇，做了许多样品，试验证明这种复合板具有非同寻常的性质：它制作过程中无须加入热源或光照等能量，不需要昂贵的设备，在室温和黑暗环境中就可以生长；菌丝体将稻壳包围在紧密编织的网中，产生微小的绝缘气囊，1in⊜ 厚的板材隔热值高达 3，与 1in 厚的玻璃纤维隔热板相当，经得起600℃ 的高温；可以根据需要设计它的形状、强度和弹性，任何规格的板材都只需 5~14天即可完成。与现有的化工产品相比，它减少了二氧化碳排放和能源需求，成本低但使用寿命长，废弃后可直接埋入土中分解成堆肥。2007 年，两人创立了公司，通过全国大学发明和创新者联盟（NCIIA）获得了 16000 美元的资金。一年后，现任首席运营官艾德·布卢卡和其他成员加入，大家共同合作，在阿姆斯特丹举行的"荷兰绿色创意挑战杯"比赛中获得 50 万欧元奖金。目前，这种蘑菇板材已经试用于佛蒙特州一家学校的体育馆，两位发明者希望年底能够完成所有工业认证和测试，达到美国试验与材料协会（ASTM）的标准。到那时，人们可能再也没有理由使用常规的化工材料了。

⊖　$1in^3 = 0.0000164m^3$。

⊜　$8mile = 1.609344km$。

⊜　$1in = 2.54cm$。

上述这些原理都是通用发明创造原理,未针对具体领域,其表达方法是描述可能解的概念。如建议采用柔性方法,问题的解是在某种程度上改变已有系统的柔性或适应性,设计人员应根据该建议提出已有系统的改进方案,这样才有助于问题的迅速解决。还有一些原理范围很宽,应用面很广,既可应用于工程,又可用于管理、广告和市场等领域。

2.4 利用冲突矩阵实现创新

1. 冲突矩阵

在设计过程中,如何选用发明创造原理产生新概念是一个具有现实意义的问题。通过多年的研究、分析和比较,Altshuller 提出了冲突矩阵。该矩阵将描述技术冲突的 39 个工程参数与 40 条发明创造原理建立了对应关系,很好地解决了设计过程中选择发明创造原理的难题。

冲突矩阵是一个 40 行 40 列的矩阵,如图 2-42 所示。该图为冲突矩阵简图,详细见附录。其中第 1 行或第 1 列为按顺序排列的 39 个描述冲突的工程参数序号。除了第 1 行与第 1 列外,其余 39 行 39 列形成一个矩阵,矩阵元素中或空或有几个数字,这些数字表示 40 条发明创造原理中推荐采用原理的序号。矩阵中的列所代表的工程参数是希望改善的一方,行所代表的工程参数为冲突中可能引起恶化的一方。

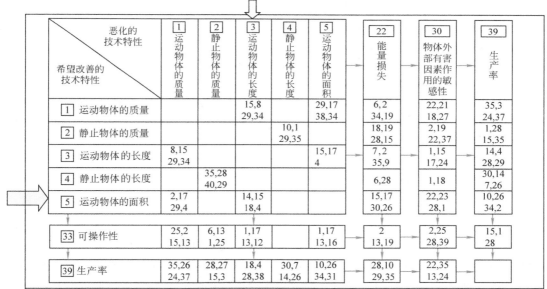

恶化的技术特性 / 希望改善的技术特性	1 运动物体的质量	2 静止物体的质量	3 运动物体的长度	4 静止物体的长度	5 运动物体的面积	22 能量损失	30 物体外部有害因素作用的敏感性	39 生产率
1 运动物体的质量			15,8 29,34		29,17 38,34	6,2 34,19	22,21 18,27	35,3 24,37
2 静止物体的质量				10,1 29,35		18,19 28,15	2,19 22,37	1,28 15,35
3 运动物体的长度	8,15 29,34				15,17 4	7,2 35,9	1,15 17,24	14,4 28,29
4 静止物体的长度		35,28 40,29				6,28	1,18	30,14 7,26
5 运动物体的面积	2,17 29,4		14,15 18,4			15,17 30,26	22,23 28,1	10,26 34,2
33 可操作性	25,2 15,13	6,13 1,25	1,17 13,12		1,17 13,16	2 13,19	2,25 28,39	15,1 28
39 生产率	35,26 24,37	28,27 15,3	18,4 28,38	30,7 14,26	10,26 34,31	28,10 29,35	22,35 13,24	

注:希望改善的技术特性和恶化的技术特性的项目均为相同的 39 项,具体项目见下面说明。
1. 运动物体的质量 2. 静止物体的质量 3. 运动物体的长度 4. 静止物体的长度 5. 运动物体的面积 6. 静止物体的面积 7. 运动物体的体积 8. 静止物体的体积 9. 速度 10. 力 11. 应力或压力 12. 形状 13. 结构的稳定性 14. 强度 15. 运动物体作用时间 16. 静止物体作用时间 17. 温度 18. 光亮度 19. 运动物体的能量 20. 静止物体的能量 21. 功率 22. 能量损失 23. 物质损失 24. 信息损失 25. 时间损失 26. 物质或事物的数量 27. 可靠性 28. 测试精度 29. 制造精度 30. 物体外部有害因素作用的敏感性 31. 物体产生的有害因素 32. 可制造性 33. 可操作性 34. 可维修性 35. 适应性及多用性 36. 装置的复杂性 37. 监控与测试的困难程度 38. 自动化程度 39. 生产率

图 2-42 冲突矩阵

应用该矩阵的步骤是:首先在 39 个工程参数中,确定使产品某一方面质量提高及降低

（恶化）的工程参数 A 及 B 的序号，然后将参数 A 及 B 的序号从第一行及第一列中选取，最后在两序号对应行与列的交叉处确定一特定矩阵元素，该元素所给出的数字为推荐解决冲突可采用的发明创造原理序号。例如：希望质量提高与降低的工程参数序号分别为 No.5 及 No.3，在矩阵（除第 1 行和第 1 列）中，第 3 列与第 5 行交叉处所对应的矩阵元素如图2-42所示，该矩阵元素中的数字 14、15、18 及 4 为推荐的发明创造原理序号，应用这 4 个或 4 个中的某几个就可以解决由工程参数序号 No.3 和 No.5 产生的冲突了。

2. 利用冲突矩阵实现创新

TRIZ 的冲突理论似乎是产品创新的灵丹妙药。实际上，在应用该理论之前的前处理与应用后的后处理仍然是关键的问题。

当针对具体问题确认了一个技术冲突后，首先，要用该问题所处的技术领域中的特定术语描述该冲突。然后，要将冲突的描述翻译成一般术语，由这些一般术语选择工程参数。由工程参数在冲突矩阵中选择可用的解决原理。一旦某一或某几个发明创造原理被选定后，必须根据特定的问题将发明创造原理转化并产生一个特定的解。对于复杂的问题一条原理是不够的，原理的作用是使原系统向着改进的方向发展。在改进过程中，对问题的深入思考、创造性和经验都是必需的。

可把应用技术冲突解决问题的步骤具体分为以下 12 步。

1）定义待设计系统的名称。

2）确定待设计系统的主要功能。

3）列出待设计系统的关键子系统、各种辅助功能。

4）对待设计系统的操作进行描述。

5）确定待设计系统应改善的特性、应消除的特性。

6）将涉及的参数要按 39 个工程参数重新描述。

7）对技术冲突进行描述：如果某一工程参数要得到改善，将导致哪些工程参数恶化。

8）对技术冲突进行另一种描述：如果降低工程参数恶化的程度，要改善工程参数将被削弱或另一恶化工程参数将被加强。

9）在冲突矩阵中由冲突双方确定相应的矩阵元素。

10）由上述矩阵元素确定可用发明创造原理。

11）将所确定的原理应用于设计人员的问题中。

12）找到、评价并完善概念设计及后续的设计。

通常所选定的发明创造原理多于一个，这说明前人已用这几个原理解决了一些类似的特定的技术冲突。这些原理仅仅表明解的可能方向，即应用这些原理过滤掉了很多不太可能的解的方向，尽可能将所选定的每条原理都用到待设计过程中去，不要拒绝采用推荐的任何原理。假如所有可能的解都不满足要求，那么，对冲突重新定义并求解。

例 2-91 呆扳手的创新设计。呆扳手在外力的作用下拧紧或松开一个螺栓或螺母。由于螺栓或螺母的受力集中到两条棱边，容易产生变形，而使螺栓或螺母的拧紧或松开困难，如图 2-43 所示。

呆扳手已有多年的生产及应用历史，在产品进化曲线上应该处于成熟期或退出期，但对于传统产品很少有人去考虑设计中的不足并且改进设计。按照 TRIZ 理论，处于成熟期或退出期的改进设计，必须发现并解决深层次的冲突，提出更合理的设计概念。目前的呆扳手容易损坏螺栓或螺母的棱边，新的设计必须克服以前设计中的缺点。下面应用冲突矩阵解决该问题。

首先从 39 个工程参数中选择能代表技术冲突的一对特性参数。

1）质量提高的参数。物体产生的有害因素（No.31），减少对螺栓或螺母棱边磨损。

2）带来负面影响的参数。制造精度（No.29），新的改进可能使制造困难。

将上述的两个工程参数 No.31 和 No.29 代入冲突矩阵，可以得到如下四条推荐的发明创造原理，分别为：No.4 不对称、No.17 维数变化、No.34 抛弃与修复和 No.26 复制。

对 No.17 及 No.4 两条发明创造原理进行深入分析表明，如果呆扳手工作面的一些点能与螺母或螺栓的侧面接触，而不仅是与其棱边接触，问题就可解决。美国专利 US Patent 5406868 正是基于这两条原理设计出如图 2-44 所示的新型呆扳手。

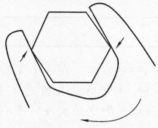

图 2-43　受力情况

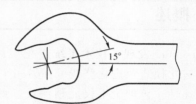

图 2-44　新型呆扳手

第3章

利用技术进化模式实现创新

3.1 概述

Altshuller 发现了技术系统进化规律、模式和路线；同时还发现，在一个工程领域中总结出的进化模式及进化路线可在另一个工程领域中得以实现，即技术进化模式与进化路线具有可传递性。该理论不仅能预测技术的发展，而且还能展现预测结果实现的产品的可能状态，对于产品创新具有指导作用。

技术进化的过程不是随机的，分析研究表明，技术的性能随时间变化的规律呈 S 形曲线，但进化过程是靠设计人员推动的，当前的产品如果没有设计人员引进新的技术，它将停留在当前的水平上，新技术的引入使其不断沿着某些方向进化。图 3-1 所示为 S 曲线和分段 S 曲线，可以看出两个 S 曲线明显地趋近于一条直线。该直线是由技术的自然属性所决定的自然极限。沿横坐标可以将产品或技术分为新发明、技术改进和技术成熟三个阶段或婴儿期、成长期、成熟期和退出期四个阶段。

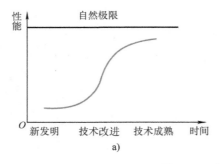
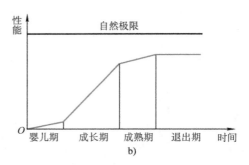

图 3-1　S 曲线和分段 S 曲线

a）S 曲线　b）分段 S 曲线

在新发明阶段，一项新的物理的、化学的、生物的发现被设计人员转换为产品。不同的设计人员对同一原理的实现是不同的，已设计出的产品还要不断地进行改善。因此，随着时间的推移，产品的性能会不断提高。

在上一阶段结束时，很多企业已经认识到，基于该发现的产品有很好的市场潜力，应该大力开发，因此，将投入很多的人力、物力和财力，用于新产品的开发，新产品的性能会快速增长，这就是技术改进阶段。

随着产品进入技术成熟阶段，所推出的新产品性能只有少量的增长，继续投入进一步完善已有技术所产生的效益减少，企业应研究新的核心技术以在适当的时间代替已有的核心技术。

对于企业 R&D 决策，具有指导意义的是分段 S 曲线上的拐点。第一个拐点之后，企业应从原理实现的研究转入商品化开发，否则，该企业会被恰当转入商品化的企业甩在后面。当出现第二个拐点后，产品的技术已经进入成熟期，企业因生产该类产品获取了丰厚的利润，同时要继续研究优于该产品核心技术的更高一级的核心技术，以便将来在适当的机会转入下一轮的竞争。

一代产品的发明要依据某一项核心技术，然后经过不断完善使该技术逐渐成熟。在这期间，企业要有大量的投入，但如果技术已经成熟，推进技术更加成熟的投入不会取得明显的收益。此时，企业应转入研究，选择代替技术或新的核心技术。

3.2　技术系统进化模式

1. 11 种技术系统进化模式

多种历史数据分析表明，技术进化过程有其自身的规律与模式，是可以预测的。与西方传统预测理论不同之处在于，通过对世界专利库的分析，TRIZ 研究人员发现并确认了技术从结构上的进化模式与进化路线。这些模式能引导设计人员尽快发现新的核心技术。充分理解以下 11 种技术系统进化模式（图 3-2），将会使今天设计明天的产品变为可能。

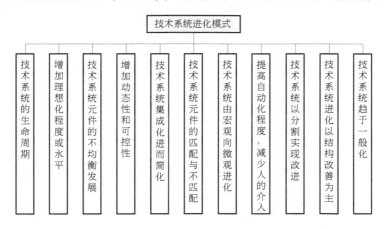

图 3-2　11 种技术系统进化模式

2. 各种技术系统进化模式分析

进化模式 1　技术系统的生命周期。

这种进化模式是最一般的进化模式，因为这种进化模式从一个宏观层次上描述了所有系统的进化。其中最常用的是 S 曲线，它用来描述系统性能随时间的变化。对许多应用实例而言，S 曲线都有一个周期性的生命：出生、成长、成熟和退出。考虑到原有技术系统与新技术系统的交替，可用六个阶段描述：孕育期、出生期、幼年期、成长期、成熟期和退出期。孕育期就是以产生一个系统概念为起点，以该概念已经足够成熟（外界条件已经具备）并可以向世人公布为终点的这个时间段，也就是说系统还没有出现，但是出现的重要条件已经发现。出生期标志着这种系统概念已经有了清晰明确的定义，而且还实现了某些功能。如果没有进一步的研究，这种初步的构想就不会有更进一步的发展，不会成为一个"成熟"的技术系统。理论上认为并行设计可以有效地减少发展所需要的时间。最长的时间间隔就是产生系统概念与将系统概念转化为实际工程之间的时间段。研究组织可以花费 15 年或者 20 年（孕育期）的时间去研究一个系统概念直到真正的发展研究开始。一旦面向发展的研究开始，就会用到 S 曲线。

进化模式 2 增加理想化程度或水平。

每一种系统完成的功能在产生有用效应的同时都会不可避免地产生有害效应。系统改进的大致方向就是提高系统的理想化程度。可以通过系统改进来增大系统有用功能和减小系统有害功能。

理想化(度)＝所有有用效应/所有有害效应

人们总是在努力提高系统的理想化水平，就像人们总是要创造和选择具有创新性的解决方案一样。一个理想的设计是在实际不存在的情况下，给我们提供需要的功能。应用常用资源而实现的简单设计就是一个一流的设计。理想等式告诉我们应该正确识别每一个设计中的有用效应和有害效应。确定比值有一定的局限性，如很难量化人类为环境污染所付出的代价及环境污染对人体生命所造成的损害。同样的，多功能性和有用性之间的比值也是很难测量的。

例 3-1　熨斗对于健忘的人来说是一件危险的物品。可能经常由于沉浸于幻想或者忙于去接电话而忘记将熨斗从衣物上拿开，心爱的衣物就会因此留下一个大洞。在这种情况下，如果熨斗能自己立起来该多好！于是出现了"不倒翁熨斗"，将熨斗的背部制成球形，并把熨斗的重心移至该处，经过这样改进后的熨斗在使用者放开手后能够自动直立起来。

那么怎样才能有效地增加系统的理想化程度或水平呢？建议采用如图 3-3 所示的 7 种方法。

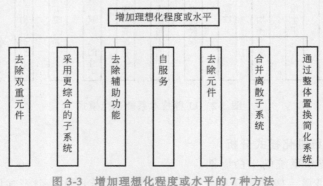

图 3-3　增加理想化程度或水平的 7 种方法

进化模式 3 技术系统元件的不均衡发展。

系统的每一个组成元件和每个子系统都有自身的 S 曲线。不同的系统元件/子系统一般都是沿着自身的进化模式来演变。同样的，不同的系统元件达到自身固有的自然极限所需的次数是不同的。首先达到自然极限的元件就"抑制"了整个系统的发展。它将成为设计中最薄弱的环节。一个不发达的元件也是设计中最薄弱的环节之一。在这些处于薄弱环节的元件得到改进之前，整个系统的改进也将会受到限制。技术系统进化中常见的错误是非薄弱环节引起了设计人员的特别关注，如在飞机的发展过程中，由于心理上的惯性作用，人们总是把注意力集中在发动机的改进上，总是试图开发出更好的发动机，但对飞机影响最大的是其空气动力学系统，因此设计人员把注意力集中在发动机的改进上对提高飞机性能的作用影响不大。

> **例 3-2** 计算机、汽车的发展、更新换代恰恰是由于某些零部件技术的不均衡发展引起的。

进化模式 4 增加动态性和可控性。

在系统的进化过程中，技术系统总是通过增加动态性和可控性而不断地得到进化。也就是说，系统会增加本身灵活性和可变性以适应不断变化的环境和满足多重需求。

增加系统动态性和可控性最困难的是如何找到问题的突破口。在最初的链条驱动自行车（单速）上，链条从脚蹬链轮传到后面的飞轮。链轮传动比的增加表明了自行车进化路线是从静态到动态的，从固定的到流动的或者从自由度为零到自由度无限大。如果能正确理解目前产品在进化路线上所处的位置，那么顺应用户的需要，沿着进化路线进一步发展，就可以正确地指引未来的发展。因此，通过调整后面链轮的内部传动比就可以实现自行车的 3 级变速。5 级变速自行车前边有 1 个齿轮，后边有 5 个嵌套式齿轮。一个绳缆脱轨器可以实现后边 5 个齿轮之间相互位置的变换。可以预测，脱轨器也可以安装在前轮。更多的齿轮安装在前轮和后轮，如前轮有 3 个齿轮，后轮有 6 个齿轮，这就初步建立 18 级变速自行车的大体框架。很明显，以后的自行车将会实现齿轮之间的自动切换，而且还能实现更多的传动比。理想的设计是实现无穷传动比，可以连续的变换，以适应任何一种地形。

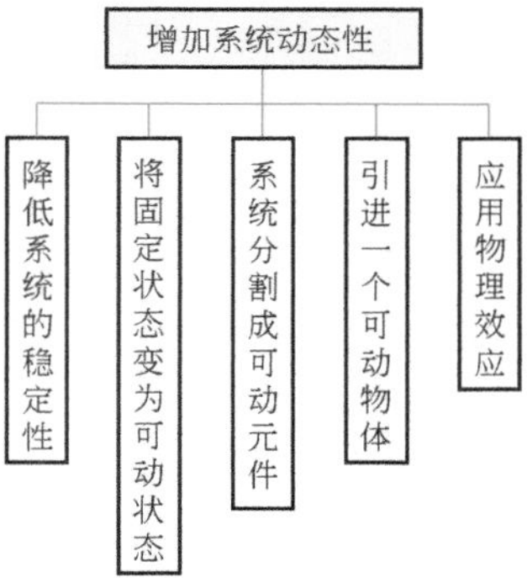

图 3-4 增加系统动态性的 5 种方法

> 增加系统动态性
> 降低系统的稳定性 | 将固定状态变为可动状态 | 系统分割成可动元件 | 引进一个可动物体 | 应用物理效应

这个设计过程开始是一个静态系统，逐渐向一个机械层次上的柔性系统进化，最终是一个微观层次上的柔性系统。

如何增加系统动态性，如何增加系统本身灵活性和可变性以适应不断变化的环境，满足多重需求，有以下 5 种方法可以帮助人们快速有效地增加系统动态性，如图 3-4 所示。

图 3-5 所示的 10 种途径可以帮助人们更有效地增加系统可控性。

进化模式 5 技术系统集成化进而简化。

技术系统总是首先趋向于结构复杂化（增加系统元件的数量，提高系统功能的特性），然后逐渐精简（可以用一个结构稍微简单的系统实现同样的功能或者实现更好的功能）。把一个系统转换为双系统或多系统就可以实现这些。

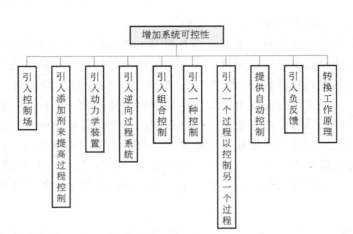

图 3-5　增加系统可控性的 10 种途径

例如：双体船；组合音响将 AM/FM 收音机、磁带机、VCD 机和扬声器等集成为一个多系统，用户可以根据需要来选择相应的功能。

如果设计人员能熟练掌握如何建立双系统、多系统，那将会实现很多创新性的设计。建立一个双系统可以用如图 3-6 所示的几种方法。

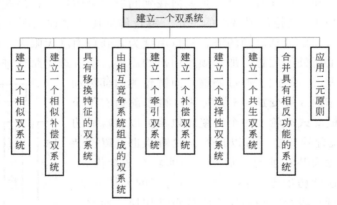

图 3-6　建立一个双系统的方法

图 3-7 所示为建立一个多系统的方法。

进化模式 6　技术系统元件的匹配与不匹配。

这种进化模式可以被称为行军冲突。通过应用上面所提到的时间分离原理就可以解决这种冲突。在行军过程中，一致和谐的步伐会产生强烈的振动效应。不幸的是，这种强烈的振动效应会毁坏一座桥。因此，当通过一座桥时，一般的做法是让每个人都以自己正常的脚步和速度前进，这样就可以避免产生共振。

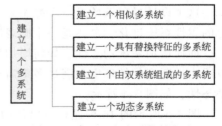

图 3-7　建立一个多系统的方法

有时候制造一个不对称的系统会提高系统的功能。

具有 6 个切削刃的切削工具，如果其切削刃角度并不是精确的 $60°$，而分别是 $60.5°$、$59°$、$61°$、$62°$、$58°$、$59.5°$，那么，这样的一种切削工具将会更有效。因为这样就会产生 6

种不同的频率，可以避免加强振动。

在这种进化模式中，为了改善系统功能，消除系统负面效应，系统元件可以匹配，也可以不匹配。一个典型的进化序列可以用来阐明汽车悬架系统的发展。

（1）不匹配元件　拖拉机的车轮在前边，履带在后边。

（2）匹配元件　一辆车上安装 4 个相同的车轮。

（3）匹配不当元件　赛车前边的轮子小，后边的轮子大。

（4）动态的匹配和不匹配　豪华轿车的两个前轮可以灵活转动。

例 3-3　早期的轿车采用板簧吸收振动，这种结构是从当时的马车上借用的。随着轿车的进化，板簧和轿车的其他部件已经不匹配，后来就研制出了轿车的专用减振器。

进化模式 7　技术系统由宏观向微观进化。

技术系统总是趋向于从宏观系统向微观系统进化。在这个演变过程中，不同类型的场可以用来获得更好的系统功能，实现更好的系统控制。从宏观系统向微观系统进化的 7 个阶段如图 3-8 所示。

图 3-8　从宏观系统向微观系统进化的 7 个阶段

例 3-4　烹饪用灶具的进化过程可以用以下四个阶段进行描述。

1）浇注而成的大铁炉子，以木材为燃料。

2）较小的炉子和烤箱，以天然气为燃料。

3）电热炉子和烤箱，以电为能源。

4）微波炉，以电为能源。

进化模式 8　提高自动化程度，减少人的介入。

人们之所以要不断地改进系统，目的是希望系统能代替人类完成那些单调乏味的工作，而人类去完成更多的脑力工作。

例 3-5　一百多年以前，洗衣服就是一件纯粹的体力活，同时还要用到洗衣盆和搓衣板。最初的洗衣机可以减少所需的体力，但是，操作需要很长的时间。全自动洗衣机不仅减少了操作所需的时间，还减少了操作所需的体力。

进化模式 9　技术系统以分割实现改进。

在进化过程中，技术系统总是通过各种形式的分割实现改进。一个已分割的系统会具有更高的可调性、灵活性和有效性。分割可以在元件之间建立新的相互关系，因此，新的系统资源可以得到改进。图 3-9 所示的几种方法可以帮助人们快速实现更有效的系统分割。

进化模式 10　技术系统进化以结构改善为主。

在进化过程中，技术系统总是通过材料（物体）结构的发展来改进系统。结果，结构就会变得更加不均匀。图 3-10 所示的几种方法可以帮助人们更有效地改善物体结构。

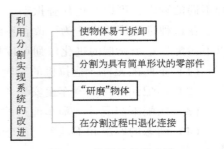

图 3-9　分割的几种方法

进化模式 11　技术系统趋于一般化。

在进化过程中，技术系统总是趋向于具备更强的通用性和多功能性，这样就能提供便利和满足多种需求。这种进化模式已经被"增加系统动态性"所完善，因为更强的普遍性需要更强的灵活性和可调整性。图 3-11 所示的几种方法可以帮助人们以更有效的方法去增加元件的一般化。

进化模式或进化路线指出了产品结构进化的状态序列，其实质是产品如何从一种核心技术转移到另一种核心技术，新、旧核心技术所完成的基本功能相同，但是新技术的自然极限提高或成本降低，即产品沿进化路线进化的过程是新、旧核心技术更替的过程。基于当前产品核心技术所处的状态，按照进化路线，通过设计可使其过渡到新的状态。核心技术通过产品的特定结构实现，产品进化过程实质上就是产品结构的进化过程。因此，TRIZ 中的进化理论是预测产品结构进化的理论。

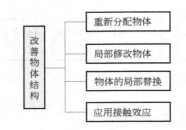

图 3-10　改善物体结构的方法

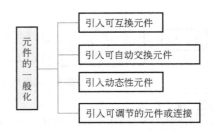

图 3-11　增加元件一般化的方法

应用进化模式与进化路线的过程为：根据已有产品的结构特点选择一种或几种进化模式，然后从每种模式中选择一种或几种进化路线，从进化路线中确定新的核心技术可能的结构状态。

第4章

计算机辅助创新设计软件 (CAI)

4.1 概述

目前，以 TRIZ 理论为基础设计开发的计算机辅助创新设计软件（Computer Aided Innovation，CAI）按功能多少、结构复杂程度以及用途的不同有数十种之多。软件所用开发语言以英文为主，也有用俄文、中文等其他语言开发的软件，其中具有代表意义的 CAI 软件见表 4-1。

表 4-1　具有代表意义的 CAI 软件

序号	软件名称	主要功能	开发公司
1	Innovation WorkBench（IWB）（英文版）	为工程人员提供全面、系统解决创新问题的方法,包括 7 个模块,即创新问题分析、问题表述、系统操作、创新实例库、创新导航、评价和网络学习	Ideation International Inc.（美国）
2	Goldfire Innovator（英文版）	为工程人员提供结构化解决创新问题的方法,包括 4 个模块,即优化工作平台、研究者平台、创新趋势分析和创新知识库	Invention Machine Corporation.（美国）
3	CREAX Innovation Suite（英文版）	帮助工程人员按步骤实现创新,解决冲突,包括 10 个模块,即交互式快速浏览、问题描述、资源与约束、进化趋势、进化的潜能、创新原理、冲突矩阵、系统模型、选择工具和知识库	CREAX NV（比利时）
4	Pro/Innovator（英文版和中文版）	融合发明创造方法学、现代设计方法学、自然语言处理技术与计算机软件技术为一体的计算机创新辅助工具,包括 5 个模块	IWINT Inc.（亿维讯）总部在美国,中国的北京、成都、香港设有分公司
5	CBT/NOVA（教学用）（英文版和中文版）	创新能力拓展平台,在有限的时间内提高使用者的创新能力,优化创新思维,激发创新潜能,掌握创新技法,进而能够在解决实际创新设计问题时找出满意的解决方法,包括 6 个模块	

CAI 工具已经有了二十多年的历史。在 CAI 出现的早期，这些工具大多是将 TRIZ 理论中的创新技术程序化，CAI 工具应用的效果更多地取决于使用者对 TRIZ 理论的掌握程度，

对 TRIZ 理解得越深，CAI 工具就越有用，应用效果就越好。但这样，CAI 工具就可能逐渐成为专家级的专用工具，只有少数人能够使用，同时 CAI 也变为"专家辅助创新"而非"计算机辅助创新"。而企业日益迫切的创新需求需要 CAI 工具成为真正的普通设计人员也能够使用的创新工具。在这样的市场需求的驱动下，CAI 逐渐成为今天看到的易学好用的软件实现模式。CAI 的发展历经了以下几个阶段。

1946—1986 年，TRIZ 理论的萌芽——成型期，主要使用者是少数发明家。

1986—1992 年，TRIZ 理论日趋完善，进入了实际的工程化应用期，主要使用者是专家、学者。

1992—2000 年，TRIZ 理论与 IT 技术相结合，形成了早期的 CAI 软件。同时，本体论开始出现并取得一定的研究成果。这个时期的使用者为接受过一定层次 TRIZ 训练的工程技术人员。

2000 年至今，TRIZ 与本体论相结合，形成了更为先进的 CAI 理论基础。同时，在易用性上做了很大的改进，软件的使用者已经可以包括任何接受过高等教育的工程技术人员。

现代 CAI 技术的出现具有重大的意义和深远的影响。它把过去只有专家、学者才能使用的高深技术，把过去需要熟知创新理论才能学好的传统 CAI 软件，变成了易学好用的计算机辅助创新平台和创新能力拓展平台。使得人们无须熟知创新理论，只要接受过高等教育和工程训练，就能够在这样的平台上来培养创新意识，直至做出发明创新。

作为今后制造业企业信息化建设不可或缺的部分，CAI 技术已受到广泛关注。国家科技部 863 计划软件重大专项特设"计算机辅助创新"课题，这意味着国家对 CAI 技术的重视与支持，目前课题研究进展顺利。2004 年上半年，中国机械工程学会也在其所推出的机械工程师资格认证体系中将 CAI 技术作为考试科目之一，而且引入 CBT/NOVA 作为 CAI 技术认证培训平台。这标志着创新技能今后将成为国内制造业设计工程师必备的职业素质，表明国家对于加快推进行业科技创新步伐、加快培养高水平创新人才的重视。

4.2 创新能力拓展平台 CBT/NOVA

CBT/NOVA（Computer-Based Training for Innovation）是亿维讯公司开发的专门用于拓展创新能力的培训平台。使用者通过培训平台的学习，能够在较短的时间内掌握创新技法，激发创新潜能，学会运用创新思维和创新方法，进行自身创新能力的提高和拓展，进而在解决实际问题时能够产生创造性的解决方法。

CBT/NOVA 所提供的培训内容涵盖了当今世界先进、实用的创新理论和技法，以培养全新的思维方式，创造性地解决实际创新设计问题，还提供有丰富权威的创新能力测试题库，并能够自动生成创新能力测试试卷。它的创新理论和技法主要来源于发明创造问题解决理论 TRIZ：40 条发明创造原理、物-场分析法、8 大类技术进化法则、ARIZ 算法和 76 种创新问题标准解法等。

CBT/NOVA 提供了"理论→实例→练习→测试"的系统化培训流程，对各项创新理论和技法的培训遵循"认识→理解→应用"的步骤。

CBT/NOVA 可以根据各专业（行业）的特点，为不同课程定制教学平台。CBT/NOVA 还可以方便地添加科研中积累的经验和知识，加速知识的传递和共享；学习者可以随时通过网络进行学习,自主安排学习进程。

CBT/NOVA 主要应用在行业从业人员素质培训、企业员工创新能力拓展、企业智力资产储存和共享、高校创新教育体系的基础教学、社会再教育、咨询机构的创新能力培训和相关机构创新能力认证培训等方面。

4.2.1 软件功能与结构

创新能力拓展平台 CBT/NOVA 的目的在于以系统、全面的方式为学习者提供有关 TRIZ 方法论的足够信息。CBT/NOVA 由基本 TRIZ 和高级 TRIZ 两门课程组成。每门课程包含许多按层次组织的主题。主题又由理论部分(理论和实例)和实践任务(练习、最终考试及培训任务)组成。在成功地完成某门课程的学习后,学习者会得到一张结业证书并继续下一门课程。标准 CBT/NOVA 结构如图 4-1 所示。

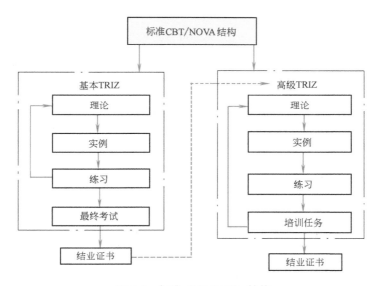

图 4-1 标准 CBT/NOVA 结构

(1)理论 介绍 TRIZ 理论的基础知识,以一系列主题和子主题形式给出。

(2)实例 举例说明根据所选定的主题及子主题,TRIZ 方法论在寻找问题答案中的具体实现方法。

(3)练习 旨在强化所获得的知识,从而增强对问题的敏感性。

(4)培训任务 为学习者给出问题。目的在于掌握根据以往的理论知识找到问题的正确答案的技巧。

(5)问题库 包含所有的培训任务和练习,仅用于提供给教师来编制最后考试的内容。

(6)最终考试 从整个培训课程所有材料中抽取的实践任务,旨在最终评价学习者的学习成效。

(7)结业证书 证明学习者已顺利通过本培训教程的电子文档。

CBT/NOVA 提供三种登录角色,即教师、学习者和管理员角色。各种角色及其任务如下所述。

(1)教师 这是分配给负责整个教学流程的参与者的角色。赋予该角色的任务如下。

1）编制课程的内容，即包含理论、实例、练习、最终考试（培训任务）的主题/子主题。

2）结业证书的编辑。

3）跟踪学习者进程。检查培训任务的结果、最终考试及统计管理。

4）通过电子邮件方式与学习者通信。

（2）学习者　该角色分配给课程学习的参加者。赋予该角色的任务如下。

1）熟悉课程学习过程中的注意事项。

2）学习所选主题/子主题的理论。

3）检查所选主题/子主题理论的实例。

4）做所选主题/子主题理论的练习。

5）完成所选主题/子主题理论的培训任务。

6）通过特定课程的最终考试。

7）与教师通过电子邮件通信。

8）跟踪自己的学习进程。

（3）管理员　该角色分配给进行一般管理的人员。赋予该角色的任务如下。

1）注册课程参加者，根据用户的角色赋予其相应的访问权限。

2）通用用户管理。用户个人数据编辑，口令更改。

3）通用用户组管理。生成用户组，把用户分组，在必要时在组间移动用户。

4）生成新课程。

5）与 CBT/NOVA 用户通信。

6）发现并排除故障。

4.2.2　软件基本操作

1. 软件登录

首先是启动软件。可以通过双击由安装程序生成的按钮，从 MS Windows 的启动菜单中选择程序，或者找到并双击 CBT Client. exe 文件完成软件启动。

为访问 CBT/NOVA，用户应指定角色（名称、电子邮件、角色选择）进行身份验证，如图 4-2 所示。

图 4-2　登录输入区

在通过身份验证后，用户可应用 CBT/NOVA 的所有功能。工作界面的外观取决于用户角色和被赋予的权限。后面介绍以学习者角色登录后学习 TRIZ 课程的主要操作方法。

2. 通过 CBT/NOVA 学习 TRIZ

通过 CBT/NOVA 学习者学习 TRIZ 方法流程如下。

1）熟悉 CBT/NOVA 的目的、结构、培训流程所用基本术语。

2）熟悉学习者在学习进程中的基本行为准则。

3）选择课程的类型。

4）学习所选主题/子主题的理论。

5）检查所选主题/子主题理论的实例。

6）做所选主题/子主题理论的练习。

7）完成主题/子主题的培训任务。

8）通过特定课程的最终考试。

9）浏览个人统计信息。

10）与教师通信。

11）获得结业证书。

主窗口是完全图形化、面向内容的标准 Microsoft Windows 用户界面。它由如下元素组成。

（1）主菜单栏　主菜单栏包括【文件】【转到】【查看】【帮助】按钮。单击每个按钮会弹出一个包含可用选项的下拉菜单。

（2）难度级别　该工具栏的三个级别代表所显示材料的难度级别。

（3）课程目录树　左侧的矩形框是 CBT/NOVA 的核心内容，其表示课程的结构。每个课程元素有自己的按钮。在选定适当的课程元素的同时就在右侧的内容矩形框内显示了其内容。

（4）内容矩形框　右侧框显示在课程目录树中所选元素的内容。

1）题目。它包括所选主题的名称和正在学习的课程元素的名称。

2）图片。与描述相关的图片。

3）描述。与课程元素相关的文本。

（5）状态栏　底端的状态栏反映学习者的分数。

学习者在学习过程中必须坚持两个原则。

1）不能省略学习流程。只能按部就班地从一个课程元素移向另一个课程元素。

2）所有培训任务只能做一遍。在提交任务后不可改变答案。

如果是第一次参加 CBT/NOVA 的学习，学习者一般都从基本 TRIZ 开始。打开课程目录树为学习者引入课程结构。所有课程目录树的元素都是按层次结构组织的。从简介开始逐渐深入，依据理论→实例→练习的反复循环完成所有的学习步骤。当通过最终考试后，学习过程才算结束。具体的学习步骤如下。

1）学习理论。在课程目录树中选择适当的主题/子主题。然后选择理论项目。在右侧的内容矩形框显示出所选理论的内容。完成理论学习后，进入下一课程项目的学习。

2）检查实例。在课程目录树中选择实例。内容矩形框显示所选实例的内容。

3）做练习。在课程目录树中选择练习项目。内容矩形框显示所选练习的内容。熟悉问题描述，包括文本和图片。选取认为对于所给出的问题是正确的选项。通过单击【检查】按钮确认选择。正确的答案将立即变为蓝色并高亮显示。状态栏显示用户当前的得分。

4）通过最终考试。在课程目录树中选择最终考题，在右侧的内容矩形框内可以看到最终考题的内容，包括覆盖所有已学主题材料的练习。

每提交一个练习，学习者的得分就会有变化。当得分大于或等于合格标准时，学习者被认为通过了最终考试，即通过了一门课程的学习。当通过一门课程后，结业证书元素就会激活。用户可将其打印出来。

5）与教师的通信。在学习过程中，学习者可以方便地通过电子邮件就课程学习中面临的任何问题与教师进行联系。在课程目录树中，单击显示教师名称的蓝色链接，在所显示的窗口中输入信件的文本，单击【发送】按钮即可。

在"信息化带动新型工业化"的国策下，提高企业创新能力的需求日益突显。以成熟的创新理论作为支承的计算机辅助创新技术填补了 CAX 领域的技术空白，成功地把信息化技术应用到了产品全生命周期的最前端，为制造业企业信息化技术提供了新的应用，也为知识工程、产品策划、概念设计、方案设计、产品研发过程优化、先进工程环境（AEE）等具体的信息化项目提供了新的解决方案。

思考题与习题

1. 试述创造、创新及创新设计的概念和主要区别。
2. TRIZ 理论的主要内容是什么？
3. TRIZ 理论解决发明创造问题的一般方法是什么？
4. 发明创造的等级划分有什么意义？
5. 什么是冲突、物理冲突和技术冲突？
6. 物理冲突的解决方法（原理）是什么？
7. 如何解决存在的技术冲突？
8. 冲突矩阵的作用是什么？
9. 如何利用冲突的解决方法进行技术创新？
10. 技术也可以进化吗？如何进化？
11. 技术系统进化的 11 种模式是什么？
12. 如何利用技术系统的进化模式进行技术创新？

第 2 篇

有限元法与应用

第5章

弹性力学有限元法的基本思想和特点

5.1　弹性力学问题概述

弹性力学又称为弹性理论，是固体力学的一个分支，主要研究弹性体在外部因素（如力、温度变化等）作用下所产生的应力、变形和位移。弹性力学与材料力学及结构力学类似，其用途也是分析、计算构件在弹性阶段的应力和位移，校核它们是否具有足够的强度、刚度和稳定性等。弹性力学除研究杆状构件和杆件系统外，还研究板、壳、块体。

弹性力学研究方法是从受力体中取出一无限小的微元体，从受力平衡、几何变形和应力-应变关系（本构关系）等方面，建立弹性体内各点位移和载荷之间的关系，再根据边界条件求解。弹性力学研究方法的推导过程比较复杂，然而其结论一般来说也是普遍的。

具体地讲，弹性力学解决问题的方法是，假想物体内部由无数个平行六面体、表面（表层）由无数四面体组成。由这些单元体的平衡条件，可写出一组平衡微分方程，但由于未知应力数多于微分方程数，因此弹性理论问题是超静定的，必须考虑变形协调条件。由于物体在变形之后仍保持连续，所以单元体之间的变形必须是协调的，由此可产生一组表示变形协调的微分方程。应用广义胡克定律，可以建立应力与应变之间的联系。此外，在弹性体表面上还须考虑体内应力与外载荷之间的平衡，称为边界条件，这样，就可以列出足够数量的微分方程以求解未知应力、应变及位移。

上述这些微分方程有三种求解方法：以应力为基本未知量的求解方法，称为力法；以位移为基本未知量的求解方法，称为位移法；同时以应力和位移为基本未知量的求解方法，称为混合法。但这三种方法都需要求解偏微分方程，往往不能求得通解，所以，通常采用逆解法或半逆解法。逆解法就是先设定各种形式的、满足变形协调方程的应力函数，然后求出应力分量，根据边界条件考察各种形状的弹性体上，这些应力分量对应于什么样的面力，从而得知所假定的应力函数可以解决什么问题。半逆解法就是针对所要求解的问题，根据弹性体的边界形状和受力情况，假设部分或全部的应力分量为某种形式的函数，然后考察这个应力分量以及由这个应力分量推导计算出的其他应力分量是否满足变形协调方程、边界条件以及位移单值条件等，如果以上的条件得到满足，自然就是所求问题的解答，如果某一方面不能满足，就需要另做假设，重新计算。

由于数学上的困难，弹性力学问题不是总能直接从解偏微分方程得到解决的。对于复杂的问题常采用差分法、变分法等数值计算方法，现在最常用的是有限元法。

5.2 有限元法的基本思想和特点

有限元法是一种适用性很强的数值计算方法，可用于求解多种类型的代数方程组或常微分方程。有限元法是随着计算机的广泛应用而迅速发展起来的。有限元法概念浅显，容易掌握，可以在不同的水平上理解这种方法，建立起相应的概念，并付诸实施。

对于像结构应力分析这样的问题，以往总是试图寻找一个或多个连续光滑的函数，在整个求解区域上适应问题的控制方程和全部边界条件，以便得到精确的解析解。但是由于物体的几何形状及边界条件复杂，控制方程的条件苛刻，要寻找这样的解析函数非常困难，甚至不可能。

有限元法避开了在整个求解区域上寻求连续解析函数这一难点，转为寻求在各子域（单元）上的控制方程，并满足整个物体的边界条件和连续条件的分块近似的插值函数。

有限元法的具体做法是，先将整体假想地划分成多个小单元，各单元通过节点连在一起，每个单元都用节点未知量通过插值函数来近似地表示单元内部的各种物理量，并使其在单元内部满足该问题的控制方程，从而可将各单元对整体的影响通过单元的节点传递，然后再将这些单元组装成一个整体，并使它们满足整个物体的边界条件和连续条件，得到一组有关节点未知量的联立方程，解出方程后，再用插值函数和有关公式就可以求得物体内部各点所要求的各种物理量。

如果插值函数选得合适，单元分得越多、越细，得到的结果就越精确。当单元数趋于无穷时，计算结果就会收敛于精确解。但是，随着单元数、节点数的增加，计算工作量和储存信息量会急剧增加，因此一般都是根据具体问题对精度的要求，选取一定数量（有限个）的单元和节点进行分析。由于这种方法需要求解大型联立方程组，因此只是在解决了计算机的运算速度和储存容量等问题后，这种方法才有实用意义并得到迅速发展。

有限元法把原来寻求整个求解区域上满足控制方程的连续函数的问题，转变为了在各单元上寻找合适的近似函数，使其在单个单元上满足控制方程的问题，余下的步骤是按固定模式去完成。由于单元的形状、材料性能、计算公式等都远比整体简单得多，所以有限元法比较容易实现。于是，有限元法的主要研究工作就集中在构造计算简单、精度高、适应性强的单元模式上。一旦有了各种单元，如梁单元、杆单元、壳单元、多面体单元等，就可以用来分析各种各样形状复杂的物体。

与传统方法相比，有限元法有以下特点。

1) 不受物体几何形状限制，整体结构可以用大大小小的多种单元进行拼装，以适应各种各样工程结构的复杂几何形状。

2) 由于整体可由多种不同单元拼装而成，所以可以分析包括各种特殊结构的复杂结构体。同时，单元之间材料性质可以有跳跃性的变化，所以能处理许多物体内部带有间断性的复杂问题。

3）可以适应不连续的边界条件和载荷条件。

4）由于有限元分析的各个步骤可以表示成规范化的矩阵形式，最后导致求解方程可以统一为标准的矩阵代数问题，特别适用于计算机的编程和执行。

5）有限元法最后得到的大型联立方程组的系数是一个稀疏矩阵，其中所有元素都分布在矩阵的主对角线附近，且是对称的正定矩阵。这种方程组的计算工作量小，稳定性好，便于求解，占用的计算机内存也少。

有限元法的这些特点正好可以克服工程科学计算中遇到的许多困难。对于一些物理问题，主要是因为几何形状复杂、边界条件复杂、本构关系复杂而无法求解的问题，利用有限元法离散化的手段，用各种小单元来适应这些复杂的因素，用分块近似的插值函数来逼近全域上的连续函数，问题就变得容易多了。

5.3 有限元法的应用领域

有限元法是在 20 世纪 50 年代中期，最早以解决结构力学和弹性力学问题发展起来的。后来研究发现，它的理论基础就是变分原理，于是有关这个方法的稳定性、收敛性就得到了证明。通过研究还进一步指出，它不是计算某个特殊问题的专用解法，而是一种通用的数值方法。这种将求解区域分成许多子域的离散化处理的思想，同样可以作为一种通用的数学方法来求解多种椭圆方程、抛物线方程、双曲线方程以及其他一些数学物理方程。这样就把有限元法作为一种离散化数值计算方法推广到了其他领域。

目前，有限元法已远远超出了原有的应用范畴，已从弹性力学扩展到了弹塑性力学、岩石力学、地质力学、流体力学、传热学、气动力学、计算物理学、海洋工程、大气污染等各种学科和应用领域，取得了许多出人意料的成功。

在机械工程领域内，可以用有限元法解决的问题如下。

1）包括杆、梁、板、壳、三维块体、二维平面、管道等各种单元的复杂结构的静力分析。

2）各种复杂结构的动力分析，包括频率、振型和动力响应计算。

3）整机（如水压机、汽车、发电机、泵、机床）的静、动力分析。

4）工程结构和机械零部件的弹塑性应力分析及大变形分析。

5）工程结构和机械零部件的热弹性、黏弹性、黏塑性和蠕变分析。

6）大型工程机械轴承油膜计算等。

从以上有限元法所解决的问题来看，有限元法与计算机的结合已经发生了巨大的威力，有巨大的工程应用价值。有限元法的广泛应用推动了工程科学计算的飞速发展，使工程设计发生了革命性的变化，使设计计算提高到了一个新的水平。

本篇将简要地介绍弹性力学问题有限元法的基本原理及其在机械设计中的应用。

第6章

弹性力学基本理论

6.1   弹性力学中的基本假设

为了由弹性力学问题的已知量求出未知量，必须建立已知量与未知量之间的关系以及各个未知量之间的关系，从而导出一套求解的方程。然而在导出方程时，如果精确考虑所有各方面的因素，则导出方程非常复杂，实际上不可能求解。因此通常必须按照研究对象的性质和求解的问题，做出若干的假设，略去暂不需要考虑的因素，使方程的求解变为可能。弹性力学做出的基本假设如下。

1）假设物体是连续的，即假设整个物体的体积都被组成这个物体的介质所填满，没有任何空隙。这样，物体内的一些物理量，如应力、应变、位移等才可能是连续的，才能用坐标的连续函数来表示它们的空间分布。

2）假设物体是完全弹性的，即假设物体在引起变形的外力除去后能完全恢复原形而没有任何剩余变形。这样的物体在任一瞬时的变形完全取决于它在这一瞬时所受的外力，与载荷历史无关。完全弹性物体服从胡克定律，应变与应力成正比，弹性常数不随应力或应变的大小而改变。

3）假设物体是均匀的，即假设整个物体是由同一材料组成的。物体的各个部分都具有相同的物理性质，弹性常数、泊松比等不随空间位置而改变，因而可以取出该物体的任意微元体进行分析，然后把分析结果用于整体。

4）假设物体是各向同性的，即假设物体内一点的弹性在各个方向都是相同的，这样，物体的弹性常数不随方向而改变。

5）假设位移和变形是微小的，即假设物体在受力以后，整个物体所有各点的位移都远远小于物体原来的尺寸，应变远小于1。这样，在建立物体变形后的平衡方程时，就可以用变形前的尺寸代替变形后的尺寸，而不致引起显著的误差。在考察物体的位移和变形时，转角和应变的二次及二次以上项可以略去，这就使得弹性力学中的代数方程和微分方程都简化为线性方程，且可以应用叠加原理。

在上述5条基本假设中，前4条是关于物理方面的，满足这4条假设的物体称为理想弹性体；第 5 条假设是几何方面的，建立在上述 5 条基本假设上的弹性力学称为线弹性力学。

6）假设物体内无初始应力，认为物体处于自然状态，即在外载荷作用前，物体内部没有应力。

6.2　弹性力学中的基本概念

1. 体力

体力是分布在物体体积内的力，如重力、磁力、惯性力等。为了定义物体内某点所受的体力的大小和方向，可以取包含该点的一个微元体 ΔV，作用在 ΔV 上的体力为 ΔQ，当 ΔV 无限缩小趋近于该点时，$\Delta Q/\Delta V$ 将趋近于一个极限 F，即

$$F = \lim_{\Delta V \to 0} \frac{\Delta Q}{\Delta V} \tag{6-1}$$

此极限 F 就是物体在该点所受的体力。因为 ΔV 是标量，所以 F 的方向就是 ΔQ 的极限方向，向量 F 在坐标轴 x、y、z 上的投影 X、Y、Z，称为物体在该点的体力分量，以沿坐标轴的正方向为正，负方向为负。体力的量纲是 ［力］［长度]$^{-3}$。物体内某点体力的大小是以单位体积的作用力大小来衡量的。

2. 面力

面力是分布在物体表面上的力，可以是分布力，也可以是集中力。例如：一个物体对另一个物体表面作用的压力、风力、静水压力等。为了定义物体表面上某点所受面力的大小和方向，可以取包含该点的一个微面 ΔS，作用在 ΔS 上的面力用 ΔQ 表示，当 ΔS 无限缩小趋近于该点时，$\Delta Q/\Delta S$ 将趋近于一定的极限，即

$$F = \lim_{\Delta S \to 0} \frac{\Delta Q}{\Delta S} \tag{6-2}$$

此极限 F 就是物体表面在该点所受的面力。因为 ΔS 是标量，所以 F 的方向就是 ΔQ 的极限方向，向量 F 在坐标轴 x、y、z 上的投影 $\overline{X}$、$\overline{Y}$、$\overline{Z}$，称为物体在该点的面力分量，以沿坐标轴的正方向为正，负方向为负。面力的量纲是 ［力］［长度]$^{-2}$。物体内某点面力的大小是以单位面积的表面力大小来衡量的。

3. 应力

物体在外力作用下处于平衡状态，此时物体内部将产生抵抗变形的内力，如图 6-1 所示。为研究物体内任意一点 P 的内力，假想有一个平面 S 通过点 P 把该物体分成 A、B 两个部分，A 和 B 两个部分之间将产生大小相等、方向相反的相互作用力（就是内力）。在平面 S 上取一个微面 ΔA，作用在 ΔA 上的内力为 ΔQ，并假设在平面 S 上是连续分布的，则在 ΔA 无限缩小趋近于点 P 时，比值 $\Delta Q/\Delta A$ 将趋近于极限 s，即

$$s = \lim_{\Delta A \to 0} \frac{\Delta Q}{\Delta A} \tag{6-3}$$

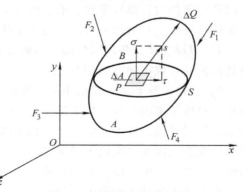

图 6-1　物体受力及内力图

此极限 s 就是物体在平面 S 上的点 P 所受的应力。s 为一个向量，应力 s 并非均匀地分布在 S 上，并且 s 倾斜于小面积，可将 s 分解为沿法线方向的分量 σ 和切线方向的分量 τ，称 σ 为正应力，τ 为切应力。应力的量纲是 ［力］［长度］$^{-2}$。

如果有若干个平面经过物体的同一点 P，则不同界面在该点的应力是不同的，为了求解物体内任意一点的应力状态，通常在这一点取出一个平行六面微元体研究，如图 6-2 所示。弹性体在载荷作用下，体内任一点的应力状态可以由 9 个应力分量 σ_x、σ_y、σ_z、τ_{xy}、τ_{yx}、τ_{yz}、τ_{zy}、τ_{xz}、τ_{zx} 表示。只要知道了这一点的 9 个应力分量，就可以求出通过该点的各个微分面上的应力，也就是说这 9 个应力分量完全确定了这一点的应力状态。其中 σ_x、σ_y、σ_z 是正应力，τ_{xy}、τ_{yx}、τ_{yz}、τ_{zy}、τ_{xz}、τ_{zx} 是切应力。根据切应力互等定理 $\tau_{xy} = \tau_{yx}$，$\tau_{yz} = \tau_{zy}$，$\tau_{zx} = \tau_{xz}$，独立的应力分量只有 6 个。应力分量的正负号规定如下：如果某一个面的外法线方向与坐标轴的正方向一致，这个面的应力分量就以沿坐标轴正方向时为正，沿坐标轴负向时为负；相反，如果某个面的外法线方向与坐标轴的负方向一致，这个面上的应力分量就以沿坐标轴负方向时为正，沿坐标轴正方向时为负。

在数值计算时，常把一点独立的 6 个应力分量用矩阵来表示，即

$$\boldsymbol{\sigma} = (\sigma_x, \sigma_y, \sigma_z, \tau_{xy}, \tau_{yz}, \tau_{zx})^{\mathrm{T}} \quad (6\text{-}4)$$

4. 应变

物体在外力或温度作用下将发生变形。为研究物体内部一点 P 的变形情况，从点 P 处取出一个平行六面微元体进行研究。由于微元体的 3 个边长 $\mathrm{d}x$、$\mathrm{d}y$、$\mathrm{d}z$ 皆为微量，所以在物体变形后，可以认为仍然是直边，但

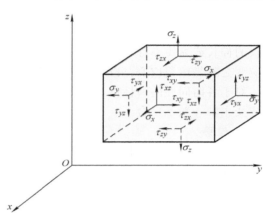

图 6-2　微元体上的应力分量

是 3 个边的长度和边与边之间的夹角将发生变化。各边的单位伸长或缩短率，称为正应变，用 ε 表示；边与边之间夹角（用弧度表示）的改变，称为切应变，用 γ 表示，如图 6-3 所示。一个点的变形可以由 3 个正应变 ε_x、ε_y、ε_z 和 3 个切应变 γ_{xy}（γ_{yx}）、γ_{yz}（γ_{zy}）、γ_{zx}（γ_{xz}）来描述。应变的正负号规定如下：正应变以伸长为正，缩短为负；切应变是以两个相

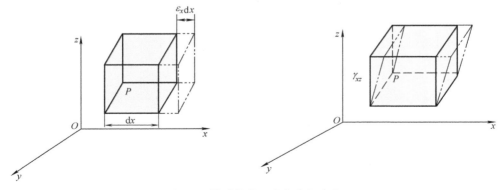

图 6-3　微元体的正应变和切应变

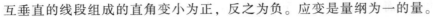

互垂直的线段组成的直角变小为正，反之为负。应变是量纲为一的量。

在数值计算中，常把一点独立的 6 个应变分量用矩阵表示，即

$$\boldsymbol{\varepsilon} = (\varepsilon_x,\ \varepsilon_y,\ \varepsilon_z,\ \gamma_{xy},\ \gamma_{yz},\ \gamma_{zx})^{\mathrm{T}} \tag{6-5}$$

5. 主应力

如果过弹性体内任一点 P 的某一斜面上的切应力等于零，则该面上的正应力称为点 P 的主应力，主应力作用的这一斜面称为点 P 的一个应力主面，该面的法线方向（即主应力的方向）称为点 P 的一个应力主向。

一般来说，从弹性体中取出任意的一个单元体，都可以找到三个相互垂直的主面，因而每点都有 3 个主应力 σ_1、σ_2、σ_3（$\sigma_1 > \sigma_2 > \sigma_3$）。在给定的外力作用下，物体内一点主应力的大小和方向是确定的，与坐标系的选择无关。

6. 主应变

对于受力复杂的弹性体内一点，同样也可以找到 3 个相互垂直的方向，使得这 3 个方向上的微线段在变形后仍保持垂直，把具有这种性质的方向称为应变主方向，把这样方向的微线段的伸长或缩短率称为主应变，用 ε_1、ε_2、ε_3（$\varepsilon_1 > \varepsilon_2 > \varepsilon_3$）表示。3 个相互垂直方向的正应变之和是体积应变，以 θ 表示，即 $\theta = \varepsilon_x + \varepsilon_y + \varepsilon_z$。

对于各向同性的弹性体，应变主轴和应力主轴重合，当应力超过弹性极限时，应力主轴和应变主轴一般不重合。

7. 位移

在物体受力变形过程中，其内部各点发生的位置变化称为位移。一点的位置变化由两个部分组成：一部分是随同周围介质一起运动的刚性位移；包括平动位移和转动位移；另一部分是周围介质变形在该点引起的位移。位移是一个向量，量纲为 [长度]。

6.3 弹性力学的基本方程

弹性力学从静力学、几何学和物理学三个方面对研究对象进行分析，推导出物体内应力与体力之间的关系式，应变与位移之间的关系式以及应力与应变之间的关系式等，分别称为平衡微分方程、几何方程、物理方程（本构方程）以及边界条件。

1. 平衡微分方程——应力与体力之间的平衡关系

物体在外力作用下处于平衡状态，在其弹性体 V 域内任一点沿坐标轴 x、y、z 方向的平衡方程为

$$\left.\begin{array}{l} \dfrac{\partial \sigma_x}{\partial x} + \dfrac{\partial \tau_{yx}}{\partial y} + \dfrac{\partial \tau_{zx}}{\partial z} + X = 0 \\[2mm] \dfrac{\partial \tau_{xy}}{\partial x} + \dfrac{\partial \sigma_y}{\partial y} + \dfrac{\partial \tau_{zy}}{\partial z} + Y = 0 \\[2mm] \dfrac{\partial \tau_{xz}}{\partial x} + \dfrac{\partial \tau_{yz}}{\partial y} + \dfrac{\partial \sigma_z}{\partial z} + Z = 0 \end{array}\right\} \tag{6-6}$$

式中，X、Y、Z 是单位体积上作用的体积力在 x、y、z 三个坐标轴上的分量。

2. 几何方程——应变与位移之间的关系

在微小位移和微小变形的情况下，可以略去位移导数的高次项，则应变与位移间的几何

关系可表示为

$$\left.\begin{aligned}
\varepsilon_x &= \frac{\partial u}{\partial x} \\[6pt]
\varepsilon_y &= \frac{\partial v}{\partial y} \\[6pt]
\varepsilon_z &= \frac{\partial w}{\partial z} \\[6pt]
\gamma_{xy} &= \frac{\partial u}{\partial y} + \frac{\partial v}{\partial x} = \gamma_{yx} \\[6pt]
\gamma_{yz} &= \frac{\partial v}{\partial z} + \frac{\partial w}{\partial y} = \gamma_{zy} \\[6pt]
\gamma_{zx} &= \frac{\partial w}{\partial x} + \frac{\partial u}{\partial z} = \gamma_{xz}
\end{aligned}\right\} \tag{6-7}$$

3. 物理方程——应力与应变之间的关系

应力与应变之间的关系称为物理方程，或称为本构方程。对于各向同性线弹性材料，其矩阵形式为

$$\boldsymbol{\sigma} = \boldsymbol{D}\boldsymbol{\varepsilon} \tag{6-8}$$

$$\boldsymbol{D} = \frac{E(1-\mu)}{(1+\mu)(1-2\mu)} \begin{pmatrix} 1 & \dfrac{\mu}{1-\mu} & \dfrac{\mu}{1-\mu} & 0 & 0 & 0 \\[6pt] & 1 & \dfrac{\mu}{1-\mu} & 0 & 0 & 0 \\[6pt] & & 1 & 0 & 0 & 0 \\[6pt] & 对 & & \dfrac{1-2\mu}{2(1-\mu)} & 0 & 0 \\[6pt] & & 称 & & \dfrac{1-2\mu}{2(1-\mu)} & 0 \\[6pt] & & & & & \dfrac{1-2\mu}{2(1-\mu)} \end{pmatrix} \tag{6-9}$$

式中，$\boldsymbol{\sigma}$、$\boldsymbol{\varepsilon}$ 分别见式（6-4）和式（6-5）；$\boldsymbol{D}$ 称为弹性矩阵，其完全取决于弹性体材料的弹性模量 E 和泊松比 μ。

4. 边界条件——应力、位移和混合边界条件

弹性体表面边界上存在三种可能的控制条件：一是在三个相互垂直方向上都存在给定的位移；二是在三个相互垂直方向都存在给定的外力；三是在三个相互垂直方向上给定一个或两个位移，其他的是给定外力。设弹性体 V 的全部边界为 S，在其中一部分边界上作用着面力 $\overline{F} = (\overline{X}, \overline{Y}, \overline{Z})^{\mathrm{T}}$，这部分边界称为力的边界，记为 S_σ；另一部分边界上位移 $\overline{u}$、$\overline{v}$、$\overline{w}$ 已知，这部分边界称为位移边界，记为 S_u。这两个部分边界构成弹性体的全部边界，即

$$S_\sigma + S_u = S \tag{6-10}$$

在力的边界上，应力分量和给定的面力之间的关系可由边界上的微元体的平衡方程得出。弹性体应力边界条件为

$$\left.\begin{array}{l} \overline{X} = \sigma_x l + \tau_{yx} m + \tau_{zx} n \\ \overline{Y} = \tau_{xy} l + \sigma_y m + \tau_{zy} n \\ \overline{Z} = \tau_{xz} l + \tau_{yz} m + \sigma_z n \end{array}\right\} \quad （在 S_\sigma 上） \tag{6-11}$$

式中，l、m、n 为弹性体边界外法线与三个坐标轴夹角的方向余弦。

对于位移已知的边界，有位移边界条件

$$u = \overline{u}, v = \overline{v}, w = \overline{w} \quad （在 S_u 上） \tag{6-12}$$

6.4 平面问题的基础理论

任何物体都占据一定的空间，所以具有三维的性质。作用于物体的载荷一般也是空间力系。物体在外力或温度作用下，其体内产生的应力、应变和位移也必然是三维的，这使得弹性力学问题也是一个空间问题。但如果物体的几何形状具有某些特点，并且受特殊的分布外力，某些空间问题可以简化为平面问题。这样，不仅减少分析和计算的工作量，同时能够满足工程精度要求。弹性力学平面问题可分为两类，即平面应力问题和平面应变问题。

1. 平面应力问题

对于具有如下特征的结构，可作为平面应力问题处理。

（1）几何形状特征 物体在一个坐标轴方向的几何尺寸远远小于其他两个坐标轴方向的几何尺寸的平板。

（2）载荷特征 在薄板的两个侧面上无表面载荷，作用于边缘的面力平行于板面，且沿厚度方向不变，如图6-4所示，体力也平行于板面且不沿着厚度方向变化。

在这种情况下，所有应力只产生在 Oxy 平面内，沿 z 轴方向无任何应力，即

$$\sigma_z = 0, \tau_{yz} = 0, \tau_{xz} = 0 \tag{6-13}$$

因此 $\gamma_{yz} = 0$、$\gamma_{xz} = 0$。由切应力互等定理，$\tau_{zy} = 0$、$\tau_{zx} = 0$。又因为板很薄，其他的应力分量 σ_x、σ_y、τ_{xy}，应变分量 γ_{xy} 以及位移分量 u、v 都可以认为是 x、y 的函数，不沿厚度方向（z 轴方向）而变化。

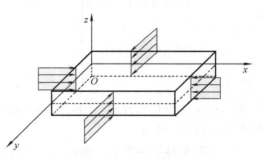

图 6-4 平面应力问题

平面应力问题的平衡微分方程为

$$\left.\begin{array}{l} \dfrac{\partial \sigma_x}{\partial x} + \dfrac{\partial \tau_{yx}}{\partial y} + X = 0 \\[3mm] \dfrac{\partial \sigma_y}{\partial y} + \dfrac{\partial \tau_{xy}}{\partial x} + Y = 0 \end{array}\right\} \tag{6-14}$$

式中，$\tau_{xy} = \tau_{yx}$。

平面应力问题的几何方程为

$$\left.\begin{array}{l} \varepsilon_x = \dfrac{\partial u}{\partial x} \\[3mm] \varepsilon_y = \dfrac{\partial v}{\partial y} \\[3mm] \gamma_{xy} = \dfrac{\partial v}{\partial x} + \dfrac{\partial u}{\partial y} \end{array}\right\} \qquad (6\text{-}15)$$

平面应力问题的物理方程为

$$\left.\begin{array}{l} \varepsilon_x = \dfrac{1}{E}(\sigma_x - \mu\sigma_y) \\[3mm] \varepsilon_y = \dfrac{1}{E}(\sigma_y - \mu\sigma_x) \\[3mm] \gamma_{xy} = \dfrac{1}{G}\tau_{xy} = \dfrac{2(1+\mu)}{E}\tau_{xy} \end{array}\right\} \qquad (6\text{-}16)$$

式中，G 为材料的切变模量。

另外，由于薄板上与 z 轴垂直方向的两个侧面无任何应力与约束，因而可以自由变形，即沿 z 轴方向应变 ε_z 与位移 ω 不为零，在平面应力问题中有

$$\varepsilon_z = -\dfrac{\mu}{E}(\sigma_x + \sigma_y) \qquad (6\text{-}17)$$

由式（6-14）、式（6-15）、式（6-16）可以看出，平面应力问题的基本方程包括 2 个平衡微分方程、3 个几何方程、3 个物理方程，共 8 个方程。这 8 个方程所包含的未知量也是 8 个，即 2 个位移分量 u、v，3 个应力分量 σ_x、σ_y、τ_{xy}，3 个应变分量 ε_x、ε_y、γ_{xy}。方程数与未知量数目一致，所以未知量的解是可以得到的。求解出的未知量还须满足应力边界条件和位移边界条件。

实际工程中许多问题可以简化为平面应力问题，如工程中的梁墙、链条的平面链环等。对于厚度有稍许变化的薄板、带有加强肋的薄板等，只要符合上述载荷特征，也可以按平面应力问题来近似计算。

2. 平面应变问题

对于具有以下特征的结构，可作为平面应变问题处理。

（1）几何形状特征　物体沿着一个坐标轴（如 z 轴）方向的长度很长，且所有垂直 z 轴的横截面都相同，即为一个柱体；位移约束条件或支承条件沿着 z 轴方向不变。

（2）载荷特征　柱体侧表面承受的面力以及内部的体力均垂直于 z 轴，而且沿 z 轴均匀分布，不随 z 轴变化。

在这样的情况下，可以认为远离柱体两端的截面没有 z 轴方向位移，即 $\omega = 0$，则 $\varepsilon_z = 0$，所以 $\sigma_z = \mu(\sigma_x + \sigma_y)$。柱体的任一横截面均可视为 Oxy 面，所有应力分量、应变分量和位移分量都不沿 z 轴变化，而只是 x、y 的函数。

平面应变问题的平衡微分方程为

$$\left.\begin{array}{c} \dfrac{\partial \sigma_x}{\partial x} + \dfrac{\partial \tau_{yx}}{\partial y} + X = 0 \\[4mm] \dfrac{\partial \sigma_y}{\partial y} + \dfrac{\partial \tau_{xy}}{\partial x} + Y = 0 \end{array}\right\} \tag{6-18}$$

式中，$\tau_{xy} = \tau_{yx}$。

平面应变问题的几何方程为

$$\left.\begin{array}{c} \varepsilon_x = \dfrac{\partial u}{\partial x} \\[4mm] \varepsilon_y = \dfrac{\partial v}{\partial y} \\[4mm] \gamma_{xy} = \dfrac{\partial v}{\partial x} + \dfrac{\partial u}{\partial y} \end{array}\right\} \tag{6-19}$$

平面应变问题的物理方程为

$$\left.\begin{array}{c} \varepsilon_x = \dfrac{1 - \mu^2}{E}\left(\sigma_x - \dfrac{\mu}{1 - \mu}\sigma_y\right) \\[4mm] \varepsilon_z = \dfrac{1 - \mu^2}{E}\left(\sigma_y - \dfrac{\mu}{1 - \mu}\sigma_x\right) \\[4mm] \gamma_{xy} = \dfrac{1}{G}\tau_{xy} = \dfrac{2(1 + \mu)}{E}\tau_{xy} \end{array}\right\} \tag{6-20}$$

由以上可以看出，平面应变问题的基本方程也包括 8 个方程，这 8 个方程所包含的未知量也是 8 个，即 2 个位移分量 u、v，3 个应力分量 σ_x、σ_y、τ_{xy}，3 个应变分量 ε_x、ε_y、γ_{xy}。方程数与未知量数目一致，因此在适当的边界条件下是可以由基本方程求解出这 8 个未知量的。

在工程机械中，许多结构或构件属于这一类情况，如直的堤坝（图 6-5）和隧道、圆柱形长管受到水压力的作用、圆柱形长辊受到垂直于纵轴的均匀压力等，均可近似地视为平面应变问题。

通常，只要是长直柱体或厚板，受到垂直于其纵轴而且沿长度方向无变化的载荷作用，都可以简化为平面应变问题。

以上两种平面问题的物理方程可写成统一的形式，用矩阵方程表示为

$$\boldsymbol{\sigma} = \boldsymbol{D}\boldsymbol{\varepsilon} \tag{6-21}$$

式中，$\boldsymbol{\sigma} = (\sigma_x,\ \sigma_y,\ \tau_{xy})^{\mathrm{T}}$、$\boldsymbol{\varepsilon} = (\varepsilon_x,\ \varepsilon_y,\ \gamma_{xy})^{\mathrm{T}}$ 分别称为应力列阵和应变列阵；矩阵 $\boldsymbol{D}$ 称为弹性矩阵。

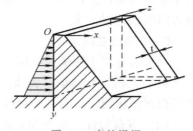

图 6-5　直的堤坝

对于平面应力问题，弹性矩阵为

$$\boldsymbol{D} = \dfrac{1 - \mu^2}{E} \begin{pmatrix} 1 & \mu & 0 \\ \mu & 1 & 0 \\ 0 & 0 & \dfrac{1 - \mu}{2} \end{pmatrix} \tag{6-22}$$

对于平面应变问题，弹性矩阵为

$$\boldsymbol{D} = \frac{E(1-\mu)}{(1+\mu)(1-2\mu)} \begin{pmatrix} 1 & \dfrac{\mu}{1-\mu} & 0 \\ \dfrac{\mu}{1-\mu} & 1 & 0 \\ 0 & 0 & \dfrac{1-2\mu}{2(1-\mu)} \end{pmatrix} \qquad (6\text{-}23)$$

第7章

弹性力学有限元法

7.1 有限元法的理论基础

有限元法是一种离散化的数值计算方法，对于结构分析而言，它的理论基础是能量原理。在外力作用下，弹性体的变形、应力和外力之间的关系受能量原理的支配。能量原理与微分方程和定解条件是等价的。下面介绍有限元法中经常使用的虚位移原理和最小势能原理。

1. 虚位移原理

虚位移原理又称为虚功原理，可以叙述为：如果物体在发生虚位移之前所受的力系是平衡的（物体内部满足平衡微分方程，物体边界上满足力学边界条件），那么在发生虚位移时，外力在虚位移上所做的虚功等于物体的虚应变能（物体内部应力在虚应变上所做的虚功），反之，如果物体所受的力系在虚位移（及虚应变）上所做的虚功相等，则它们一定是平衡的。可以看出，虚位移原理等价于平衡微分方程与力学边界条件。所以虚位移原理表述了力系平衡的必要而充分的条件。

虚位移原理不仅可以应用于线弹性力学问题，还可以应用于非线性弹性以及弹塑性等非线性问题。

2. 最小势能原理

最小势能原理可以叙述为：弹性体受到外力作用时，在所有满足位移边界条件和变形协调条件的可能位移中，真实位移使系统的总势能取驻值，且为最小值。根据最小势能原理，要求弹性体在外力作用下的位移，可以从满足几何方程和位移边界条件且使物体总势能取最小值的条件去寻求答案。最小势能原理仅适用于线弹性力学问题。

7.2 有限元法求解问题的基本步骤

弹性力学中的有限元法是一种数值计算方法。对于不同物理性质和数学模型的问题，有限元法的基本步骤是相同的，只是具体公式推导和运算求解不同。有限元法求解问题的基本步骤如下。

1. 问题的分类

求解问题的第一步就是对它进行识别分析。它包含的更深层次的物理问题是什么？例如：是静力学还是动力学？是否包含非线性；是否需要迭代求解；要从分析中得到什么结果？对这些问题的回答会加深对问题的认识与理解，直接影响到以后的建模与求解方法的选取等。

2. 建模

在进行有限元离散化和数值求解之前，应为分析问题设计计算模型，这一步包括决定哪种特征是所要讨论的重点问题，以便忽略不必要的细节，并决定采用哪种理论或数学公式描述结构的行为。因此，可以忽略几何不规则性，把一些载荷看作是集中载荷，并把某些支承看作是固定的。材料可以理想化为线弹性和各向同性的。根据问题的维数、载荷以及理论化的边界条件，能够决定采用梁理论、板弯曲理论、平面弹性理论或者一些其他分析理论描述结构性能。在求解中运用分析理论简化问题，建立问题的模型。

3. 连续体离散化

连续体离散化，习惯上称为有限元网格划分，即将连续体划分为有限个具有规则形状的单元的集合，两相邻单元之间只通过若干点相互连接，每个连接点称为节点。单元节点的设置、性质、数目等应视问题的性质、描述变形的需要和计算精度而定，如二维连续体的单元可以是三角形、四边形，三维连续体的单元可以是四面体、长方体或六面体等。为合理有效地表示连续体，需要适当选择单元的类型、数目、大小和排列方式。

离散化的模型与原来模型区别在于，单元之间只通过节点相互连接、相互作用，而无其他连接。因此这种连接要满足变形协调条件。离散化是将一个无限多自由度的连续体转化为一个有限多自由度的离散体过程，因此必然引起误差。误差主要有两类，即建模误差和离散化误差。建模误差可以通过改善模型来减少，离散化误差可通过增加单元数目来减少。因此当单元数目较多，模型与实际比较接近时，所得的分析结果就与实际情况比较接近。

4. 单元分析

（1）选择位移模式　在有限元法中，选择节点位移作为基本未知量时称为位移法；选择节点力作为基本未知量时称为力法；取一部分力和一部分节点位移作为基本未知量时称为混合法。与力法相比，位移法具有易于实现计算机自动化的优点，因此，在有限元法中，位移法应用最广。例如：采用位移法计算，单元内的物理量如位移、应力、应变就可以通过节点位移来描述。在有限元法中，首先将单元内的位移表示成单元节点位移的函数，称为位移函数或者位移模式，位移函数通常为多项式，最简单的情况是线性多项式。

（2）分析单元的力学性质　根据单元的材料性质、形状、尺寸、节点数目、位置和含义等，应用弹性力学中的几何方程和物理方程来建立节点载荷和节点位移的方程式，导出单元的刚度矩阵。设节点载荷向量用 $\boldsymbol{F}^{e}$ 表示，节点位移向量用 $\boldsymbol{\Delta}^{e}$ 表示，则单元的节点载荷和节点位移的关系式为

$$\boldsymbol{F}^{e} = \boldsymbol{K}^{e}\boldsymbol{\Delta}^{e} \tag{7-1a}$$

式中，$\boldsymbol{K}^{e}$ 是单元刚度矩阵。

（3）计算等效节点载荷　连续体离散化后，力是通过节点从一个单元传递到另一个单元

的。但在实际的连续体中，力是从一个单元传递到另一个单元的，故要把作用在单元边界上的面力、体力或集中力等效地移到节点上，即用等效的节点力来代替所有在单元上的力。

5. 组成物体的整体方程组

由已知的单元刚度矩阵和单元等效节点载荷列阵集成得到整个结构的总刚度矩阵和结构载荷列阵，从而建立起整个结构节点载荷与节点位移的关系式。设总刚度矩阵为 K、载荷向量为 F，节点位移向量为 Δ，则整个结构的平衡方程为

$$F = K\Delta \tag{7-1b}$$

得到整个结构的平衡方程后，还需要考虑其边界条件或初始条件，才能求解上述方程组。

6. 求解有限元方程和结果解释

求解上述的结构平衡方程。求解结果是单元节点处状态变量的近似值，对于计算结果的质量，将通过与设计准则提供的允许值比较来评价并确定是否需要重复计算。

简言之，有限元分析可分成三个阶段，即前处理、求解和后处理。前处理是建立有限元模型，完成单元网格划分；后处理则是采集处理分析结果，使用户能简便提取信息，了解计算结果。

由于在实际工程问题中，结构件的几何形状、边界条件、约束条件和外载荷一般比较复杂，需要进行相应的简化。这种简化必须尽可能反映实际情况，且不会使计算过于复杂。在进行力学模型的简化时要注意以下几点。

1）判别实际结构是属于哪一种类型，是属于一维问题、二维问题还是三维问题。如果是二维问题，要分清是平面应力问题还是平面应变问题。若能简化成平面问题的就不要用三维实体单元去分析。

2）注意实际结构的对称性，如果对称，可以利用结构的对称性进行计算简化。

3）对实际结构建模时可以去掉一些不必要的细节，如倒角等。

4）简化后的力学模型须是静定结构或是超静定结构。

7.3　有限元基本单元及其特点

连续体离散化，习惯上称为有限元网格划分，就是将求解域近似为具有不同大小和形状且只在节点上彼此相连的有限个单元组成的离散域。为了使有限元模型能够准确地代表实际结构，必须选择适当的单元类型。常用的单元类型有以下几种。

1. 杆状单元

由于杆状结构的截面尺寸往往远小于其轴向尺寸，故杆状单元属于一维单元，即这类单元的位移分布规律仅是轴向坐标的函数。这类单元主要有杆单元、平面梁单元和空间梁单元，如图 7-1 所示。

杆单元有两个节点，每个节点只有 1 个轴向自由度 u，故只能承受轴向的拉压载荷。这类单元适用于铰接结构的桁架分析和作为用于模拟弹性边界约束的边界单元。

平面梁单元适用于平面刚架问题，即刚架结构每个构件横截面的主惯性轴之一与刚架所受的载荷在同一平面内。平面梁单元的每个节点有 3 个自由度，即 1 个轴向自由度 u，1 个横向自由度 ω（挠度）和 1 个旋转自由度 θ（转角），主要承受轴向力、弯矩和切向力。机床的主轴、导轨等常用这种单元模型。

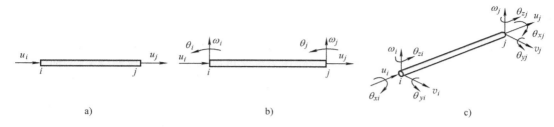

图 7-1 杆状单元

a）杆单元 b）平面梁单元 c）空间梁单元

空间梁单元是平面梁单元的推广。这种单元每个节点有 6 个自由度，考虑了单元的弯曲、拉压、扭转变形。

当梁单元的横截面高度小于梁长的 1/5 时，切应变对梁受横向载荷作用产生的挠度影响很小，可忽略不计；否则应考虑切应变对挠度的影响，特别是对于薄壁截面的梁单元，切应变的影响是很大的，必须对单元刚度矩阵进行修正来考虑切应变。

2. 平面单元

严格来说，实际中弹性结构都是空间结构，处于空间受力状态，是空间问题。但是，对某些特定问题，根据其结构和外力特点，可以简化为平面问题来处理。这种近似为有限元分析提供了方便。弹性力学平面问题分为平面应力问题和平面应变问题两大类。

平面单元属于二维单元，单元厚度假定为远远小于单元在平面中的尺寸，单元内任意点的应力、应变和位移只与两个坐标轴方向变量有关。这种单元不能承受弯曲载荷，常用于模拟起重机的大梁、机床的支承件、箱体、圆柱形管道、板件等的结构。

常用的平面单元有三角形单元和矩形单元，如图 7-2 所示，单元每个节点有 2 个位移自由度。三角形单元采用线性位移模式，由其力学性质可知，在整个单元内各点的应变值为常数，所以也称为常应变单元或常应力单元。该类型单元计算精度较差，但灵活性较好，适用于复杂不规则形状的结构。矩形单元采用双线性位移模

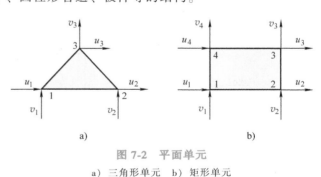

图 7-2 平面单元

a）三角形单元 b）矩形单元

式，单元内的应力是线性变化的。所以，它的计算精度比三角形单元高，但不适应斜交边界和曲线边界，也不便于在结构不同的部位采用大小不同的单元。因此，这两类单元在实际应用中受到一定的限制。

3. 薄板弯曲单元和薄壳单元

当平面厚度 h 远小于其长度 a 与宽度 b（$h<b/5$）时，称为薄板。很多机械结构是平面薄板、曲面薄板和支承的肋条的组合体。

薄板弯曲单元有三角形和矩形两种单元形状，主要承受横向载荷和绕两个水平轴的弯矩。图 7-3a 所示为矩形薄板弯曲单元，每个节点有 3 个自由度。在工程中，薄板弯曲单元

可以与梁单元组合成板梁组合结构，用于模拟带加强肋的机床大件和化工设备中的各种塔、罐和高压容器等。

薄壳单元相当于平面单元和薄板弯曲单元的组合。图7-3b、c所示为三角形和矩形薄壳单元。单元每个节点既可以承受平面内的作用力，又可以承受横向载荷和绕 x、y 轴的弯矩，每个节点有5个自由度。采用薄壳单元模拟机械结构中的板壳结构，不仅考虑了板壳在平面内的作用力，而且考虑了板壳本身的抗弯能力，计算结果更接近实际情况。与平面单元一样，矩形薄壳单元比三角形薄壳单元精度更高，三角形薄壳单元只推荐使用在不规则的边缘部分。

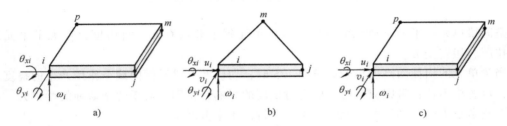

图7-3　薄板弯曲单元和薄壳单元

a）矩形薄板弯曲单元　b）三角形薄壳单元　c）矩形薄壳单元

4. 多面体单元

多面体单元属于三维单元，即单元的位移分布是空间三维坐标的函数。常用的单元类型有四面体单元、规则六面体单元、不规则六面体单元，如图7-4所示。单元的每一个节点有3个位移自由度。此类单元适用于实心结构的有限元分析，如机床的工作台、动力机械的基础等较厚的弹性结构。

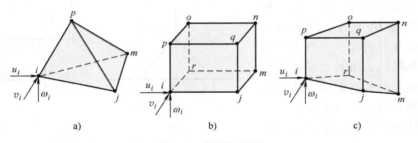

图7-4　多面体单元

a）四面体单元　b）规则六面体单元　c）不规则六面体单元

5. 等参数单元

对于形状比较复杂的结构，以上几种单元有时难以适应划分单元的要求和精度要求，于是提出了一种等参数单元，也称为等参元。图7-5所示的四节点任意直边四边形单元是一种最基本的等参元，可以达到矩形单元的计算精度。

此类单元形状是任意四边形，如果采用四节点矩形单元的双线性位移模式，则不能保证相邻单元之间的位移协调性，这是由于任意四边形的边一般不平行于坐标轴，沿单元边的位移将按抛物线变化，而不是线性变化。因此，以直角坐标系 Oxy（又称为总体坐标系）下的任意直边四边形单元的形心为坐标原点，用等分它四个边的两条直线为坐标轴，建立一个非

正交的局部坐标系 $O_1\xi\eta$，使单元边界上的 η、ξ 值是 ±1，这样在局部坐标系中构成一个矩形单元。这个矩形单元的节点和内部任一点都与总体坐标系中单元的节点和内部点形成一一对应关系，两个坐标系之间的映射关系称为坐标变换。总体坐标系适用于整个结构，局部坐标系只适用于具体某个单元。

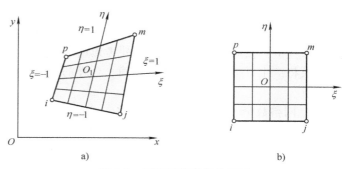

图 7-5 四边形等参元的原理

a）任意直边四边形单元 b）对应的矩形单元

对这个单元进行特性分析可以得出，单元内任一点的位移与节点位移之间的关系恰好和该点的坐标与节点坐标之间的关系相同。因此，称具有这种性质的单元为等参数单元或等参元。等参元的类型很多，常用的还有 8 节点平面等参元、8 节点空间等参元、20 节点空间等参元，如图 7-6 所示。

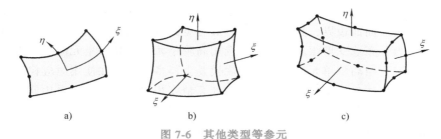

图 7-6 其他类型等参元

a）8 节点平面等参元 b）8 节点空间等参元 c）20 节点空间等参元

6. 轴对称单元

对于几何形状是回转体，所受约束和外力对称于回转轴的机械结构，如飞轮、转轴、活塞、气缸套等，其应力、应变和位移也对称于回转轴，这类结构的应力、应变分析称为轴对称问题。

进行轴对称问题有限元分析时，一般采用柱面坐标系（轴向 z，径向 r，周向 θ）来描述轴对称结构的应力和变形，单元类型为实心圆环体单元，圆环体横截面可以是三角形，如图 7-7a 所示，也可以是矩形。此类单元的分析实质上可看作二维问题，回转体的位移限制在 rOz 平面内。

当回转体为薄壳结构时，采用回转薄壁壳单元，如图 7-7b 所示。此类单元有两个节点，

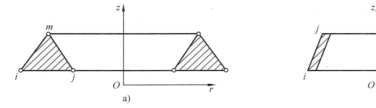

图 7-7 轴对称单元

a）三角环形单元 b）回转薄壁壳单元

每一个节点有 3 个自由度，即 2 个位移和 1 个转角自由度。

物体的离散化就是可以选用不同的单元类型来给物体划分网格，这是建立有限元模型的一个重要环节。它需要大量的工作和要考虑的问题也很多，所划分的网格形式对计算精度和计算规模将产生直接影响。为建立正确、合理的有限元模型，划分网格时应考虑的一些基本原则如下。

（1）网格数量　网格数量的多少将影响计算结果的精度和计算规模的大小。一般来讲，网格数量增加，计算精度会有所提高，但同时计算规模也会增加，所以在确定网格数量时应权衡两个因素综合考虑。实际应用时可以比较两种网格划分的计算结果，如果两次计算结果相差较大，可以继续增加网格，相反则停止计算。

（2）网格疏密　网格疏密是在结构不同部位采用大小不同的网格，这是为了适应计算数据的分布特点。在计算数据变化梯度较大的部位（如应力集中处），为了较好地反映数据变化规律，需要采用比较密集的网格；而在计算数据变化梯度较小的部位，为减小模型规模，则应划分相对稀疏的网格。

（3）单元阶次　许多单元都具有线性、二次和三次等形式，其中二次和三次形式的单元称为高阶单元。选用高阶单元可提高计算精度，因为高阶单元的曲线或曲面边界能够更好地逼近结构的曲线或曲面边界，且高次插值函数可更高精度地逼近复杂场函数，所以当结构形状不规则、应力分布或变形很复杂时可以选用高阶单元。但高阶单元的节点数较多，在网格数量相同的情况下由高阶单元组成的模型规模要大得多，因此在使用时应权衡考虑计算精度和时间。但当网格数量较少时，两种单元的计算精度相差很大，这时采用低阶单元是不合适的。当网格数量较多时，两种单元的精度相差并不很大，这时采用高阶单元并不经济。

（4）网格质量　网格质量是网格几何形状的合理性。质量好坏将影响计算精度。质量太差的网格甚至会中止计算。直观上看，网格各边或各个内角相差不大、网格面不过分扭曲、边节点位于边界等分点附近的网格质量较好。网格质量可用细长比、锥度比、内角、翘曲量、拉伸值、边节点位置偏差等指标度量。划分网格时一般要求网格质量能达到某些指标要求。在重点研究的结构关键部位，应保证划分高质量网格，即使是个别质量很差的网格也会引起很大的局部误差。而在结构次要部位，网格质量可适当降低。当模型中存在质量很差的网格（称为畸形网格）时，计算过程将无法进行。

（5）网格分界面和分界点　结构中的一些特殊界面和特殊点应分为网格边界或节点以便定义材料特性、物理特性、载荷和位移约束条件。即应使网格形式满足边界条件特点，而不应让边界条件来适应网格。常见的特殊界面和特殊点有材料分界面、几何尺寸突变面、分布载荷分界线（点）、集中载荷作用点和位移约束作用点。

（6）位移协调性　位移协调是单元上的力和力矩能够通过节点传递给相邻单元。为保证位移协调，一个单元的节点必须同时也是相邻单元的节点，而不应是内点或边界点。相邻单元的共有节点具有相同的自由度性质。否则，单元之间须用多点约束等式或约束单元进行约束处理。

（7）网格布局　当结构形状对称时，其网格也应划分为对称网格，以使模型表现出相应的对称特性。不对称布局会引起一定误差。

（8）节点和单元编号　节点和单元的编号影响结构总刚度矩阵的带宽和波前数，因而影响计算时间和储存容量的大小，因此合理的编号有利于提高计算速度。但对复杂模型和自动分网而言，人为确定合理的编号很困难，目前许多有限元分析软件自带有优化器，网格划分后可进行带宽和波前优化，从而减轻人的劳动强度。

7.4 单元分析

下面将以三角形常应变单元为例，系统介绍采用有限元法求解平面问题时，位移函数、单元力学特性分析、载荷移置步骤的分析计算过程。

1. 位移函数

从弹性力学平面问题的解析法可知，如果弹性体内的位移分量已知，则应变分量和应力分量也就确定了。但是如果每个单元只知道几个节点的位移，还不能直接求得应变分量和应力分量。为此，必须首先假定一个恰当的位移函数。由于在整个弹性体内，各点的位移变化情况很复杂，在整个区域里很难选取一个恰当的位移函数来表示位移的复杂变化。但是，将整个区域分割成许多细小的单元，在每个单元的局部范围里可以采用比较简单的函数来近似地表达单元的真实位移，就像在小区间里可以用直线来近似代替曲线一样。把各单元的位移函数连接起来，就可以近似表示整个区域的真实的位移函数。

从离散体系中任取一个单元，如图 7-8a 所示。三个节点按逆时针方向顺序编号为 i、j、m。节点坐标分别表示为 (x_i,y_i)、(x_j,y_j) 和 (x_m,y_m)。

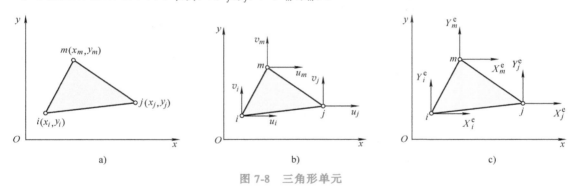

图 7-8　三角形单元

a) 三角形单元节点坐标　b) 三角形单元节点位移　c) 三角形单元节点力向量

对于弹性力学平面问题，一个三角形单元上的每个节点应有两个位移分量，则三角形单元有 6 个自由度：u_i，v_i；u_j，v_j；u_m，v_m，如图 7-8b 所示。

各节点位移向量可以表示为

$$\boldsymbol{\Delta}_i^e = \begin{pmatrix} u_i \\ v_i \end{pmatrix}, \quad \boldsymbol{\Delta}_j^e = \begin{pmatrix} u_j \\ v_j \end{pmatrix}, \quad \boldsymbol{\Delta}_m^e = \begin{pmatrix} u_m \\ v_m \end{pmatrix} \tag{7-2a}$$

那么，三角形单元的节点位移向量就可以表示为

$$\boldsymbol{\Delta}^e = (u_i,v_i,u_j,v_j,u_m,v_m)^T \tag{7-2b}$$

与节点位移向量相对应的节点力向量如图 7-8c 所示。各节点力向量可以表示为

$$\boldsymbol{F}_i^e = \begin{pmatrix} X_i^e \\ Y_i^e \end{pmatrix}, \quad \boldsymbol{F}_j^e = \begin{pmatrix} X_j^e \\ Y_j^e \end{pmatrix}, \quad \boldsymbol{F}_m^e = \begin{pmatrix} X_m^e \\ Y_m^e \end{pmatrix} \tag{7-3a}$$

单元的节点力向量可以表示为

$$\boldsymbol{F}^{e} = ((\boldsymbol{F}_{i}^{e})^{T}, (\boldsymbol{F}_{j}^{e})^{T}, (\boldsymbol{F}_{m}^{e})^{T})^{T} = (X_{i}^{e}, Y_{i}^{e}, X_{j}^{e}, Y_{j}^{e}, X_{m}^{e}, Y_{m}^{e})^{T} \tag{7-3b}$$

在有限单元位移中，取节点位移作为基本未知量。单元分析基本任务是建立单元节点力与节点位移之间的关系，即

$$\boldsymbol{F}^{e} = \boldsymbol{K}^{e}\boldsymbol{\Delta}^{e} \tag{7-4}$$

式中，$\boldsymbol{K}^{e}$ 是 6×6 阶的矩阵，称为单元刚度矩阵。

在选用位移函数时，最简单的是将单元的位移分量 u、v 取为坐标 x、y 的多项式，并考虑到三角形单元共有 6 个自由度，且位移函数 u、v 在三个节点处的数值应该等于这三个节点处的 6 个位移分量 u_i，$\cdots$，v_m。据此，假设单元位移分量是坐标 x、y 的线性函数，即

$$\left. \begin{array}{l} u(x,y) = a_1 + a_2 x + a_3 y \\ v(x,y) = a_4 + a_5 x + a_6 y \end{array} \right\} \tag{7-5a}$$

在式（7-5a）中，含有 6 个参数 a_1，a_2，$\cdots$，a_6。恰好由三个节点的 6 个位移分量完全确定。即在 i、j、m 三点应当

$$\left. \begin{array}{ll} u_i = a_1 + a_2 x_i + a_3 y_i, & v_i = a_4 + a_5 x_i + a_6 y_i \\ u_j = a_1 + a_2 x_j + a_3 y_j, & v_j = a_4 + a_5 x_j + a_6 y_j \\ u_m = a_1 + a_2 x_m + a_3 y_m, & v_m = a_4 + a_5 x_m + a_6 y_m \end{array} \right\} \tag{7-5b}$$

求解以上方程，可以将参数 a_1，a_2，$\cdots$，a_6 用节点位移表示出来，即

$$\left. \begin{array}{ll} a_1 = (a_i u_i + a_j u_j + a_m u_m)/2A, & a_4 = (a_i v_i + a_j v_j + a_m v_m)/2A \\ a_2 = (b_i u_i + b_j u_j + b_m u_m)/2A, & a_5 = (b_i v_i + b_j v_j + b_m v_m)/2A \\ a_3 = (c_i u_i + c_j u_j + c_m u_m)/2A, & a_6 = (c_i v_i + c_j v_j + c_m v_m)/2A \end{array} \right\} \tag{7-6a}$$

式中，

$$\left. \begin{array}{lll} a_i = x_j y_m - x_m y_j, & b_i = y_j - y_m, & c_i = x_m - x_j \\ a_j = x_m y_i - x_i y_m, & b_j = y_m - y_i, & c_j = x_i - x_m \\ a_m = x_i y_j - x_j y_i, & b_m = y_i - y_j, & c_m = x_j - x_i \end{array} \right\} \tag{7-6b}$$

$$A = \frac{1}{2} \begin{pmatrix} 1 & x_i & y_i \\ 1 & x_j & y_j \\ 1 & x_m & y_m \end{pmatrix} = \frac{1}{2}(x_j y_m + x_m y_i + x_i y_j - x_m y_j - x_i y_m - x_j y_i) \tag{7-6c}$$

式中，A 是三角形单元的面积。

将式（7-6a）代入式（7-5a），并注意到式（7-2b），整理得到用单元节点位移表示的单元位移模式，即

$$\boldsymbol{u} = \begin{pmatrix} u(x,y) \\ v(x,y) \end{pmatrix}$$

$$= \begin{pmatrix} N_i(x,y) & 0 & N_j(x,y) & 0 & N_m(x,y) & 0 \\ 0 & N_i(x,y) & 0 & N_j(x,y) & 0 & N_m(x,y) \end{pmatrix} \boldsymbol{\Delta}^{e} \tag{7-7a}$$

式中的 N_i、N_j、N_m 由下式轮换得出，即

$$N_i(x,y) = (a_i + b_i x + c_i y)/2A \quad (i,j,m) \tag{7-7b}$$

式（7-7a）也可简写成

$$u = (IN_i, IN_j, IN_m)\Delta^e = N\Delta^e \tag{7-7c}$$

式中，I 是二阶单位矩阵。这里的 N_i、N_j、N_m 是坐标的连续函数，其反映单元内位移分布状态，称为位移插值函数或形函数。N 称为位移插值函数矩阵或形函数矩阵。

位移插值函数具有如下性质。

1）在节点上位移插值函数的值有

$$N_i(x_j, y_j) = \delta_{ij} = \begin{cases} 1 & \text{当 } j=i \\ 0 & \text{当 } j\neq i \end{cases} \quad (i,j,m) \tag{7-8}$$

即有 $N_i(x_i, y_i) = 1$，$N_i(x_j, y_j) = 0$，$N_i(x_m, y_m) = 0$，也就是说在节点 i 上 $N_i = 1$，在节点 j、m 上 $N_i = 0$。当 $x = x_i$、$y = y_i$ 时，即在节点 i 上，应有 $u = u_i$，因此也必然要求 $N_i(x_i, y_i) = 1$。其他两个位移插值函数也具有同样的性质。

2）在单元内任一点各位移插值函数之和应等于 1，即

$$N_i + N_j + N_m = 1 \tag{7-9}$$

因为若单元发生刚体位移，如 x 方向有刚体位移 u_0，则单元内（包括节点上）到处应有 x 方向位移 u_0 即 $u_i = u_j = u_m = u_0$，由式（7-7a）第一式有

$$u = N_i u_i + N_j u_j + N_m u_m = (N_i + N_j + N_m) u_0 = u_0 \tag{7-10}$$

因此必然要求 $N_i + N_j + N_m = 1$。若位移插值函数不满足此要求，则不能反映单元的刚体位移，用以求解必然得不到正确的结果。

3）上述位移插值函数是线性的，在单元内部及单元的边界上位移也是线性的，可由节点上的唯一位移确定。由于相邻的单元公共节点的节点位移相等，因此，保证了相邻单元在公共边界上位移的连续性。

为了能从有限元法中得到正确解答，单元位移模式必须满足一定的条件，使得当单元划分越来越细、网格越来越密时，所得的解答能收敛于问题的精确解。这些条件如下。

1）单元位移模式必须在单元内连续，并且两相邻单元间的公共边界上的位移必须协调。后者意味着单元的变形不能在单元之间裂开或重叠。

2）单元位移模式必须包括单元的刚体位移。这是因为弹性体的每一单元的位移总是包括两个部分：一部分是由于单元的变形引起的；另一部分是与单元的变形无关的，也就是刚体位移。选取单元位移函数，必须反映出这些实际状态。

3）单元位移模式必须包含单元的常应变状态。这点从物理意义上看是显然的。因为当物体被分割成越来越小的单元时，单元中各点的应变相差很小而趋于相等。假设将单元取得无限小时，单元的应变应逼近于常量，也就是说，单元处于常应变状态。所选取的位移模式同样应该反映单元的这种实际状态。

通常，把满足于上述第一条件的单元称为协调单元，满足第二与第三个条件的，称为完备单元。理论和实践都已证明：条件 2）和 3）是有限元法收敛于正确解答的必要条件，再加上条件 1）就是充分条件。线性位移模式是满足这些要求的。

2. 单元力学特性分析

利用单元插值函数确定单元位移后，可以很方便地利用几何方程和物理方程求得单元的应力和应变。在式（6-15）的几何方程中，位移用式（7-7c）代入，得到单元应变

$$\boldsymbol{\varepsilon} = \begin{pmatrix} \varepsilon_x \\ \varepsilon_y \\ \gamma_{xy} \end{pmatrix} = (\boldsymbol{B}_i, \boldsymbol{B}_j, \boldsymbol{B}_m)\boldsymbol{\Delta}^e = \boldsymbol{B}\boldsymbol{\Delta}^e \tag{7-11}$$

式中，$\boldsymbol{B}$ 称为应变矩阵，$\boldsymbol{B}$ 矩阵的分块子矩阵是

$$\boldsymbol{B}_i = \begin{pmatrix} \dfrac{\partial}{\partial x} & 0 \\ 0 & \dfrac{\partial}{\partial y} \\ \dfrac{\partial}{\partial y} & \dfrac{\partial}{\partial x} \end{pmatrix} \begin{pmatrix} N_i & 0 \\ 0 & N_i \end{pmatrix} = \begin{pmatrix} \dfrac{\partial N_i}{\partial x} & 0 \\ 0 & \dfrac{\partial N_i}{\partial y} \\ \dfrac{\partial N_i}{\partial y} & \dfrac{\partial N_i}{\partial x} \end{pmatrix} \tag{7-12}$$

将式（7-7b）对 x，y 求导，并代入式（7-12）得到 $\boldsymbol{B}_i$，类似的方法得到 $\boldsymbol{B}_j$ 和 $\boldsymbol{B}_m$，则三节点三角形单元的应变矩阵为

$$\boldsymbol{B} = (\boldsymbol{B}_i, \boldsymbol{B}_j, \boldsymbol{B}_m) = \frac{1}{2A} \begin{pmatrix} b_i & 0 & b_j & 0 & b_m & 0 \\ 0 & c_i & 0 & c_j & 0 & c_m \\ c_i & b_i & c_j & b_j & c_m & b_m \end{pmatrix} \tag{7-13}$$

式中，b_i、b_j、b_m、c_i、c_j、c_m 由式（7-6b）确定，其是单元形状的参数。当单元的节点坐标确定后，这些参数是确定量（与坐标变量 x、y 无关），因此 $\boldsymbol{B}$ 是常量阵。当单元的节点位移 $\boldsymbol{\Delta}^e$ 确定后，由 $\boldsymbol{B}$ 转换求得的单元应变都是常量，因此三节点三角形单元称为常应变单元。在应变梯度较大的部位，单元划分应适当密集，否则将不能反映应变的真实变化而导致较大的误差。

单元应力可以根据物理方程求得

$$\boldsymbol{\sigma} = \begin{pmatrix} \sigma_x \\ \sigma_y \\ \tau_{xy} \end{pmatrix} = \boldsymbol{D}\boldsymbol{\varepsilon} = \boldsymbol{D}\boldsymbol{B}\boldsymbol{\Delta}^e = \boldsymbol{S}\boldsymbol{\Delta}^e \tag{7-14}$$

式中，$\boldsymbol{S} = \boldsymbol{D}\boldsymbol{B} = \boldsymbol{D}(\boldsymbol{B}_i, \boldsymbol{B}_j, \boldsymbol{B}_m) = (\boldsymbol{S}_i, \boldsymbol{S}_j, \boldsymbol{S}_m)$，称为应力矩阵。对于平面应力问题，$\boldsymbol{S}$ 的分块矩阵为

$$\boldsymbol{S}_i = \boldsymbol{D}\boldsymbol{B}_i = \frac{E}{2(1-\mu^2)A} \begin{pmatrix} b_i & \mu c_i \\ \mu b_i & c_i \\ \dfrac{1-\mu}{2}c_i & \dfrac{1-\mu}{2}b_i \end{pmatrix} \tag{7-15}$$

对于平面应变问题，利用 $\dfrac{E}{1-\mu^2}$ 替代 E、$\dfrac{\mu}{1-\mu}$ 替代 μ 即可得到平面应变问题的应力矩阵。

由虚功原理有

$$\delta\boldsymbol{W}^e = \delta\boldsymbol{U}^e \tag{7-16}$$

式中，δW^{e} 是单元上的外力在虚位移上所做的虚功；δU^{e} 是单元虚应变能。上式进一步可写为

$$\delta \boldsymbol{\Delta}^{\mathrm{eT}} \boldsymbol{F}^{e} = \int_{V} \delta \boldsymbol{\varepsilon}^{\mathrm{T}} \boldsymbol{\sigma} \mathrm{d} V \tag{7-17}$$

式中，$\delta \boldsymbol{\Delta}^{e}$ 是单元节点发生的虚位移；$\boldsymbol{F}^{e}$ 是单元上的节点力；$\delta \boldsymbol{\varepsilon}$ 是与虚位移相对应的虚应变；$\boldsymbol{\sigma}$ 是单元的内力。将式（7-11）两边取变分，并与式（7-14）一同代入式（7-17）中，得

$$\delta \boldsymbol{\Delta}^{\mathrm{eT}} \boldsymbol{F}^{e} = \boldsymbol{\delta} \boldsymbol{\Delta}^{\mathrm{eT}} \int_{V} \boldsymbol{B}^{\mathrm{T}} \boldsymbol{D} \boldsymbol{B} \mathrm{d} V \boldsymbol{\Delta}^{e} \tag{7-18}$$

两边消去 $\boldsymbol{\delta} \boldsymbol{\Delta}^{e}$，得

$$\boldsymbol{F}^{e} = \left(\int_{V} \boldsymbol{B}^{\mathrm{T}} \boldsymbol{D} \boldsymbol{B} \mathrm{d} V \right) \boldsymbol{\Delta}^{e} = \boldsymbol{K}^{e} \boldsymbol{\Delta}^{e} \tag{7-19}$$

式中

$$\boldsymbol{K}^{e} = \int_{V} \boldsymbol{B}^{\mathrm{T}} \boldsymbol{D} \boldsymbol{B} \mathrm{d} V \tag{7-20}$$

式（7-19）描述的是单元节点力与节点位移之间的关系，矩阵 $\boldsymbol{K}^{e}$ 称为单元刚度矩阵。对于三角形三节点常应变单元，矩阵 $\boldsymbol{B}$ 和 $\boldsymbol{D}$ 均是常数阵，因此有

$$\boldsymbol{K}^{e} = \int_{V} \boldsymbol{B}^{\mathrm{T}} \boldsymbol{D} \boldsymbol{B} \mathrm{d} V = \boldsymbol{B}^{\mathrm{T}} \boldsymbol{D} \boldsymbol{B} \int_{V} \mathrm{d} V = \boldsymbol{B}^{\mathrm{T}} \boldsymbol{D} \boldsymbol{B} t A = \begin{pmatrix} \boldsymbol{K}_{ii} & \boldsymbol{K}_{ij} & \boldsymbol{K}_{im} \\ \boldsymbol{K}_{ji} & \boldsymbol{K}_{jj} & \boldsymbol{K}_{jm} \\ \boldsymbol{K}_{mi} & \boldsymbol{K}_{mj} & \boldsymbol{K}_{mm} \end{pmatrix} \tag{7-21}$$

对于平面应力问题，将弹性矩阵 $\boldsymbol{D}$ 和应变矩阵 $\boldsymbol{B}$ 代入上式，其任意分块矩阵可表示为

$$\boldsymbol{K}_{rs} = \begin{pmatrix} K_{rs}^{11} & K_{rs}^{12} \\ K_{rs}^{21} & K_{rs}^{22} \end{pmatrix} = \frac{Et}{4(1-\mu^{2})A} \begin{pmatrix} b_{r}b_{s} + \dfrac{1-\mu}{2}c_{r}c_{s} & \mu b_{r}c_{s} + \dfrac{1-\mu}{2}c_{r}b_{s} \\ \mu c_{r}b_{s} + \dfrac{1-\mu}{2}b_{r}c_{s} & c_{r}c_{s} + \dfrac{1-\mu}{2}b_{r}b_{s} \end{pmatrix}$$

$$(r = i, j, m; \quad s = i, j, m) \tag{7-22}$$

式中，t 是三维体厚度；A 是三角形单元的面积。

对于平面应变问题，只需将上式中的 E 改成 $\dfrac{E}{1-\mu^{2}}$，μ 改成 $\dfrac{\mu}{1-\mu}$，即可得到平面应变问题的单元刚度矩阵。将式（7-2b）、式（7-3b）、式（7-21）和式（7-22）代入式（7-19），得

$$\begin{pmatrix} X_{i}^{e} \\ Y_{i}^{e} \\ X_{j}^{e} \\ Y_{j}^{e} \\ X_{m}^{e} \\ Y_{m}^{e} \end{pmatrix} = \begin{pmatrix} K_{ii}^{11} & K_{ii}^{12} & K_{ij}^{11} & K_{ij}^{12} & K_{im}^{11} & K_{im}^{12} \\ K_{ii}^{21} & K_{ii}^{22} & K_{ij}^{21} & K_{ij}^{22} & K_{im}^{21} & K_{im}^{22} \\ K_{ji}^{11} & K_{ji}^{12} & K_{jj}^{11} & K_{jj}^{12} & K_{jm}^{11} & K_{jm}^{12} \\ K_{ji}^{21} & K_{ji}^{22} & K_{jj}^{21} & K_{jj}^{22} & K_{jm}^{21} & K_{jm}^{22} \\ K_{mi}^{11} & K_{mi}^{12} & K_{mj}^{11} & K_{mj}^{12} & K_{mm}^{11} & K_{mm}^{12} \\ K_{mi}^{21} & K_{mi}^{22} & K_{mj}^{21} & K_{mj}^{22} & K_{mm}^{21} & K_{mm}^{22} \end{pmatrix} \begin{pmatrix} u_{i} \\ v_{i} \\ u_{j} \\ v_{j} \\ u_{m} \\ v_{m} \end{pmatrix} \tag{7-23}$$

单元刚度矩阵中任意元素 K_{ij} 的物理意义为：当单元的第 j 个节点位移为单位位移而其他节点位移为零时，需在单元第 i 个节点位移方向上施加的节点力的大小。单元刚性越大，则

节点产生单位位移所需施加的节点力就越大。

单元刚度矩阵有以下性质。

1）单元刚度矩阵与单元的几何形状、大小及材料的性质有关，其特别与所选取的单元位移模式有关。不同的位移模式，不同形状和大小的单元，其单元刚度矩阵不同，计算精度也不同。

2）具有对称性。

3）单元刚度矩阵是奇异矩阵，不存在逆矩阵，矩阵的秩是3。这一特性的物理解释为：单元处于平衡时，节点力相互不是独立的，它们必须满足三个平衡方程，因此它们是线性相关的。另一方面，即使给定满足平衡的单元节点力，也不能确定单元的节点位移，因为单元还可以有任意的刚体位移。

4）单元刚度矩阵的主元恒为正。即 $K_{pp}^{11}>0$（$1=1,2;p=i,j,m$）。K_{pp}^{11}恒为正的物理意义是要使节点 p 上产生单位位移，则施加在该节点上的节点力必须与位移方向同向。

3. 载荷移置

按照有限元法的假设，作用在结构上的必须是节点载荷，而作用在结构上的真实载荷又常常不是作用在节点上，如体力和面力等。因此，需将它们按静力等效原则向节点移置，化为等效节点载荷。

假设作用在三角形单元上的体力 $\boldsymbol{F}_V=(X,\ Y)^{\mathrm{T}}$，面力 $\boldsymbol{F}_S=(\overline{X},\ \overline{Y})^{\mathrm{T}}$ 和集中力 $\boldsymbol{Q}=(Q_x,\ Q_y)^{\mathrm{T}}$，如图 7-9 所示。向节点移置后得到的等效节点载荷向量为

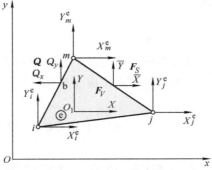

图 7-9　等效节点载荷

$$\boldsymbol{F}^{\mathrm{e}}=((\boldsymbol{F}_i^{\mathrm{e}})^{\mathrm{T}},(\boldsymbol{F}_j^{\mathrm{e}})^{\mathrm{T}},(\boldsymbol{F}_m^{\mathrm{e}})^{\mathrm{T}})^{\mathrm{T}}=(X_i^{\mathrm{e}},Y_i^{\mathrm{e}},X_j^{\mathrm{e}},Y_j^{\mathrm{e}},X_m^{\mathrm{e}},Y_m^{\mathrm{e}})^{\mathrm{T}} \tag{7-24}$$

利用静力等效原则可以得到等效节点载荷移置公式

$$\boldsymbol{F}^{\mathrm{e}}=\boldsymbol{N}^{\mathrm{T}}\boldsymbol{Q}+\int_S\boldsymbol{N}^{\mathrm{T}}\boldsymbol{F}_S t\mathrm{d}S+\iint_A\boldsymbol{N}^{\mathrm{T}}\boldsymbol{F}_V t\mathrm{d}x\mathrm{d}y \tag{7-25}$$

式中，S 是面力作用区域的边界。

显然，等效节点载荷与所选取的单元位移模式有关。

对集中载荷的处理，也可以在单元划分时，将节点直接分布于集中载荷作用处，这样集中载荷直接作用于节点上，不再需要载荷移置。

在进行载荷移置时，单元往往受到几个载荷的同时作用，因此最终单元的等效节点载荷可能是几个载荷移置后叠加的结果。

7.5　整体分析

有限元法的整体分析，是由各单元的单元刚度矩阵集成得到整个结构的总刚度矩阵，从而建立整个结构的节点载荷与节点位移的平衡关系式，为此需要引入单元的节点自由度与整个结构的节点自由度的转换矩阵 $\boldsymbol{G}$，从而单元的节点自由度可以由整个结构的节点自由度来表示，即

$$\boldsymbol{\Delta}^e = \boldsymbol{G}\boldsymbol{\Delta} \tag{7-26}$$

式中，$\boldsymbol{\Delta} = (u_1, \ v_1, \ \cdots, \ u_i, \ v_i, \ \cdots, \ u_j, \ v_j, \ \cdots, \ u_m, \ v_m, \ \cdots, \ u_n, \ v_n)$，$n$ 为结构总节点数。

$$\boldsymbol{G}_{6\times 2n} = \begin{array}{cccccccccccccc} 1 & 2 & \cdots & 2i-1 & 2i & \cdots & 2j-1 & 2j & \cdots & 2m-1 & 2m & \cdots & 2n-1 & 2n \\ \left(\begin{array}{cccccccccccccc} 0 & 0 & \cdots & 1 & 0 & \cdots & 0 & 0 & \cdots & 0 & 0 & \cdots & 0 & 0 \\ 0 & 0 & \cdots & 0 & 1 & \cdots & 0 & 0 & \cdots & 0 & 0 & \cdots & 0 & 0 \\ 0 & 0 & \cdots & 0 & 0 & \cdots & 1 & 0 & \cdots & 0 & 0 & \cdots & 0 & 0 \\ 0 & 0 & \cdots & 0 & 0 & \cdots & 0 & 1 & \cdots & 0 & 0 & \cdots & 0 & 0 \\ 0 & 0 & \cdots & 0 & 0 & \cdots & 0 & 0 & \cdots & 1 & 0 & \cdots & 0 & 0 \\ 0 & 0 & \cdots & 0 & 0 & \cdots & 0 & 0 & \cdots & 0 & 1 & \cdots & 0 & 0 \end{array}\right) \end{array} \tag{7-27}$$

将式（7-26）代入式（7-4）中，在方程两边同时乘以 $\boldsymbol{G}^{\mathrm{T}}$，并对整个结构的所有单元求和得到如下的表达式，即

$$\sum_e \boldsymbol{G}^{\mathrm{T}}\boldsymbol{F}^e = \sum_e \boldsymbol{G}^{\mathrm{T}}\boldsymbol{K}^e\boldsymbol{G}\boldsymbol{\Delta} \tag{7-28}$$

令 $\boldsymbol{F} = \sum_e \boldsymbol{G}^{\mathrm{T}}\boldsymbol{F}^e$ 为整个结构节点载荷列阵，$\boldsymbol{K} = \sum_e \boldsymbol{G}^{\mathrm{T}}\boldsymbol{K}^e\boldsymbol{G}$ 为整个结构的总刚度矩阵，则上式转化为

$$\boldsymbol{F} = \boldsymbol{K}\boldsymbol{\Delta} \tag{7-29}$$

式（7-29）就是整个结构的节点载荷与节点位移的平衡关系式。

对单元刚度矩阵进行以下转换

$$\boldsymbol{G}^{\mathrm{T}}\boldsymbol{K}^e\boldsymbol{G} = \begin{array}{c} 1 \\ \vdots \\ i \\ \vdots \\ j \\ \vdots \\ m \\ \vdots \\ n \end{array}\left(\begin{array}{ccc} 0 & 0 & 0 \\ 0 & \vdots & \vdots \\ \boldsymbol{I} & \vdots & \vdots \\ 0 & 0 & \vdots \\ \vdots & \boldsymbol{I} & \vdots \\ \vdots & 0 & 0 \\ \vdots & \vdots & \boldsymbol{I} \\ \vdots & \vdots & 0 \\ 0 & 0 & 0 \end{array}\right) \left(\begin{array}{ccc} \boldsymbol{K}_{ii} & \boldsymbol{K}_{ij} & \boldsymbol{K}_{im} \\ \boldsymbol{K}_{ji} & \boldsymbol{K}_{jj} & \boldsymbol{K}_{jm} \\ \boldsymbol{K}_{mi} & \boldsymbol{K}_{mj} & \boldsymbol{K}_{mm} \end{array}\right) \left(\begin{array}{ccccccccc} 0 & 0 & \boldsymbol{I} & 0 & \cdots & \cdots & \cdots & \cdots & 0 \\ 0 & \cdots & \cdots & 0 & \boldsymbol{I} & 0 & \cdots & \cdots & 0 \\ 0 & \cdots & \cdots & \cdots & 0 & \boldsymbol{I} & 0 & 0 \end{array}\right)$$

$$= \begin{array}{c} 1 \\ \vdots \\ i \\ \vdots \\ j \\ \vdots \\ m \\ \vdots \\ n \end{array}\begin{array}{ccccccccccc} 1 & \cdots & i & \cdots & j & \cdots & m & \cdots & n \\ \left(\begin{array}{ccccccccc} 0 & \cdots & 0 & \cdots & 0 & \cdots & 0 & \cdots & 0 \\ \vdots & & \vdots & & \vdots & & \vdots & & \vdots \\ 0 & \cdots & \boldsymbol{K}_{ii} & \cdots & \boldsymbol{K}_{ij} & \cdots & \boldsymbol{K}_{im} & \cdots & 0 \\ \vdots & & \vdots & & \vdots & & \vdots & & \vdots \\ 0 & \cdots & \boldsymbol{K}_{ji} & \cdots & \boldsymbol{K}_{jj} & \cdots & \boldsymbol{K}_{jm} & \cdots & 0 \\ \vdots & & \vdots & & \vdots & & \vdots & & \vdots \\ 0 & \cdots & \boldsymbol{K}_{mi} & \cdots & \boldsymbol{K}_{mj} & \cdots & \boldsymbol{K}_{mm} & \cdots & 0 \\ \vdots & & \vdots & & \vdots & & \vdots & & \vdots \\ 0 & \cdots & 0 & \cdots & 0 & \cdots & 0 & \cdots & 0 \end{array}\right) \end{array} \tag{7-30}$$

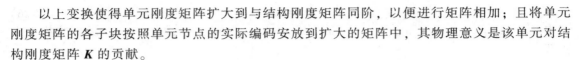

以上变换使得单元刚度矩阵扩大到与结构刚度矩阵同阶，以便进行矩阵相加；且将单元刚度矩阵的各子块按照单元节点的实际编码安放到扩大的矩阵中，其物理意义是该单元对结构刚度矩阵 $\boldsymbol{K}$ 的贡献。

对单元等效节点载荷进行以下变换，即

$$
\boldsymbol{G}^{\mathrm{T}}\boldsymbol{F}^{\mathrm{e}} =
\begin{matrix} 1 \\ \vdots \\ i \\ \vdots \\ j \\ \vdots \\ m \\ \vdots \\ n \end{matrix}
\begin{pmatrix}
0 & 0 & 0 \\
0 & \vdots & \vdots \\
\boldsymbol{I} & \vdots & \vdots \\
0 & 0 & \vdots \\
\vdots & \boldsymbol{I} & \vdots \\
\vdots & \vdots & 0 & 0 \\
\vdots & \vdots & \boldsymbol{I} \\
\vdots & \vdots & 0 \\
0 & 0 & 0
\end{pmatrix}
\begin{pmatrix} \boldsymbol{F}_i^{\mathrm{e}} \\ \boldsymbol{F}_j^{\mathrm{e}} \\ \boldsymbol{F}_m^{\mathrm{e}} \end{pmatrix} =
\begin{matrix} 1 \\ \vdots \\ i \\ \vdots \\ j \\ \vdots \\ m \\ \vdots \\ n \end{matrix}
\begin{pmatrix}
0 \\ 0 \\ \boldsymbol{F}_i^{\mathrm{e}} \\ 0 \\ \boldsymbol{F}_j^{\mathrm{e}} \\ 0 \\ \boldsymbol{F}_m^{\mathrm{e}} \\ 0 \\ 0
\end{pmatrix}
\tag{7-31}
$$

单元等效节点载荷列阵的转换是将单元等效节点载荷的阶数扩大到与结构节点载荷列阵同阶，并将单元等效节点载荷按节点自由度顺序入位。它的物理意义是该单元的等效节点载荷对整个结构节点载荷列阵 $\boldsymbol{F}$ 的贡献。

利用结构刚度矩阵的定义

$$
\boldsymbol{K} = \sum_{\mathrm{e}} \boldsymbol{G}^{\mathrm{T}} \boldsymbol{K}^{\mathrm{e}} \boldsymbol{G}
\tag{7-32}
$$

将每个扩大的单元刚度矩阵逐项相加，即可得到整个结构的总刚度矩阵。

利用结构载荷列阵的定义

$$
\boldsymbol{F} = \sum_{\mathrm{e}} \boldsymbol{G}^{\mathrm{T}} \boldsymbol{F}^{\mathrm{e}}
\tag{7-33}
$$

将每个扩大的单元等效节点载荷列阵逐项相加，即可得到整个结构的节点载荷列阵。

结构刚度矩阵有以下特点。

1）结构刚度矩阵各个元素都集中分布于对角线附近，形成"带状"。这是因为一个节点的平衡方程除与本身的节点位移有关外，还与那些和它直接相联系的单元的节点位移有关，而不在同一单元上的两个节点之间相互没有影响。

2）由于结构刚度矩阵 $\boldsymbol{K}$ 是由各单元刚度矩阵集成而得的，单元刚度矩阵具有对称性，结构刚度矩阵必具有对称性。

3）由于单元刚度矩阵具有奇异性，因此，结构刚度矩阵也具有奇异性。故在求解有限元方程时，需要根据约束条件，修正结构刚度矩阵，消除其奇异性，从而将方程求解出来。

7.6 边界约束条件的处理

在有限元法中，位移边界条件就是在若干节点上指定位移函数的值，该位移可以是零值

或非零值，即

$$u_i = \overline{u} \tag{7-34}$$

由于结构刚度矩阵为奇异矩阵，为求解唯一的解，必须先利用给定的边界约束条件对结构刚度矩阵进行处理，消除其奇异性，然后求解。

可以用以下的方法引入指定边界约束条件。

1. 划行划列法

当给定位移值为零时，如 $u_j = 0$，在结构刚度矩阵中，将第 j 行和第 j 列元素从结构刚度矩阵中划去，第 j 行载荷列阵和位移列阵的元素也相应划掉。当然，方程组的阶数也随之降低。这对于结构划分的单元少、采用手算的情况比较适合，但不便于编程实现。

2. 对角线元素置 1 法

当给定位移值为零时，可以在系数矩阵 $\boldsymbol{K}$ 中将与零节点位移相对应的行列中，将主对角线元素改为 1，其他元素改为 0；在载荷列阵中将与零节点位移相对应的元素改为 0。例如：$u_j = 0$，则对方程系数矩阵 $\boldsymbol{K}$ 的第 j 行、第 j 列及载荷列阵第 j 个元素做如下修改，即

$$
\begin{array}{cccccccc}
 & 1 & 2 & \cdots & j-1 & j & j+1 & \cdots & n-1 & n
\end{array}
$$

$$
\begin{array}{c}
1 \\ 2 \\ \vdots \\ j \\ \vdots \\ n
\end{array}
\begin{pmatrix}
K_{11} & K_{12} & \cdots & K_{1j-1} & 0 & K_{1j+1} & \cdots & K_{1n-1} & K_{1n} \\
K_{21} & K_{22} & \cdots & K_{2j-1} & 0 & K_{2j+1} & \cdots & K_{2n-1} & K_{2n} \\
\vdots & \vdots & & \vdots & 0 & \vdots & & \vdots & \vdots \\
0 & 0 & & 0 & 1 & 0 & & 0 & 0 \\
\vdots & \vdots & & \vdots & 0 & \vdots & & \vdots & \vdots \\
K_{n1} & K_{n2} & \cdots & K_{nj-1} & 0 & K_{nj+1} & \cdots & K_{nn-1} & K_{nn}
\end{pmatrix}
\begin{pmatrix}
u_1 \\ u_2 \\ \vdots \\ u_j \\ \vdots \\ u_n
\end{pmatrix}
=
\begin{pmatrix}
F_1 \\ F_2 \\ \vdots \\ 0 \\ \vdots \\ F_n
\end{pmatrix}
\tag{7-35}
$$

这样修正后，解方程时则可得 $u_j = 0$。对于多个给定零位移则依次修正，全部修正完毕后再求解。用这种方法引入强制边界约束条件比较简单，不改变原来方程的阶数和节点未知量的顺序编号。但这种方法只能用于指定零位移。

3. 对角线元素乘大数法

当有节点位移为给定值 $u_j = \overline{u}$ 时，第 j 个方程做如下修改：对角线元素 K_{jj} 乘以大数 a（a 可取 10^{10} 左右数量级），并将 F_j 用 $aK_{jj}\overline{u}$ 取代，即

$$
\begin{array}{ccccccc}
 & 1 & 2 & \cdots & j & \cdots & n-1 & n
\end{array}
$$

$$
\begin{array}{c}
1 \\ 2 \\ \vdots \\ j \\ \vdots \\ n
\end{array}
\begin{pmatrix}
K_{11} & K_{12} & \cdots & K_{1j} & \cdots & K_{1n-1} & K_{1n} \\
K_{21} & K_{22} & \cdots & K_{2j} & \cdots & K_{2n-1} & K_{2n} \\
\vdots & \vdots & & \vdots & & \vdots & \vdots \\
K_{j1} & K_{j2} & & aK_{jj} & & K_{jn-1} & K_{jn} \\
\vdots & \vdots & & \vdots & & \vdots & \vdots \\
K_{n1} & K_{n2} & \cdots & K_{nj} & \cdots & K_{nn-1} & K_{nn}
\end{pmatrix}
\begin{pmatrix}
u_1 \\ u_2 \\ \vdots \\ u_j \\ \vdots \\ u_n
\end{pmatrix}
=
\begin{pmatrix}
F_1 \\ F_2 \\ \vdots \\ aK_{jj}\overline{u} \\ \vdots \\ F_n
\end{pmatrix}
\tag{7-36}
$$

经过修正的第 j 个方程为

$$K_{j1}u_1 + K_{j2}u_2 + \cdots + aK_{jj}u_j + \cdots + K_{jn}u_n = aK_{jj}\overline{u} \tag{7-37}$$

由于 $aK_{jj} \gg K_{ji}(i \neq j)$，方程左端的 $aK_{jj}u_j$ 较其他项要大得多，因此近似得到

$$aK_{jj}u_j \approx aK_{jj}\overline{u} \tag{7-38}$$

则有 $u_j = \overline{u}$。

　　对于多个给定位移时，按顺序将每个给定位移做上述修正，得到全部进行修正后 $\boldsymbol{K}$ 和 $\boldsymbol{F}$，然后解方程则可得到包括给定位移在内的全部节点位移值。这种方法使用简单，对于任何指定位移条件都适用，编制程序十分方便，因此在有限元法中经常采用。

7.7　求解、计算结果的整理和有限元后处理

　　求解经过处理后的式（7-36），得到结构总位移列阵，然后根据单元位移列阵，计算出各单元应力矩阵，最后求出各单元的应力分量。计算出的结果，主要是节点位移和各单元应力，它们需要整理表示出来，才能较好地说明结构的受力状态。

　　在位移方面，算出的节点位移就是结构上各离散点的位移值，据此可画出结构的位移分布图，结构边界上的节点位移值的连线就是结构外形的改变曲线。

　　在应力方面，情况较为复杂。由于应变矩阵是插值函数对坐标进行求导后得到的矩阵，求导一次，多项式的次数降低一次，所以通过求导运算得到的应变和应力精度较位移降低了。但在单元内存在最佳应力点，因此对求出的应力近似解要进行一些处理，以改善应力解的精度。

　　最简单的处理应力结果的方法是取相邻单元应力的平均值。这种方法最常用于三节点三角形单元中。在这种单元中，应力是常量，而不是某一个点的应力值。因此通常把它看成三角形单元形心处的应力。由于应力近似解总是在真正解上下振荡，可以取相邻单元应力的平均值作为这两个单元合成的较大四边形单元形心处的应力。这样处理十分逼近真正解。

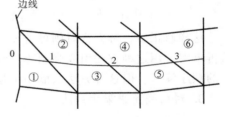

图 7-10　应力值的处理

　　如图 7-10 所示，用①、②单元的应力平均值作为点 1 的应力值，用③、④单元的应力平均值作为点 2 的应力值，在边界上点 0 的应力，可由点 1、2、3 处的应力用二次插值公式插值得到。

　　实际上，为了克服应力不连续和精度差等缺点，最好的办法是在整个区域用最小二乘法修匀，但是这样做的工作量太大，因此比较实用的办法是在每个单元内用最小二乘法修匀，然后在节点上取有关单元应力的平均值。

　　后处理的主要目的是通过对结果的分析和处理，通常可以获得响应量关键点的数值，包括最大值、最小值等；显示和输出响应量的分布情况；按照规范和标准，校核强度、刚度、稳定性等安全指标是否满足要求，并将校核过程和结果输出。

　　通常有限元后处理的显示和输出结果的方式主要有：列表输出；图形输出，如等值线、彩色云图等输出响应量的分布规律。分布规律不仅应包含物体表面的分布，还应包含典型的内部切面上的分布。计算机可视化技术为有限元分析的后处理提供了非常有效的工具。很多有限元分析软件配有图形及专业后处理模块，用户应了解其功能和特点，充分加以利用。

7.8 有限元动力学基本方程

前面应用虚功原理，建立了有限元单元基本方程

$$F^e = K^e \Delta^e$$

通过对此方程进行组装，得到了有限元的整体基本方程

$$F = K\Delta$$

进行约束处理后，求解该方程，就可以得到结构位移列阵，并进一步得到结构的应变、应力等结果，完成结构的有限元分析过程。

但这样的有限元过程是一个静力学过程，这里的载荷 F 是不变地作用于结构上的。静力学分析在很多机械工程实例中得到应用，如机床的床身承受静压力作用、房屋结构中楼板受到的上层载荷、海洋平台在自身重量作用下的变形等。这些结构所受到的载荷都认为是不变的常量，可以用有限元静力学分析解决。另外，在工程中存在着更多的机械结构承受随时间变化的载荷，或者在某些载荷的作用下处于振动状态，这些都需要进行有限元动力学分析。例如：机床工作时切削力随时间而变化并导致了机床的振动；房屋结构在地震时受到随机地震力的作用而倒塌；海洋平台在海浪的拍击下发生弯曲与变形等。

动力学分析是结构有限元分析的重要方面。结构在动载荷的激励下，会引发强迫振动。如果结构设计得不好，其本身的固有频率与外界的激励频率合拍，就会激起结构的共振，从而产生超过结构设计所允许的位移和变形，导致结构的破坏。结构的振动特性对结构工作状态及工作特性也有较大的影响，如汽车振动特性的好坏直接决定了乘坐的舒适度，导弹的振动特性决定了导弹命中目标的精确度，机床床身的振动特性也与机床加工的精度有关。动力学分析是对结构在动载荷作用下的动力学响应分析。齿轮的啮合力对轮齿的影响、注射压力造成注塑机模板的变形、子弹对目标的冲击等，这些都需要对结构进行动力学响应分析。

结构动力学分析与静力学分析的关键区别在于加速度。由于加速度的存在，以虚功原理等能量变分为基础得到的单元静力平衡方程不再成立，通常采用达朗贝尔原理得到动力学基本方程。

达朗贝尔原理指出，对处于运动状态的非平衡质点系，如果在每个质点上加上惯性力，则该质点系所受到的所有主动力、约束力和惯性力组成平衡系统。其中，所加的惯性力大小与质点的质量和运动的加速度成正比，其方向与加速度方向相反。达朗贝尔原理提出了解决质点系动力学问题的一个方法。对结构的有限元动力学分析，也应用达朗贝尔原理建立基本方程。

回顾建立有限元基本方程的过程，可以发现，在弹性力学三个基本方程中，物理方程是关于材料力学性质的本构方程，只要材料处于线弹性阶段（对于低碳钢等金属材料就是在屈服之前的阶段），总是满足同样的方程，几何方程也与动力学无关。几何方程描述的是材料的变形与应变之间的关系，必须注意的是这里的"变形"与结构做整体运动时的"位移"之间的区别。只要结构尚处于小变形状态，几何方程保持不变。只有平衡方程，在动力学状态相对于静力学状态有所区别。

根据达朗贝尔原理，"虚拟的"质点系的惯性力和"真实"作用在质点系上的主动力、约束力共同组成平衡力系。也就是说，如果包含质点系的惯性力，可以建立如同静力学平衡

方程一样的动力学基本方程。设材料的密度为 ρ，变形 $u(t)$，则可以得到单位体积材料的惯性力为 $-\rho\ddot{u}$。同时，在动力学研究中，较多地牵涉到材料的变形与运动，则还必须考虑结构阻尼的影响。设阻尼系数为 c，一般认为结构阻尼力与材料运动的速度成正比，因此，阻尼力为 $-c\dot{u}$。于是，可以得到动力学状态下的平衡方程

$$\left.\begin{array}{c}\dfrac{\partial\sigma_x}{\partial x}+\dfrac{\partial\tau_{yx}}{\partial y}+\dfrac{\partial\tau_{zx}}{\partial z}+X+(-\rho\ddot{u})+(-c\dot{u})=0\\[2mm]\dfrac{\partial\tau_{xy}}{\partial x}+\dfrac{\partial\sigma_y}{\partial y}+\dfrac{\partial\tau_{zy}}{\partial z}+Y+(-\rho\ddot{v})+(-c\dot{v})=0\\[2mm]\dfrac{\partial\tau_{xz}}{\partial x}+\dfrac{\partial\tau_{yz}}{\partial y}+\dfrac{\partial\sigma_z}{\partial z}+Z+(-\rho\ddot{w})+(-c\dot{w})=0\end{array}\right\} \tag{7-39}$$

与静力学状态下的平衡方程对比可以发现，除了载荷项有所区别外，两者其实是相同的。因此，可以在虚功原理中外力功的计算部分，引入惯性力和阻尼力的功，从而得到有限元方程。

由虚功原理可知，质点系平衡的充分必要条件为该质点系上所有力在任意虚位移上的虚功之和为零。对于任意的单元，能够产生虚功的力有单元内部的应力以及单元所受到的外力，这里的外力包括惯性力和阻尼力。虚功表达式为

$$\int_V(\delta\boldsymbol{\varepsilon})^{\mathrm{T}}\boldsymbol{\sigma}\mathrm{d}V=\int_V(\delta\boldsymbol{q})^{\mathrm{T}}(\boldsymbol{b}-\rho\ddot{\boldsymbol{q}}-c\dot{\boldsymbol{q}})\mathrm{d}V+\int_\Gamma(\delta\boldsymbol{q})^{\mathrm{T}}\boldsymbol{p}\mathrm{d}S \tag{7-40}$$

注意到，按照单元位移模式及几何分析结果，有

$$\delta\boldsymbol{q}=\boldsymbol{N}(\delta\boldsymbol{q})^{\mathrm{e}},\quad\delta\boldsymbol{\varepsilon}=\boldsymbol{B}(\delta\boldsymbol{q})^{\mathrm{e}}$$

式中，$(\delta\boldsymbol{q})^{\mathrm{e}}$ 是单位位移模式及几何分析结果；$\boldsymbol{N}$ 是单元形函数；$\boldsymbol{B}$ 是几何矩阵。

将上面的虚位移、虚应变代入虚功原理的表达式，并整理后，可以得到

$$\boldsymbol{M}^{\mathrm{e}}\ddot{\boldsymbol{q}}^{\mathrm{e}}+\boldsymbol{C}^{\mathrm{e}}\dot{\boldsymbol{q}}^{\mathrm{e}}+\boldsymbol{K}^{\mathrm{e}}\boldsymbol{q}^{\mathrm{e}}=\boldsymbol{P}^{\mathrm{e}} \tag{7-41}$$

式中，$\boldsymbol{M}^{\mathrm{e}}=\displaystyle\int_V\boldsymbol{N}^{\mathrm{T}}\rho\boldsymbol{N}\mathrm{d}V$，称为单元质量矩阵；$\boldsymbol{C}^{\mathrm{e}}=\displaystyle\int_V\boldsymbol{N}^{\mathrm{T}}c\boldsymbol{N}\mathrm{d}V$，称为单元阻尼矩阵；$\boldsymbol{K}^{\mathrm{e}}=\displaystyle\int_V\boldsymbol{B}^{\mathrm{T}}\boldsymbol{D}\boldsymbol{B}\mathrm{d}V$，与静力学状态一样，是单元刚度矩阵。

从上述表达式可知，质量矩阵、阻尼矩阵和刚度矩阵一样，也是实对称阵（其实，在某些非常特殊的情况下，如流体和固体的耦合作用，阻尼矩阵是不对称的），并且，与刚度矩阵的半正定性质不同，质量矩阵是正定的。这些矩阵的性质给结构振动模态分析带来很大的方便。

按照式（7-41）计算的质量矩阵是对称正定阵，也是一个满阵，这样计算得到的质量矩阵也称为一致质量矩阵，其通过形函数的作用把单元体的质量较为均匀地离散到了节点上。对质量矩阵的另外一种近似方法就是把质量在单元各节点相应自由度上进行平均分配，这样形成的矩阵称为集中质量矩阵。显然，对集中质量矩阵来说，不同节点自由度之间的联系被切断了，因此，必然是对角矩阵。

例如：对平面杆单元，其一致质量矩阵和集中质量矩阵分别为

$$\frac{\rho Al}{6}\begin{pmatrix}2&1\\1&2\end{pmatrix}\quad\text{和}\quad\frac{\rho Al}{2}\begin{pmatrix}1&0\\0&1\end{pmatrix}$$

对于梁单元，其两种质量矩阵分别为

$$\frac{\rho Al}{420}\begin{pmatrix} 156 & 22l & 54 & -13l \\ 22l & 4l^2 & 13l & -3l^2 \\ 54 & 13l & 156 & -22l \\ -13l & -3l^2 & -22l & 4l^2 \end{pmatrix} \quad 和 \quad \frac{\rho Al}{2}\begin{pmatrix} 1 & 0 & 0 & 0 \\ 0 & 0 & 0 & 0 \\ 0 & 0 & 1 & 0 \\ 0 & 0 & 0 & 0 \end{pmatrix}$$

当分析平面问题，采用三节点三角形单元时，所得到的一致质量矩阵和集中质量矩阵分别为

$$\frac{\rho At}{12}\begin{pmatrix} 2 & 0 & 1 & 0 & 1 & 0 \\ 0 & 2 & 0 & 1 & 0 & 1 \\ 1 & 0 & 2 & 0 & 1 & 0 \\ 0 & 1 & 0 & 2 & 0 & 1 \\ 1 & 0 & 1 & 0 & 2 & 0 \\ 0 & 1 & 0 & 1 & 0 & 2 \end{pmatrix} \quad 和 \quad \frac{\rho At}{3}\begin{pmatrix} 1 & 0 & 0 & 0 & 0 & 0 \\ 0 & 1 & 0 & 0 & 0 & 0 \\ 0 & 0 & 1 & 0 & 0 & 0 \\ 0 & 0 & 0 & 1 & 0 & 0 \\ 0 & 0 & 0 & 0 & 1 & 0 \\ 0 & 0 & 0 & 0 & 0 & 1 \end{pmatrix}$$

一般来说，集中质量矩阵是一对角阵，单元各节点自由度之间不耦合，因此，在方程求解和计算时比较方便。而一致质量矩阵利用形函数进行质量的全局离散，考虑了各节点自由度之间的耦合，因此，计算精度相对较高一些，但由于是满阵，计算比较麻烦一些，更要注意的是，计算精度高是对一般的大多数计算问题来说的，对某些特殊结构的动力学问题，计算结果表明，采用集中质量矩阵反而精度更高一些。

阻尼矩阵 C 是对结构在运动中所受到的阻尼进行离散后得到的，反映了运动过程中能量的耗散性质。但实际材料与结构能量耗散的形式与机理各不相同，如流体与固体表面之间的黏性、固体内部的结构阻尼、固体表面的摩擦等都归于阻尼。由于阻尼所包含的形式多种多样，因此，阻尼系数的确定是力学研究的一大困难所在。而且，阻尼矩阵的性质也比较复杂，不像质量矩阵和刚度矩阵那样有正交性等性质。在有限元分析中，阻尼矩阵的分析与处理会比较麻烦，通常的做法是假设阻尼为比例阻尼的近似方法，以简化阻尼矩阵。

式（7-41）是有限元动力学分析的单元基本方程，与静力学状态一样，对结构的单元进行相加（称为单元的组装过程），则单元之间的作用力被相互抵消，得到结构的动力学基本方程

$$M\ddot{q} + C\dot{q} + Kq = P \tag{7-42}$$

与静力学基本方程相比较，动力学基本方程多了位移的导数和二阶导数项，这两项分别表示了节点运动的速度和加速度。由于速度和加速度的存在，式（7-42）实际是二阶常微分方程组，而且，这一方程组的规模极其庞大，如处理 100000 个节点的平面问题，该方程组的方程数就达到 200000 个。如此巨大规模的常微分方程组，给求解带来极大的困难。目前，对这方程的求解，采用的方法有基于正交模态的模态叠加法和基于差分的直接积分法。

7.9 有限元动力学基本分析方法

1. 模态分析与模态叠加法

讨论式（7-42），如果结构没有阻尼，也没有受到外载荷的作用，则方程为

$$\boldsymbol{M}\ddot{\boldsymbol{q}}+\boldsymbol{K}\boldsymbol{q}=0 \tag{7-43}$$

一般情况下，该方程的解是一种振动解，也称式（7-43）为无阻尼自由振动方程。假设结构的各个节点在运动中按照某种相似的运动规律，同步运动，这样的运动状态称为模态。当结构处于模态运动时，各个节点按照相同的频率进行简谐振动，因此，可以假设节点的振动频率均为 ω，则节点 i 的位移可以表示为

$$q_i=\mathrm{e}^{\mathrm{j}\omega t}A_i$$

故节点位移列阵为

$$\boldsymbol{q}=\mathrm{e}^{\mathrm{j}\omega t}\boldsymbol{A} \tag{7-44}$$

其相应的导数为

$$\dot{\boldsymbol{q}}=\mathrm{j}\omega\mathrm{e}^{\mathrm{j}\omega t}\boldsymbol{A}$$
$$\ddot{\boldsymbol{q}}=-\omega^2\mathrm{e}^{\mathrm{j}\omega t}\boldsymbol{A} \tag{7-45}$$

将式（7-44）和式（7-45）代入式（7-43），得

$$-\omega^2\mathrm{e}^{\mathrm{j}\omega t}\boldsymbol{M}\boldsymbol{A}+\mathrm{e}^{\mathrm{j}\omega t}\boldsymbol{K}\boldsymbol{A}=0$$

整理得到

$$\mathrm{e}^{\mathrm{j}\omega t}(-\omega^2\boldsymbol{M}+\boldsymbol{K})\boldsymbol{A}=0$$

注意到上式对任意的时间 t 成立，故有

$$(\boldsymbol{K}-\omega^2\boldsymbol{M})\boldsymbol{A}=0 \tag{7-46}$$

式（7-46）是一个实对称矩阵的广义特征值问题。式（7-46）通常具有这样的特点。

（1）规模巨大　对于有限元分析所形成的广义特征值问题，有限元计算模型的节点及总自由度随着求解问题的复杂而急剧地增加，从而导致方程规模的巨大。在有限元分析中，几十万阶的方程是常见的，大规模问题可以达到几百万、上千万的规模。这样巨大规模的广义特征值问题，求解其全部特征对是不可能的，也是毫无必要的。

（2）矩阵具有稀疏性　由于有限元问题的总质量矩阵和总刚度矩阵都是单元质量矩阵和单元刚度矩阵按照单元组成形式组装集聚而成的，因此，只有相互共享节点的单元之间有着位移的联系及力的传递，也就意味着在总质量矩阵和总刚度矩阵中它们所对应的自由度之间是耦合的，总质量矩阵和总刚度矩阵也就成为带状稀疏矩阵。在对单元及节点编号进行一定的优化后，可以使这样的带状稀疏特征更加强化。

由于式（7-46）的这两个特点，方程的求解一般采用数值方法求解，如子空间迭代法、分块兰索斯搜索法等。

求解式（7-46），可以得到其特征对为

$$\left.\begin{array}{l}\omega_1,\omega_2,\omega_3,\cdots,\omega_n\\\boldsymbol{\Phi}_1,\boldsymbol{\Phi}_2,\boldsymbol{\Phi}_3,\cdots,\boldsymbol{\Phi}_n\end{array}\right\} \tag{7-47}$$

满足

$$(\boldsymbol{K}-\omega_i^2\boldsymbol{M})\boldsymbol{\Phi}_i=0 \tag{7-48}$$

式中，ω_i 是系统的第 i 阶固有频率；$\boldsymbol{\Phi}_i$ 则是对应的振型。

模态分析就是计算结构的固有频率和振型。尽管从理论上说，系统所具有的模态阶数等于系统的总自由度数，也等于特征方程的个数，对于有限元来说，常常意味着有几十万个模态，但正如前面所说，在实际问题中，无法计算，也不需要计算这么多的模态。通常可以根据问题复杂的程度以及感兴趣的频率范围，计算分析前几阶或前几十阶模态就可以了。

结构的模态相对于刚度矩阵和质量矩阵有正交性，即

$$\boldsymbol{\Phi}_i^{\mathrm{T}} \boldsymbol{K} \boldsymbol{\Phi}_j = \begin{cases} 0, i \neq j \\ K_{ii}, i = j \end{cases}$$

$$\boldsymbol{\Phi}_i^{\mathrm{T}} \boldsymbol{M} \boldsymbol{\Phi}_j = \begin{cases} 0, i \neq j \\ M_{ii}, i = j \end{cases} \qquad (7\text{-}49)$$

由刚度矩阵和质量矩阵的正交性，可以通过振型矩阵的作用，使刚度矩阵和质量矩阵实现对角化，从而达到方程解耦的目的，即

$$\boldsymbol{\Phi}_i^{\mathrm{T}} \boldsymbol{K} \boldsymbol{\Phi}_j = \mathrm{diag} \boldsymbol{K}$$

$$\boldsymbol{\Phi}_i^{\mathrm{T}} \boldsymbol{M} \boldsymbol{\Phi}_j = \mathrm{diag} \boldsymbol{M} \qquad (7\text{-}50)$$

对阻尼矩阵，由于一般阻尼矩阵不具有正交性，因此，也不能通过振型矩阵的作用实现对角化。一般，可以假设阻尼为比例阻尼

$$\boldsymbol{C} = \alpha \boldsymbol{M} + \beta \boldsymbol{K} \qquad (7\text{-}51)$$

比例阻尼把阻尼看作是质量矩阵和刚度矩阵的线性组合，可以在振型矩阵的作用下实现对角化。但其中比例系数 α 和 β 的确定是比较困难的。

由于 n 个正交的振型向量构成了 n 维空间的一组基向量，因此，任意的 n 维向量可以由这组基向量线性地表示，而结构在外载荷作用下的真实响应，显然也是一 n 维向量，也可以用基向量表示，即

$$x = a_1 \boldsymbol{\Phi}_1 + a_2 \boldsymbol{\Phi}_2 + \cdots + a_n \boldsymbol{\Phi}_n = \sum a_i \boldsymbol{\Phi}_i \qquad (7\text{-}52)$$

式中，模态坐标 $(a_1, a_2, \cdots, a_n)$ 可根据结构的初始条件确定。当然，这里的振型数量也不需要取全部振型，只要前几阶或前几十阶就够了。根据问题的复杂程度、分析的频率范围来决定截断的振型数目。这种求解响应的方法称为模态叠加法。模态叠加法是有限元动力学计算的一种常用方法，特别是在结构模态已经计算出来的情况下，采用模态叠加法计算响应具有较大的优势，而模态计算对大部分机械结构的动力学分析来说，是必需的。

2. 差分法

结构的动力学分析，除了模态分析可了解结构的振动特性外，还常常要了解结构在外载荷的作用下所发生的位移、速度、加速度、应力、应变等力学参量随时间、载荷的变化过程。这样的分析计算称为结构的动力学响应分析。在前面介绍过，模态振型具有正交性，可以看作 n 维空间的一组基向量，结构的响应可以被该组基向量表示出来，只要对结构的初始位移、初始速度等初始条件进行振型变换，就可以得到动力学响应。这样的方法就是模态叠加法。计算动力学响应的另一种方法就是直接积分法。直接积分就是通过数值积分的手段，直接求解微分方程式（7-42）。

式（7-42）是二阶常微分方程，与有限元静力学方程的区别在于包含了节点位移的导数（速度）与二阶导数（加速度）项。速度与加速度项的存在使得不能直接进行方程的求解。需要先对速度与加速度项进行一些处理，把方程从微分方程转换为线性代数方程，才可能进行求解。利用差分的方法对速度与加速度进行展开，可以得到所需要的线性代数方程。

设节点位移是时间 t 的函数 $\boldsymbol{q} = \boldsymbol{q}(t)$，分析计算的总时间为 T，把总时间分成 n 等份，则每一等份时间为 $\Delta t = \dfrac{T}{n}$，计算每一等份末了时刻的节点位移作为节点的总体动力学位移响

应。设在任意第 k 个等份时刻的位移为 $\boldsymbol{q}_k$，则其前、后时刻的节点位移分别为 $\boldsymbol{q}_{k-1}$ 和 $\boldsymbol{q}_{k+1}$，则在等份时间 Δt 充分小的情况下，可以有如下的泰勒展开式：

$$\left. \begin{aligned} \boldsymbol{q}_{k+1} &= \boldsymbol{q}_k + \dot{\boldsymbol{q}}_k(\Delta t) + \frac{1}{2}\ddot{\boldsymbol{q}}_k(\Delta t)^2 + O(\Delta t^3) \\ \boldsymbol{q}_{k-1} &= \boldsymbol{q}_k - \dot{\boldsymbol{q}}_k(\Delta t) + \frac{1}{2}\ddot{\boldsymbol{q}}_k(\Delta t)^2 + O(\Delta t^3) \end{aligned} \right\} \tag{7-53}$$

对 $\boldsymbol{q}_{k-1}$ 和 $\boldsymbol{q}_{k+1}$ 的展开式分别加、减，可以得到

$$\dot{\boldsymbol{q}} = \frac{\boldsymbol{q}_{k+1} - \boldsymbol{q}_{k-1}}{2\Delta t}$$

$$\ddot{\boldsymbol{q}} = \frac{\boldsymbol{q}_{k+1} - 2\boldsymbol{q}_k + \boldsymbol{q}_{k-1}}{(\Delta t)^2} \tag{7-54}$$

式（7-54）称为对时间的中心差分，其计算精度是 Δt 的三次方。将式（7-54）代入动力学基本方程式（7-42），则得到

$$\boldsymbol{M}\frac{\boldsymbol{q}_{k+1} - 2\boldsymbol{q}_k + \boldsymbol{q}_{k-1}}{(\Delta t)^2} + \boldsymbol{C}\frac{\boldsymbol{q}_{k+1} - \boldsymbol{q}_{k-1}}{2\Delta t} + \boldsymbol{K}\boldsymbol{q}_k = \boldsymbol{P}_k \tag{7-55}$$

如果已经知道在 k 时刻的位移 $\boldsymbol{q}_k$ 和 $k-1$ 时刻的 $\boldsymbol{q}_{k-1}$，则从式（7-55）可以解出 $k+1$ 时刻的位移 $\boldsymbol{q}_{k+1}$，有

$$\left(\frac{1}{(\Delta t)^2}\boldsymbol{M} + \frac{1}{2\Delta t}\boldsymbol{C}\right)\boldsymbol{q}_{k+1} = \boldsymbol{P}_k + \left(\frac{2}{(\Delta t)^2}\boldsymbol{M} - \boldsymbol{K}\right)\boldsymbol{q}_k + \left(\frac{1}{2\Delta t}\boldsymbol{C} - \frac{1}{(\Delta t)^2}\boldsymbol{M}\right)\boldsymbol{q}_{k-1} \tag{7-56}$$

式（7-56）已经是线性代数方程了，可以方便地利用各种线性代数方程的方法有效地求解，有

$$\boldsymbol{q}_{k+1} = \left(\frac{1}{(\Delta t)^2}\boldsymbol{M} + \frac{1}{2\Delta t}\boldsymbol{C}\right)^{-1} \times \left[\boldsymbol{P}_k + \left(\frac{2}{(\Delta t)^2}\boldsymbol{M} - \boldsymbol{K}\right)\boldsymbol{q}_k + \left(\frac{1}{2\Delta t}\boldsymbol{C} - \frac{1}{(\Delta t)^2}\boldsymbol{M}\right)\boldsymbol{q}_{k-1}\right] \tag{7-57}$$

中心差分所需要的 $\frac{1}{(\Delta t)^2}\boldsymbol{M} + \frac{1}{2\Delta t}\boldsymbol{C}$ 对于大多数应用问题来说是固定不变的，因此，方程系数阵的逆阵也是不变的；或者说，只要在求解开始时，求出 $\frac{1}{(\Delta t)^2}\boldsymbol{M} + \frac{1}{2\Delta t}\boldsymbol{C}$ 的逆阵，以后的运算过程中，不再需要对该矩阵进行求逆的计算，只要计算矩阵的乘积就可以了。由于矩阵乘积的计算量远远小于逆阵的计算量，因此，采用中心差分的动力学求解方法求解线性代数方程的计算量并不很大，这也是中心差分的一个优点。但中心差分是条件稳定的，也就是说，它的时间步长 Δt 必须小于某一特定值（该特定值称为临界步长）。如果在计算过程中，时间步长大于临界步长，则计算中的误差就会被累积并逐渐放大。随着计算步的增加，误差在"解"中占据了主要的地位，这样得到的"解"其实已经完全不可用了。究其原因，是因为中心差分对 k 时刻建立差分方程求解 $k+1$ 时刻的位移。于是，提出了在 $k+1$ 时刻差分方程的基础上求解位移的方法，称为隐式差分格式，而中心差分则被称为显式差分格式。隐式差分格式有许多，它们都是建立在 $k+1$ 时刻微分方程的不同差分近似上的，其中，最常用的是纽马克（Newmark）法。纽马克法是线性加速度法的一种推广，其基本假设为

$$\left. \begin{aligned} \dot{\boldsymbol{q}}_{k+1} &= \ddot{\boldsymbol{q}}_k + [(1-\beta)\ddot{\boldsymbol{q}}_k + \beta\ddot{\boldsymbol{q}}_{k+1}]\Delta t \\ \dot{\boldsymbol{q}}_{k+1} &= \boldsymbol{q}_k + \dot{\boldsymbol{q}}_k[(0.5-\alpha)\ddot{\boldsymbol{q}}_k + \alpha\ddot{\boldsymbol{q}}_{k+1}](\Delta t)^2 \end{aligned} \right\} \tag{7-58}$$

纽马克法是在 $k+1$ 时刻对微分方程进行离散建立差分方程的，也就是

$$M\ddot{q}_{k+1}+C\dot{q}_{k+1}+Kq_{k+1}=P_{k+1} \tag{7-59}$$

将差分格式（7-58）代入式（7-59），可以得到

$$\widetilde{K}q_{k+1}=P_{k+1}+M\left[\frac{1}{\alpha(\Delta t)^2}q_k+\frac{1}{\alpha\Delta t}\dot{q}_k+\left(\frac{1}{2\alpha}-1\right)\ddot{q}_k\right]+$$

$$C\left[\frac{\beta}{\alpha\Delta t}q_k+\left(\frac{\beta}{\alpha}-1\right)\dot{q}_k+\left(\frac{\beta}{2\alpha}-1\right)\Delta t\ddot{q}_k\right] \tag{7-60}$$

其中

$$\widetilde{K}=K+\frac{1}{\alpha(\Delta t)^2}M+\frac{\beta}{\alpha\Delta t}C$$

与显式中心差分不同，隐式纽马克法求解需要对 $\widetilde{K}$ 进行逆矩阵的计算，而其中所含有的刚度矩阵 K，当材料处于非线性状态时与应力状态有关，因此，当加载的时间步向前迈进时刚度矩阵也随之改变。纽马克法需要对等效的刚度矩阵 $\widetilde{K}$ 进行随时的逆矩阵计算，这是纽马克法的主要困难。纽马克法在下面条件

$$\left.\begin{array}{l}\beta\geqslant 0.5\\\alpha\geqslant 0.25(0.5+\beta)^2\end{array}\right\} \tag{7-61}$$

得到满足的情况下，是无条件稳定的。也就是说，在进行数值积分时，时间步长 Δt 可以取得较大，从而可以将求解的时间区间划分成较少的时间步，以减少求解的计算量。这时，对时间步长 Δt 的选取完全依所要求的计算精度而定，不必考虑计算稳定性的要求。

纽马克法以其无条件稳定的性质，在有限元动力学响应计算中得到广泛应用。在ANSYS 等通用软件中，纽马克法常作为隐式计算的默认算法。

第8章

有限元分析中的若干问题

8.1 有限元计算模型的建立

1. 有限元建模的准则

有限元建模的准则是根据工程分析精度要求，建立合适的能模拟实际结构的有限元模型。在连续体离散化及用有限个参数表征无限个形态自由度过程中不可避免地引入了近似。为使分析结果有足够的精度，所建立的有限元模型必须在能量上与原连续系统等价。具体应满足下述准则。

1）有限元模型应满足平衡条件，即结构的整体和任一单元在节点上都必须保持静力平衡。

2）有限元模型应满足变形协调条件。交汇于一个节点上的各元素在外力作用下，引起元素变形后必须仍保持交汇于一个节点。整个结构上的各个节点，也都应同时满足变形协调条件。若用协调元，元素边界上也满足相应的位移协调条件。

3）有限元模型应满足边界条件（包括整个结构边界条件及单元间的边界条件）和材料的本构关系。

4）刚度等价原则。有限元模型的抗弯、抗扭及抗剪刚度应尽可能等价。

5）认真选取单元，使之能很好地反映结构构件的传力特点，尤其是对主要受力构件，应做到尽可能的不失真。在单元内部所采用的应力和位移函数必须是当单元大小递减时有限元解趋于连续系统的精确解。对于非收敛元，应避免使用。

6）应根据结构特点、应力分布情况、单元的性质、精度要求及计算量大小等仔细划分计算网格。

7）在几何上要尽可能地逼近真实的结构体，其中特别要注意曲线与曲面的逼近问题。

8）仔细处理载荷模型，正确生成节点力，同时载荷的简化不应跨越主要受力构件。

9）质量的堆积应满足质量质心、质心矩及惯性矩等效要求。

10）超单元的划分尽可能单级化并使剩余结构最小。

2. 边界条件的处理

对于基于位移模式的有限元法，在结构的边界上必须严格满足已知的位移约束条件。例如：某些边界上的位移、转角等于零或已知值，计算模型必须让它能实现这一点。对于自由边的条件可不予考虑。

当边界与另一个弹性体紧密相连，构成弹性边界条件时，可分两种情况来处理。当弹性体对边界节点的支承刚度已知时，则可将它的作用简化为弹簧，在此节点上加一边界弹簧元，如图 8-1a 所示；当它对边界节点的支承刚度不清楚时，则可将此弹性体的一部分划分出来和结构连在一起进行分析，所划分区域的大小视其有影响的区域大小而定，如图 8-1b 所示。

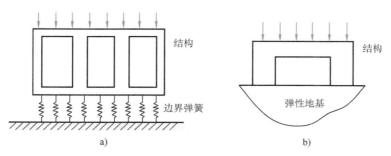

图 8-1　两种弹性边界条件

当整个结构存在刚体运动的可能性和局部几何可变机构时，就无法进行静力、动力分析。为此，必须根据结构的实际边界位移约束情况，对模型的某些节点施加约束，消除刚体运动和局部几何可变机构的可能性。平面问题中应消去两个刚体平移运动和一个刚体转动；在三维问题中应消去三个刚体平移运动和三个刚体转动。

如果这些消除模型刚体位移的约束加得恰当，则在约束处不会出现不正常的支反力，如果不恰当，会改变结构原来的受力状态和边界条件，从而将得到错误的结果。例如：图 8-2a 所示的轴对称受力模型，必须在点 A（或点 B）加一个约束支座以消除刚体位移（图 8-2b）；但它不能同时在点 A 和点 B 施加约束支座（图 8-2c），否则将出现多余的约束，改变原结构的力学形态。

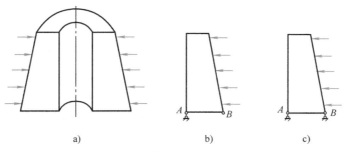

图 8-2　轴对称受力模型

在受自相平衡力系的三维刚架结构中，为消除刚体位移，可以有多种施加约束支座的方案，如图 8-3a～c 所示。这几种消除刚体位移的方案在支座上不会出现支反力，对刚架内部点的变形和内力没有影响，只是彼此所得的位移值差一个常数（相当于位移的零点选的不同），所以这几种消除刚体位移的方案都是正确的。但是若在所加的这些约束之外，在刚架上添加新的支座，如图 8-3d 所示，则可能在支座上出现支反力，并完全改变刚架原来的力学特性。

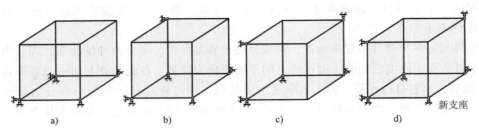

图 8-3 三维刚架的约束支座

3. 连接条件的处理

一个复杂结构常常是由杆、梁、板、壳、二维体、三维体等多种形式的构件组成。由于梁、板、壳、二维体、三维体之间的自由度个数不匹配，因此在梁和二维体，板、壳与三维体的交接处，必须加以妥善处理，否则模型会失真，得不到正确的计算结果。

例如：平面梁的每个节点有 u、v、θ 3 个自由度，而平面只有 $\bar{u}$、$\bar{v}$ 两个自由度，当这两种构件连接在一起时（图 8-4），交点 i 处的自由度不协调，如果只使 $u_i = \bar{u}_i$，$v_i = \bar{v}_i$，而不管转角 θ，显然与原结构不符合。

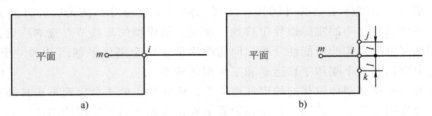

图 8-4 平面梁与平面连接的两种处理

为此可以采用两种办法来处理。一种是人为地将梁往平面中延伸一段，使 m、i 两点处平面梁和平面的位移一致，从而满足两种构件的连接条件（图 8-4a）。另一种（图 8-4b）是在连接处使平面梁与平面的变形之间，满足如下约束关系，即

$$u_i = \bar{u}_i, v_i = \bar{v}_i, \theta = \frac{\bar{u}_j - \bar{u}_k}{2l} \tag{8-1}$$

式中，u_i、v_i、θ_i 是平面梁点 i 的位移和转角；$\bar{u}_i$、$\bar{v}_i$、$\bar{u}_j$、$\bar{u}_k$ 是平面上点 i、j、k 的位移。

在复杂结构中，常常还遇到其他一些连接关系。例如：两梁在点 A 用铰链连接在一起形成交叉梁（图 8-5a），这时点 A 梁 1 和梁 2 的位移（u，v，w）之间应有下列关系，即

$$u_1 = u_2, v_1 = v_2, w_1 = w_2 \tag{8-2}$$

这样，两根梁的转角在点 A 可以不一样。

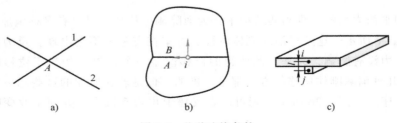

图 8-5 几种连接条件

物体 A 与 B 之间若满足滑动连接关系（图 8-5b）则在点 i 存在位移约束关系，即

$$v_A = v_B \tag{8-3}$$

而该点的切向位移 u 在两个物体上可不相同。

梁和板紧贴在一起，而板的节点 i 与梁的节点 j 之间有一段距离 l（图 8-5c），这时可以把节点 i、j 之间看成存在刚体连接关系。于是两点的位移之间有如下的关系式成立，即

$$\left.\begin{aligned}
u_i &= u_j - \theta_j^y l, & \theta_i^x &= \theta_j^x \\
v_i &= v_j - \theta_j^x l, & \theta_i^y &= \theta_j^y \\
w_i &= w_j, & \theta_i^z &= \theta_j^z
\end{aligned}\right\} \tag{8-4}$$

在复杂结构中，还能遇到各种各样其他的连接关系，只要将这些连接关系彻底弄清，就能写出相应的位移约束关系式，这些关系式称为构件间复杂的连接条件，同时在计算中使程序严格满足这些条件。

应当指出，在不少实用结构分析有限元程序中，已为用户提供输入连接条件的接口，用户只需严格遵守用户使用规定，程序将自动处理自由度之间用户所规定的位移约束条件。

8.2 减小解题规模的常用措施

对于大型复杂的结构，如果直接对全结构进行离散并建立求解方程，无疑方程的规模很大，造成对计算机存储过高的要求，而且计算量也可能过大。因此，在有限元工程实际应用中，要减少计算规模，从而达到降低对计算机资源的要求并提高计算效率。

1. 对称性和反对称性

对称性和反对称性常用来缩减有限元分析的工作量。对称性是问题的几何形状、物理性质、载荷分布、边界条件、初始条件都满足对称性。反对称性是问题的几何形状、物理性质、边界条件、初始条件都满足对称性，而载荷分布满足反对称性。如果某分析问题对一个坐标轴对称或反对称，则只需计算原问题的 $1/2$；如果同时对两个坐标轴对称或反对称，则只需计算原问题的 $1/4$；如同时对三个坐标轴对称或反对称，则只需计算原问题的 $1/8$。为使结构与原来的问题性质相同，则应在对称面上附加相应的对称性或反对称性约束条件。

1）对称性约束条件。在对称面上，垂直于对称面的位移分量为零，切应力为零。对于刚架结构，对称面上的剪力为零，垂直于对称面的位移为零，转角为零。例如：在图 8-6a 中的平面问题，利用对称性条件，可简化为原问题的 $1/4$，但必须在 OA 和 OB 边上加上相

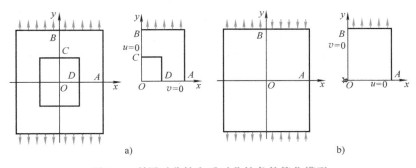

图 8-6 利用对称性和反对称性条件简化模型

应的位移对称约束条件。

2）反对称性约束条件。在对称面上，平行于对称面的位移分量为零，正应力为零。对于刚架结构，对称面上的弯矩为零，平行于对称面的位移为零。例如：在图 8-6b 中的平面问题，对 x 轴对称，对 y 轴反对称，利用反对称性条件，可简化为原问题的 1/4，同样必须在 OA 和 OB 边上加上相应的位移对称约束条件。

3）如果一个结构在几何上具有对称性，仅载荷不对称，仍可利用对称性将问题的规模缩小，即可以将载荷分解成对称与反对称两部分之和，于是原问题化为求解一个对称问题和反对称问题。例如：如图 8-7 所示，三通管头上受非对称扭矩，可以将其转化为对称与反对称两部分之和。

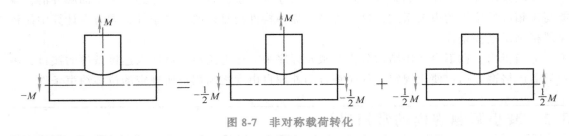

图 8-7　非对称载荷转化

2. 周期性条件

机械上有许多旋转零部件，像发电机转子、空气压缩机叶轮、飞轮等，其结构形式和所受的载荷呈现周期性变化的特点。对这种结构如果按整体进行分析，计算量较大；如果利用这些结构上的特点，只切出其中一个周期来分析，计算量就减为原来的 $1/n$（n 为周期数）。为了反映切取部分对余下部分结构的影响，在切开处必须使它满足周期性约束条件，也就是说，在切开处对应位置的相应量相等。

3. 降维处理和几何简化

对于一个复杂结构或待分析的工程构件，可根据它们在几何上、力学上、传热学上的特点，进行降维处理，即一个三维问题，如果可以忽略某些几何上的细节或次要因素，就近似地按照二维问题来处理。一个二维问题若能近似地看成一维问题，就尽可能地按照一维问题进行计算。维数降低一维，计算量就降低几倍、几十倍，甚至更多。

例如：像连杆、球轴承、飞轮等许多机械零件，都可近似当成平面问题来处理。

在复杂结构的计算中，应尽可能减少其按三维问题来处理的部分。事实上，现代机械设计中进行工程计算的真正目的，往往是求出结构最大承载能力和最薄弱的区域，这种处理方法虽然会带来误差，但一般都能满足工程上的设计要求，而计算成本却能大大降低。如果对个别细节部分分析后仍不满意，则可将这一小块挖出来，再作为三维问题来处理。

许多机械零件上经常设计有一些小圆孔、圆角、倒角、凸台、退刀槽等几何细节，只要这些几何细节不是位于应力峰值区域分析的要害部位，根据圣维南（Saint-Venant）原理，在分析时可以将其忽略。

4. 子结构技术

对于大型结构，特别是带有多个相同部件的大型结构，目前广泛采用多重静力子结构和多重动力子结构的求解技术。

子结构技术是将一个大型复杂结构看成是由许多一级子结构（超单元）和一些单元拼

成的，而这些一级子结构又是由许多二级子结构和一些单元拼成的，二级子结构又是由三级子结构和单元拼成的……这样一直分下去，分成若干级，最高级子结构则完全由单元组成。

每一级子结构设置出口节点（边界节点），子结构的拼装就是通过各出口节点连接完成的。子结构内部节点的自由度由出口节点自由度和子结构内部所受的载荷确定。通过子结构内部刚度矩阵的集合，建立出口节点自由度和节点反力之间的关系（子结构刚度矩阵）。

求解从高级子结构开始，并且不分析重复的子结构，然后逐级把应变、应力等参量提供给低一级子结构，最后到主结构求解。解除主结构的未知量后，再逐级解高一级子结构的未知量。在每一级求解中，由于只包含本级所用到的单元的节点和高一级子结构的出口节点（内部点已消去，其影响已化到这些边界点上），所以求解的规模都不大。

这种方法实质上是对一个大型结构利用结构在构造和几何上的特点，将它分解为若干子结构，先在子结构的基础上进行离散和自由度缩减，然后再集成，此时结构总体的求解方程的自由度可以大大减少，且在有相同形状子结构的情况下还可以进一步省去形成相同形状子结构矩阵的计算量。

5. 线性近似化

工程上对于一些呈微弱非线性的问题，常作为线性问题处理，所得到的结果既能满足要求，成本又不高。例如：许多混凝土结构（水坝、高层建筑、冷却塔、桥梁等）实际上都是非线性结构，其非线性现象较弱，初步分析时可以将其看作线性结构处理。只有当分析其破坏形态时，才按非线性考虑。

6. 多载荷工况的合并处理

当对结构进行多种载荷工况的分析时，如果每一种都作为一个新问题分析一次，则每次都需要方程系数矩阵的三角分解，计算量很大。一个较好的处理方法是将每一种载荷向量 R_i 合并成载荷矩阵 R，一起进行求解。这样，方程系数矩阵只需进行一次三角分解，于是计算量就大大降低了。

对于线性问题还可以将作用载荷分解成标准载荷模式。每一种载荷工况是由这些标准的载荷模式组合而成。这时，先解出标准载荷模式作用下的解，如在载荷模式 R_a、R_b、R_c 之下的解为 u_a、u_b、u_c。

若第一种工况的载荷为

$$R = aR_a + bR_b + cR_c \tag{8-5}$$

则它对应的解为

$$u = au_a + bu_b + cu_c \tag{8-6}$$

式中，a、b、c 是线性组合系数。当载荷工况很多时，这种采用标准模式线性组合的方法，也可以节省许多求解时间。

第9章

有限元分析应用实例

有限元分析是求解二阶偏微分方程组的一个有效的数值手段，其理论基础是广义能量变分原理，其实现过程依赖于计算机技术（软硬件）的快速发展。目前有限元分析已经在固体力学、流体力学、机械设备、电磁场、电子封装、土木建筑、航空航天等领域得到了极其广泛的应用，并且出现了诸多大型通用有限元软件，能够方便地进行各种分析计算。作为机械专业技术人员，掌握这些软件的应用，能够对相关机械工程问题进行有限元分析并得到正确的结果，是对学习有限元的基本要求。通过一定的练习是掌握有限元软件程序的必要步骤。

商业有限元软件应用主要分成前处理、求解计算、后处理三大部分。其中，前处理的任务是建立结构的几何模型，并经单元划分得到有限元模型。在求解计算部分，主要是求解有限元基本方程。在静力学部分，主要是求解线性代数方程组；在动力学响应部分，求解差分变换后的线性代数方程组；在模态分析部分，主要是求解广义特征值问题。在后处理部分，主要是对计算得到的单元、节点结果进行图形显示。在静力学部分，主要是变形、应变、应力；在模态分析部分，主要是固有频率和振型；在动力学响应部分，主要显示节点的位移、速度、加速度、应变、应力等参量的时间函数，也可以得到节点的频率响应函数，还可以进行一定的数学计算（初等数学计算和某些高等数学计算）得到新的函数，从而拓宽了所能够得到的动力学响应的种类，大多数动力学响应的处理和显示需要在时间历程处理器里完成。

例 9-1　桁架问题

图 9-1 所示为平面桁架，求支座反力和各杆的轴力。弹性模量为 $2.1 \times 10^{11} \mathrm{Pa}$，泊松比为 0.3，$p = 500 \mathrm{N}$，各个杆的横截面面积均为 $0.01 \mathrm{m}^2$。

GUI 操作方式如下。

（1）定义工作文件名　依次选择 "Utility Menu"→"File"→"Change Jobname"，在弹出的如图 9-2 所示的对话框中输入 "truss"，在 "New log and error files?" 中选择 "Yes"，再单击【OK】按钮。

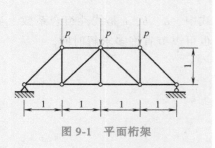

图 9-1　平面桁架

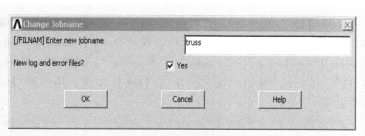

图9-2 定义工作文件名

（2）定义单元类型 依次选择"Main Menu"→"Preprocessor"→"Element Types"→"Add/Edit/Delete"，弹出一个对话框，单击【Add】按钮，又弹出一个"Library of Element Types"对话框。在"Library of Element Types"对话框左面的列表框中选择"Link"，在右面的列表框中选择"2D spar 1"，如图9-3所示。单击【OK】按钮，再单击【Close】按钮，完成单元类型的定义。

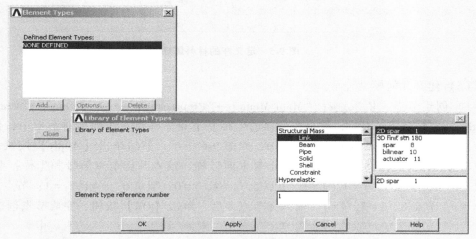

图9-3 定义杆的单元对话框

（3）定义设置实常数 依次选择"Main Menu"→"Preprocessor"→"Real Constants"→"Add/Edit/Delete"，弹出一个"Real Constants"对话框，单击【Add】按钮，又弹出"Element Type for Real Constants"对话框，单击【OK】按钮，又弹出如图9-4所示的"Real Constant Set Number 1, for LINK1"对话框，在"AREA"文本框

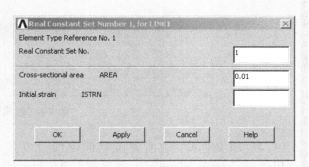

图9-4 定义杆的横截面面积

中输入杆的横截面面积"0.01"。单击【OK】按钮，关闭对话框，再单击【Close】按钮。

（4）定义材料属性 依次选择"Main Menu"→"Preprocessor"→"Material Props"→"Material Models"，弹出如图9-5所示的对话框，在"Material Models Available"列表框中，依次打开"Structural"→"Linear"→"Elastic"→"Isotropic"，又弹出一个对话框，输入弹性模量EX"2.1e11"，泊松比PRXY"0.3"，单击【OK】按钮，再选择"Material"→"Exit"，完成材料属性的定义。

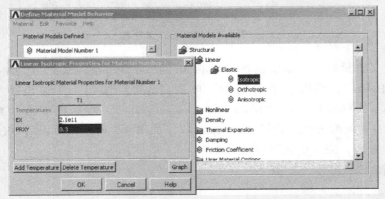

图9-5 定义杆的材料属性

（5）建立几何模型

1）创建节点。依次选择"Main Menu"→"Preprocessor"→"Modeling"→"Create"→"Nodes"→"In Active CS"，就是在当前的坐标系下建立节点。在弹出对话框中，依次输入节点的编号1，节点坐标$x=0$，$y=0$，如图9-6所示。然后单击【Apply】按钮，输入节点编号2，节点坐标$x=1$，$y=0$。重复上面过程，输入其他节点编号和坐标：节点3，$x=2$，$y=0$；节点4，$x=3$，$y=0$；节点5，$x=4$，$y=0$；节点6，$x=1$，$y=1$；节点7，$x=2$，$y=1$；节点8，$x=3$，$y=1$。输入完节点8后，单击【OK】按钮，完成节点创建。

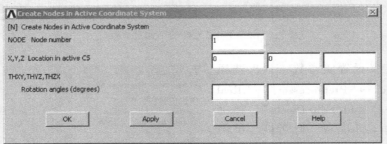

图9-6 创建节点

2）创建单元。为清楚看到图中的节点和单元编号，依次选择"Unility Menu"→"PlotCtrls"→"Numbering"，弹出如图9-7所示的对话框，将"NODE Node numbers"选项设置为"on"，将"Elem/Attrib numbering"选项设置为"Element numbers，然后单击【OK】按钮。依次选择"Main Menu"→"Preprocessor"→"Modeling"→"Create"→"Elements"→"Auto Numbered"→"Thru Nodes"，就是通过连接节点创建单元，弹出如图9-8

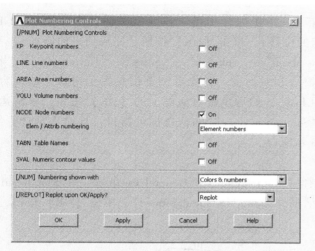

图 9-7 节点编号显示选择对话框

图 9-8 创建单元对话框

所示 "Elements from Nodes" 对话框，在绘图窗口用鼠标依次拾取节点 1、2，单击鼠标中键，重复以上过程，依次拾取节点 1，6；2，6；2，3；2，7；6，7；3，7；3，4；4，7；7，8；4，8；4，5；5，8，然后单击【OK】按钮，完成桁架模型的创建，如图 9-9 所示。

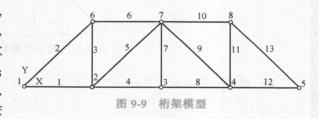

图 9-9 桁架模型

（6）施加载荷　依次选择 "Main Menu"→"Solution"→"Define lodes"→"Apply"→"Structural"→"Force/Moment"→"On Nodes"，弹出 "Apply F/M on Nodes" 对话框，在绘图窗口用鼠标依次拾取节点编号 6、7、8，单击【OK】按钮，又弹出如图 9-10 所示的对话框，在 "Lab Direction of force/mom" 选项中选择 "FY"，在 "VALUE Force/moment value" 文本框中输入力数值 "-500"。单击【OK】按钮，完成载荷的施加。

（7）施加约束　依次选择 "Main Menu"→"Solution"→"Define lodes"→"Apply"→"Structural"→"Displacement"→"On Nodes"，弹出 "Apply U, ROT on Nodes" 对话框，在绘图窗口用鼠标拾取节点编号是 1 的节点，单击鼠标中键，又弹出如图 9-11 所示的对话框，在 "Lab2 DOFs to be constrained" 选项中选择 "All DOF"（即约束所有的位移），

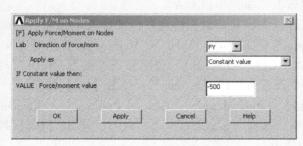

图 9-10 施加载荷对话框

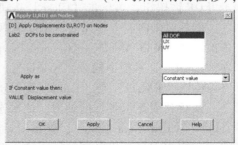

图 9-11 施加约束对话框

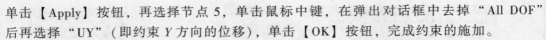

单击【Apply】按钮，再选择节点5，单击鼠标中键，在弹出对话框中去掉"All DOF"后再选择"UY"（即约束 Y 方向的位移），单击【OK】按钮，完成约束的施加。

（8）求解 依次选择"Main Menu"→"Solution"→"Solve"→"Current LS"（当前载荷下的解），弹出一个信息提示窗口和对话框。首先要浏览信息提示窗口上的内容，确认无误后，依次选择"File"→"Close"，然后单击对话框上的【OK】按钮，求解运算开始运行，直到屏幕上出现一个"Solution is done"的信息提示窗口，这时表示计算结束，单击【Close】按钮→关闭信息提示窗口。

（9）浏览运算结果

1）查看变形结果。依次选择"Main Menu"→"General Postproc"→"Plot Results"→"Deformed Shape"，弹出一个对话框，选择"Def+undeformed"，单击【OK】按钮，生成的结果如图 9-12 所示。

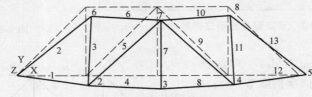

图 9-12 桁架变形结果显示

2）制作结果动画。依次选择"Utility Menu"→"PlotCtrls"→"Animate"→"Deformed Shape"，弹出"Animate Deformed Shape"对话框，默认其上选择，单击【OK】按钮，可以观察到桁架的变形动画。

3）列表显示各节点的位移。依次选择"Main Menu"→"General Postproc"→"List Results"→"Nodal Solution"，弹出对话框，将"Item, Comp"选项分别设置为"DOF solution"与"All DOFs DOF"，单击【OK】按钮，程序列表显示节点位移结果。

4）提取支座反力。依次选择"Main Menu"→"General Postproc"→"List Results"→"Reaction Solu"，弹出对话框，选择"All items"，单击【OK】按钮，弹出支座反力列表。

5）提取杆件的轴力。首先定义轴向应力单元表。依次选择"Main Menu"→"General Postproc"→"Element Table"→"Define Table"，弹出定义单元表对话框，单击【Add】按钮，弹出定义单元表项对话框，在"Lab"文本框中输入"S-axis"，将"Item, Comp"选项分别设置为"By sequence num"与"LS"，并在其下的文本框中输入"LS, 1"，单击【OK】按钮，再单击【Close】按钮退出，如图 9-13 所示。

然后对轴向应力单元表 S-axis 乘以杆件的横截面面积得到杆件的轴力单元表 N-axis。依次选择"Main Menu"→"General Postproc"→"Element Table"→"Multiply"，弹出对话框，在"LabR"文本框中输入"N-axis"，"FACT1"与"Lab1"选项分别设置为"0.01"与"S-axis"，"FACT2"与"Lab2"选项分别设置为"1"与"none"，单击【OK】按钮。

最后列表显示各杆的轴力。依次选择"Main Menu"→"General Postproc"→"Element Table"→"List Elem Table"，弹出对话框，选择"S-axis"和"N-axis"，单击【OK】按钮，程序列表显示出各杆的轴向应力和轴力。

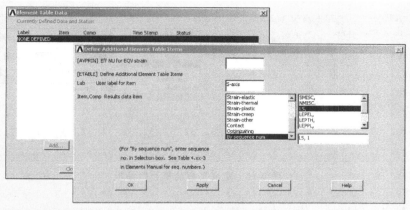

图9-13 定义轴向应力单元表

6）图形显示各杆件的轴力。依次选择"Main Menu"→"General Postproc"→"Plot Results"→"Contour Plot"→"Line Elem Res"，弹出对话框，将"Lab1"和"Lab2"选项均设置为"N-axis"，"Fact"选项设置为"缩放比例系数为0.5"，单击【OK】按钮，程序图形显示各杆件的轴力。

（10）保存数据 选择"ANSYS Toolbar"（快捷菜单）上的"SAVE_DB"，保存数据文件。

例9-2 平面问题

如图9-14所示的平板，其一端固定，一端受一个渐变的0~1MPa的载荷，求平板受力后的变形和应力分布。平板长为0.5m，宽为0.2m，弹性模量为2.1×10^{11}Pa，泊松比为0.3。

GUI操作方式如下。

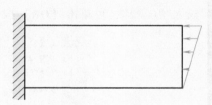

图9-14 平板

（1）定义工作文件名 依次选择"Utility Menu"→"File"→"Change Jobname"，在弹出的对话框中输入"plane"，在"New Log and error files?"中选择"Yes"，再单击【OK】按钮。

（2）定义单元类型 依次选择"Main Menu"→"Preprocessor"→"Element type"→"Add/Edit/Delete"，弹出一个对话框，单击【Add】按钮，又弹出一个如图9-15所示的"Library of Element Types"对话框。在"Library of Element Types"对话框左面的列表框中选择"Solid"，在右面的列表框中选择"8node 82"。单击【OK】按钮，再单击【Close】按钮，完成单元类型的定义。

（3）定义材料属性 依次选择"Main Menu"→"Preprocessor"→"Material Props"→"Material Models"，弹出"Define Material Model Behavior"对话框，在"Material Models Available"列表框中，依次打开"Structural"→"Linear"→"Elastic"→"Isotropic"，又弹出如图9-16所示的对话框，输入弹性模量EX"2.1e11"，泊松比PRXY"0.3"，单击【OK】按钮，再选择"Material"→"Exit"，完成材料属性的定义。

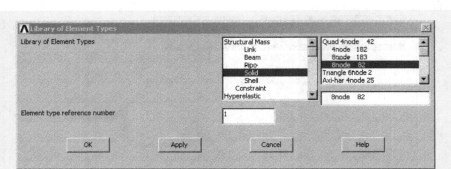

图 9-15 定义平板的单元对话框

（4）建立几何模型 依次选择 "Main Menu"→
"Preprocessor"→"Modeling"→"Create"→"Areas"→
"Rectangle"→"By Dimensions"，弹出如图 9-17 所示
的对话框，在文本框中输入图示数值，再单击
【OK】按钮。

（5）生成有限元模型

1）设置网格尺寸。依次选择 "Main Menu"→
"Preprocessor"→"Meshing"→"Size Cntrls"→"Man-
ualsize"→"Global"→"Size"，弹出如图 9-18 所示的
对话框，在 "SIZE Element edge Length" 文本框中
输入 "0.02"，再单击【OK】按钮。

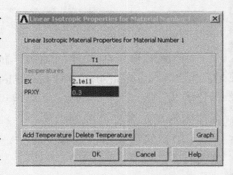

图 9-16 定义平板的材料属性

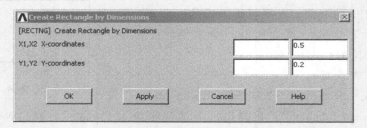

图 9-17 创建几何模型对话框

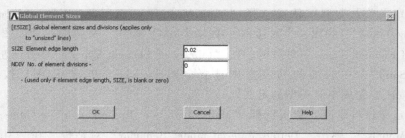

图 9-18 设置网格尺寸对话框

2）采用映射网格划分单元。依次选择 "Main Menu"→"Preprocessor"→"Meshing"→
"Mesh"→"Areas"→"Mapped"→"3 or 4 sided"，弹出 "Mesh Areas" 拾取框，用鼠标在

绘图窗口上拾取建好的面，再单击【OK】按钮，生成网格如图 9-19 所示。

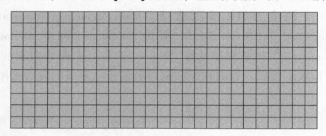

图 9-19 网格图

（6）施加载荷 依次选择 "Main Menu"→"Solution"→"Define loads"→"Apply"→"Structural"→"Pressure"→"On Lines"，弹出 "Apply PRES on Lines" 对话框，在绘图窗口用鼠标拾取编号是 2 的线，单击【OK】按钮，又弹出如图 9-20 所示的 "Apply PRES on lines" 的对话框，在 "VALUE Load PRES value" 文本框中输入 "0"，在 "Value" 文本框中输入 "1e6"，再单击【OK】按钮，完成载荷的施加。

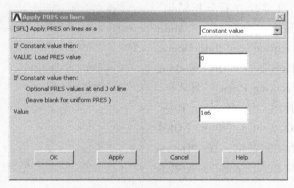

图 9-20 施加面载荷对话框

（7）施加约束 依次选择 "Main Menu"→"Solution"→"Define Lodes"→"Apply"→"Structural"→"Displacement"→"On Lines"，弹出 "Apply U，ROT on Lines" 对话框，在绘图窗口用鼠标拾取编号是 4 的线，单击鼠标中键，又弹出 "Apply U，ROT on Lines" 的对话框，在 "Lab2 DOFs to be constrained" 选项中选择 "All DOF"，再单击【OK】按钮，完成约束的施加。

（8）求解 依次选择 "Main Menu"→"Solution"→"Solve"→"Current LS"（当前载荷下的解），弹出一个信息提示窗口和对话框。首先要浏览信息提示窗口上的内容，确认无误后，依次选择 "File"→"Close"，然后单击对话框上的【OK】按钮，求解运算开始运行，直到屏幕上出现一个 "Solution is done" 的信息提示窗口，这时表示计算结束，单击【Close】按钮关闭信息提示窗口。

（9）浏览运算结果

1）看变形结果。依次选择 "Main Menu"→"General Postproc"→"Plot Results"→"Deformed Shape"，弹出一个对话框，选择 "Def+undeformed"，单击【OK】按钮，生成

的结果如图 9-21 所示。

2）显示节点上的应力值。依次选择"Main Menu"→"General Postproc"→"Plot Results"→"Contour Plot"→"Nodal Solu"，弹出"Contour Nodal Solution Data"的对话框，在"Item to be Contoured"列表框中选择"Stress"，在其右面的列表框中选择"Von Mises SEOV"，再单击【OK】按钮，这时在绘图窗口处显示出平板的应力云图，如图 9-22 所示。

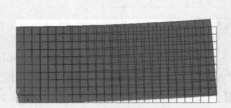

图 9-21 平板受力后的变形图

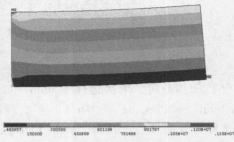

图 9-22 平板受力后应力云图

（10）通过自定义路径查看分析结果

1）定义路径。依次选择"Main Menu"→"General Postproc"→"Path Operations"→"Define Path"→"On Working Plane"，弹出"On Working Plane"对话框，单击【OK】按钮，弹出"On Working P…"拾取框，拾取关键点 2 和 3，单击【OK】按钮，弹出图 9-23 所示对话框，在"Define Path Name"文本框中输入"path"，再单击【OK】按钮。

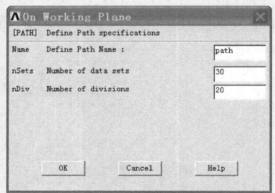

图 9-23 定义路径对话框

2）沿路径映射数据。依次选择"Main Menu"→"General Postproc"→"Path Operations"→"Map onto Path"，弹出对话框，按图 9-24 所示进行选择，再单击【OK】按钮。

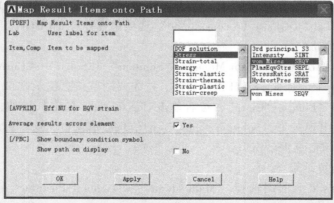

图 9-24 定义需要显示的数据

3）沿路径绘制应力等值线图。依次选择 "Main Menu"→"General Postproc"→"Path Operations"→"Plot Path Item"→"On Graph"，弹出如图 9-25 所示对话框，选择 "SEQV"，再单击【OK】按钮。沿路径绘制应力等值线图如图 9-26 所示。

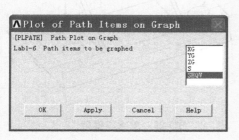

图 9-25　显示路径项目对话框

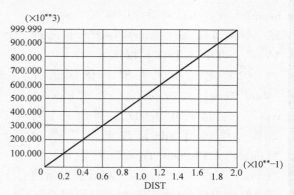

图 9-26　沿路径绘制应力等值线图

4）沿路径在几何体上绘制应力等值线图。依次选择 "Main Menu"→"General Postproc"→"Path Operations"→"Plot Path Item"→"On Geometry"，弹出如图 9-27 所示对话框，选择 "SEQV" 和 "With nodes"，再单击【OK】按钮。沿路径在几何体上绘制应力等值线图如图 9-28 所示。

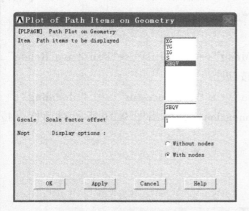

图 9-27　在几何体上显示路径项目对话框

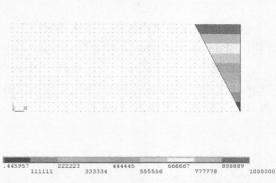

图 9-28　沿路径在几何体上绘制应力等值线图

（11）保存数据　选择 "ANSYS Toolbar"（快捷菜单）上的 "SAVE_DB"，保存数据文件。

例 9-3　空间问题

图 9-29 所示为轴承座模型。该轴承座主要受到轴向的推力与轴瓦穿过来的垂直方向的压力。已知沉台表面所受压强为 1000Pa，垂直方向 ϕ2m 孔下圆弧面受到压强为 5000Pa，轴承座底部垂直方向不能移动，4 个安装孔采用径向对称约束。轴承座的材料属性：弹性模量为 30×10^6Pa，泊松比为 0.3。图 9-29 中所注尺寸的单位为 in（1in = 25.4mm）。求轴承座在上述受载情况下的应力分布状况。

GUI 操作方式如下。

（1）定义工作文件名 依次选择 "Utility Menu"→"File"→"Change Job-name"，在弹出的对话框中输入 "Solid"，在 "New Log and error files？" 中选择 "Yes"，再单击【OK】按钮。

（2）定义单元类型 依次选择 "Main Menu"→"Preprocessor"→"Element type"→"Add/Edit/Delete"，弹出一个对话框，单击【Add】按钮，又弹出 "Library of Element Types" 对话框。在 "Library of Element Types" 对话框左面的列表框中选择 "Solid"，在右面的列表框

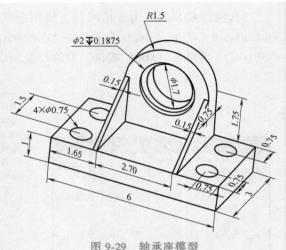

图 9-29 轴承座模型

中选择 "20node 95"。再单击【OK】按钮，再单击【Close】按钮，完成单元类型的定义。

（3）定义材料属性 依次选择 "Main Menu"→"Preprocessor"→"Material Props"→"Material Models"，弹出 "Define Material Model Behavior" 对话框，在 "Material Models Available" 列表框中，依次打开 "Structural"→"Linear"→"Elastic"→"Isotropic"，又弹出如图 9-30 所示的对话框，输入弹性模量 EX "30e6"，泊松比 PRXY "0.3"，单击【OK】按钮，再选择 "Material"→"Exit"，完成材料属性的定义。

（4）建立几何模型

1）切换为等轴测视图。依次选择 "Utility Menu"→"PlotCtrls"→"Pan Zoom Rotate"，弹出 "Pan-Zoom-Rotate" 对话框，单击【Iso】按钮。

2）建立轴承座底部。依次选择 "Main Menu" → "Preprocessor" → "Modeling" → "Create" → "Volumes" → "Block" → "By Dimensions"，弹出图 9-31 所示对话框，按图示输入数值，再单击【OK】按钮。

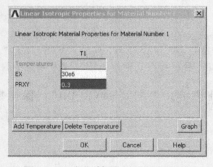

图 9-30 定义轴承座的材料属性

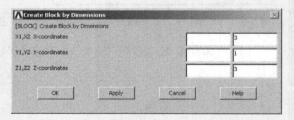

图 9-31 建立轴承座底部对话框

3）偏移工作平面。依次选择 "Utility Menu"→"WorkPlane"→"Offset WP by Incre-ments"，弹出 "Offset WP" 工具栏，在 "X，Y，Z offset" 文本框中输入 "0.75，，0.75"，按<Enter>键，在 "XY，YZ，ZX Angles" 文本框中输入 "，，-90"，按<Enter>键。

4）建立圆柱体。依次选择"Main Menu"→"Preprocessor"→"Modeling"→"Create"→"Volumes"→"Cylinder"→"Solid Cylinder"，弹出"Solid Cylinder"对话框，输入"Radius"文本框中输入"0.375"，"Depth"文本框中输入"1"，再单击【OK】按钮。

5）复制圆柱体。依次选择"Main Menu"→"Preprocessor"→"Modeling"→"Copy"→"Volumes"，弹出"Copy Volumes"对话框，拾取圆柱体，单击【OK】按钮，弹出"Copy Volumes"对话框，"DZ"文本框中输入"1.5"，再单击【OK】按钮。

6）布尔运算。依次选择"Main Menu"→"Preprocessor"→"Modeling"→"Operate"→"Booleans"→"Subtract"→"Volumes"，弹出"Subtract Volumes"拾取框，拾取编号是1的体，单击【Apply】按钮，拾取编号是2和3的体，再单击【OK】按钮。

7）偏移工作平面。依次选择"Utility Menu"→"WorkPlane"→"Offset WP by Increments"，弹出"Offset WP"工具栏，在"X，Y，Z offset"文本框中输入"0.75，0.75，1"，按<Enter>键。

8）建立六面体。依次选择"Main Menu"→"Preprocessor"→"Modeling"→"Create"→"Volumes"→"Block"→"By Dimensions"，弹出如图9-32所示对话框，按图示输入数值，再单击【OK】按钮。

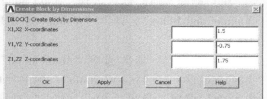

图9-32 建立六面体对话框

9）偏移工作平面。依次选择"Utility Menu"→"WorkPlane"→"Offset WP by Increments"，弹出"Offset WP"工具栏，在"X，Y，Z offset"文本框中输入"1.5，-0.75，1.75"，按<Enter>键，在"XY，YZ，ZX Angles"文本框中输入"，-90"，按<Enter>键。

10）建立圆柱体。依次选择"Main Menu"→"Preprocessor"→"Modeling"→"Create"→"Volumes"→"Cylinder"→"By Dimensions"，弹出如图9-33所示对话框，按图示输入数值，单击【Apply】按钮，弹出如图9-34所示对话框，按图示输入数值，再单击【OK】按钮。

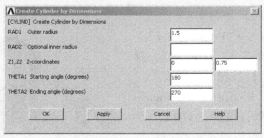

图9-33 建立圆柱体对话框（一）

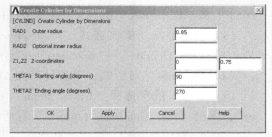

图9-34 建立圆柱体对话框（二）

11）布尔运算。依次选择"Main Menu"→"Preprocessor"→"Modeling"→"Operate"→"Booleans"→"Subtract"→"Volumes"，弹出"Subtract Volumes"对话框，拾取编号是1和2的体，单击【Apply】按钮，拾取编号是3的体，再单击【OK】按钮。

12）建立圆柱体。依次选择"Main Menu"→"Preprocessor"→"Modeling"→"Create"→"Volumes"→"Cylinder"→"By Dimensions"，弹出如图9-35所示对话框，按图示输入数值，单击【Apply】按钮，弹出如图9-36所示对话框，按图示输入数值，再单击【OK】按钮。

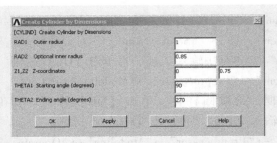

图 9-35　建立圆柱体对话框（三）　　　图 9-36　建立圆柱体对话框（四）

13）布尔运算。依次选择"Main Menu"→"Preprocessor"→"Modeling"→"Operate"→"Booleans"→"Overlap"→"Volumes"，弹出"Overlap Volumes"拾取框，单击"Pick All"按钮。

14）删除实体。依次选择"Main Menu"→"Preprocessor"→"Modeling"→"Delete"→"Volume and Below"，弹出"Volume & Below"对话框，拾取编号是 3 和 7 的体，单击【OK】按钮。

15）建立点。依次选择"Main Menu"→"Preprocessor"→"Modeling"→"Create"→"Keypoints"→"On Line W/Ratio"，弹出"KP on Line"对话框，拾取编号是 7 的线，单击【OK】按钮，弹出"KP on Line"对话框，在"Line ratio（0-1）"文本框中输入"0.5"，再单击【OK】按钮。

16）建立面。依次选择"Main Menu"→"Preprocessor"→"Modeling"→"Create"→"Areas"→"Arbitrary"→"ThroughKPs"，弹出"Create Area thru KP"对话框，拾取编号是 26、27 和 34 的关键点，单击【OK】按钮。

17）由面拉伸成体。依次选择"Main Menu"→"Preprocessor"→"Modeling"→"Operate"→"Extrude"→"Areas"→"Along Normal"，弹出"Extrude Area By Norm"对话框，拾取编号是 1 的面，单击【OK】按钮，弹出"Extrude Areas Along Normal"对话框，在"DIST"文本框中输入"0.15"，再单击【OK】按钮。

18）布尔运算。依次选择"Main Menu"→"Preprocessor"→"Modeling"→"Operate"→"Booleans"→"Glue"→"Volumes"，弹出"Glue Volumes"对话框，单击【Pick All】按钮。

19）编号。依次选择"Utility Menu"→"PlotCtrls"→"Numbering"，弹出"Plot Numbering Controls"对话框，设置"VOLU"为"on"，单击【OK】按钮。生成的轴承座一半模型如图 9-37 所示。

（5）对轴承座模型进行拆分（用六面体单元进行网格划分）

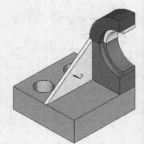

图 9-37　轴承座一半模型

1）移动工作平面。依次选择"Utility Menu"→"WorkPlane"→"Offset WP to"→"Keypoints"，弹出"Offset WP to Keypoints"对话框，拾取编号是 27 的关键点，单击【OK】按钮。

2）偏移工作平面。依次选择"Utility Menu"→"WorkPlane"→"Offset WP by Increments"，弹出"Offset WP"工具栏，在"XY，YZ，ZX Angles"文本框中输入"，，90"，按<Enter>键。

3）切割体。依次选择 "Main Menu"→"Preprocessor"→"Modeling"→"Operate"→"Booleans"→"Divide"→"Volu by WrkPlane"，弹出 "Divide Volu by WrkPlane" 对话框，单击【Pick All】按钮。

4）移动工作平面。依次选择 "Utility Menu"→"WorkPlane"→"Offset WP to"→"Keypoints"，弹出 "Offset WP to Keypoints" 对话框，拾取编号是 29 的关键点，单击【OK】按钮。

5）切割体。依次选择 "Main Menu"→"Preprocessor"→"Modeling"→"Operate"→"Booleans"→"Divide"→"Volu by WrkPlane"，弹出 "Divide Volu by WrkPlane" 对话框，拾取编号是 3 和 5 的体，单击【OK】按钮。

6）移动工作平面。依次选择 "Utility Menu"→"WorkPlane"→"Offset WP to"→"Keypoints"，弹出 "Offset WP to Keypoints" 对话框，拾取编号是 28 的关键点，单击【OK】按钮。

7）偏移工作平面。依次选择 "Utility Menu"→"WorkPlane"→"Offset WP by Increments"，弹出 "Offset WP" 工具栏，在 "XY, YZ, ZX Angles" 文本框中输入 ",, 90"，按<Enter>键。

8）切割体。依次选择 "Main Menu"→"Preprocessor"→"Modeling"→"Operate"→"Booleans"→"Divide"→"Volu by WrkPlane"，弹出 "Divide Volu by WorkPlane" 对话框，拾取编号是 10 的体，单击【OK】按钮。拆分后的轴承座一半模型如图 9-38 所示。

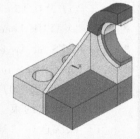

图 9-38 拆分后的轴承座一半模型

（6）设置网格尺寸并划分网格

1）设置网格尺寸 依次选择 "Main Menu"→"Preprocessor"→"Meshing"→"Size Cntrls"→"Manualsize"→"Global"→"Size"，弹出如图 9-39 所示的对话框，在 "SIZE Element edge length" 文本框中输入 "0.2"，再单击【OK】按钮。

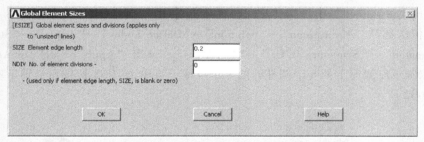

图 9-39 轴承座设置网格尺寸对话框

2）划分网格。依次选择 "Main Menu"→"Preprocessor"→"Meshing"→"Mesh"→"Volumes Sweep"→"Sweep"，出现一个 "Volume Sweeping" 对话框，单击【Pick All】按钮。

（7）改变坐标系 依次选择 "Utility Menu"→"WorkPlane"→"Change Active CS to"→"Working Plane"。

（8）映射体。依次选择 "Main Menu"→"Preprocessor"→"Modeling"→"Reflect"→"Volumes"，弹出 "Reflect Volumes" 对话框，单击【Pick All】按钮。

（9）合并项目。依次选择"Main Menu"→"Preprocessor"→"Numbering Ctrls"→"Merge Items"，弹出如图9-40所示的对话框，设置"Label Type of item to be merge"为"All"，再单击【OK】按钮。生成的轴承座有限元模型如图9-41所示。

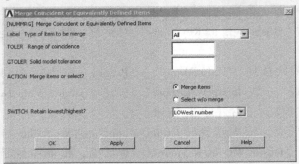

图9-40 合并项目对话框

（10）施加载荷 依次选择"Main Menu"→"Solution"→"Define loads"→"Apply"→"Structural"→"Pressure"→"On Areas"，弹出"Apply PRES on Areas"对话框，拾取沉台表面（宽度为0.15m的面），单击【OK】按钮，又弹出"Apply PRES on Areas"对话框，在"VALUE Load PRES value"文本框中输入"1000"，单击【Apply】按钮；弹出"Apply PRES on Areas"对话框，拾取宽度为0.1875m下圆弧面，单击【OK】按钮，又弹出"Apply PRES on Areas"的对话框，在"VALUE Load PRES value"文本框中输入"5000"，完成载荷的施加。

（11）施加约束

1）依次选择"Main Menu"→"Solution"→"Define Loads"→"Apply"→"Structural"→"Displacement"→"On Lines"，弹出"Apply U, ROT on Lines"对话框，拾取轴承座底面四周的边线，单击鼠标中键，又弹出"Apply U, ROT on Lines"的对话框，在"Lab2 DOFs to be constrained"中选择"UY"，再单击【OK】按钮。

2）依次选择"Main Menu"→"Solution"→"Define Lodes"→"Apply"→"Structural"→"Displacement"→"Symmetry B. C."→"On Areas"，弹出"Apply SYMM On Areas"对话框，拾取轴承座底座上的4个圆柱孔的8个柱面，再单击【OK】按钮。轴承座加载示意图如图9-42所示。

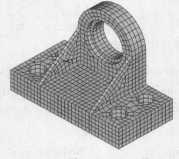

图9-41 轴承座有限元模型

图9-42 轴承座加载示意图

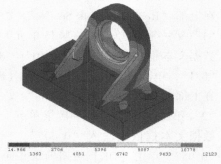

（12）求解 依次选择"Main Menu"→"Solution"→"Solve"→"Current LS"（当前载荷下的解），弹出一个信息提示窗口和对话框，首先要浏览信息提示窗口上的内容，确认无误后，依次选择"File"→"Close"，然后单击对话框上的【OK】按钮，求解运算开始运行，直到屏幕上出现一个"Solution is done"的信息提示窗口，这时表示计算结束，单击【Close】关闭信息提示窗口。

（13）浏览运算结果 依次选择"Main Menu"→"General Postproc"→"Plot Results"→"Contour Plot"→"Nodal Solu"，弹出"Contour Nodal Solution Data"的对话框，在"Item to be Contoured"列表框中选择"Stress"，在其右面的列表框中选择"Von Mises SEQV"，再单击【OK】按钮，这时在绘图窗口处显示出应力云图，如图9-43所示。

（14）保存数据 选择"ANSYS Toolbar"（快捷菜单）上的"SAVE_DB"，保存数据文件。

图 9-43 轴承座应力云图

例 9-4 模态问题

刚架结构模型如图9-44所示，由2根竖杆和3根横梁组成，刚架与地面固持约束，各连接点均为刚性连接。纵向柱杆的横截面为边长0.1m的正方形，横梁横截面高为0.05m，宽为0.1m，材料的弹性模量为200GPa，泊松比为0.3，密度为7800kg/m³。求系统的前5阶频率与振型。

GUI操作方式如下。

（1）定义工作文件名及路径 依次选择"Utility"→"File"→"Change Jobname"，在弹出的对话框中输入"FREQ"，在"New log and error files?"中选择"Yes"，再单击【OK】按钮；依次选择"Utility"→"File"→"Change directory"，在弹出的对话框中选择或输入求解文件所在的路径名，单击【确定】按钮，以确定路径。

（2）定义单元类型 本题所选用单元为平面梁单元。依次选择"Main Menu"→"Preprocessor"，进入预处理模块，依次选择"Element Type"→"Add/Edit/Delete"，弹出对话框，单击【Add】按钮以增加单元类型，弹出新的对话框以供选择单元类型。在左面的列表框中选择"Beam"，在右面的列表框中选择"2D elastic 3"（图9-45），单击【OK】按

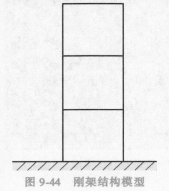

图 9-44 刚架结构模型

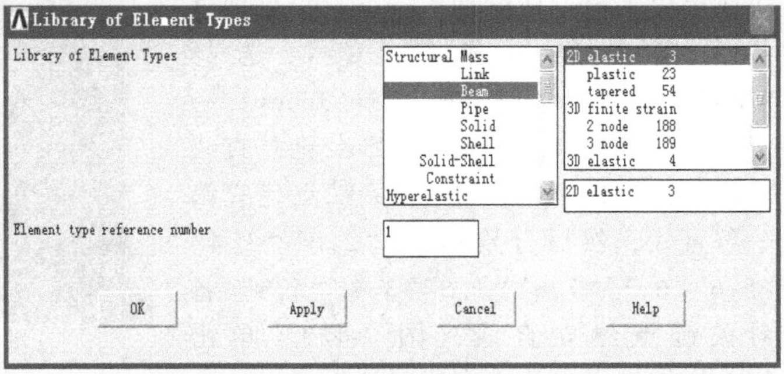

图 9-45 定义刚架的单元对话框

钮，再单击【Close】按钮完成单元类型的定义。

（3）定义实常数　本题梁单元有两种规格，也就有两种实常数。按照梁单元实常数的排列规则，分别是面积、弯曲截面惯性矩和梁高。依次选择"Real Constants"→"Add/Edit/Delete"，弹出实常数对话框，单击【Add】按钮增加实常数，单击【OK】按钮确认是梁单元的实常数。进入实常数输入对话框，在上部"Real Constants Set No"文本框中输入"1"（第一种梁单元——竖杆单元），在下面的数据文本框中依次输入"0.01""8.33e-6"和"0.1"，单击【Apply】按钮确认（图9-46）；再在上部"Real Constants Set No"文本框中输入"2"（第二种梁单元——横梁单元），在下面的数据文本框依次输入"0.005""4.17e-6"和"0.05"，单击【OK】按钮确认并回到实常数对话框，可以看到已经定义了两种实常数，单击【Close】按钮关闭对话框。

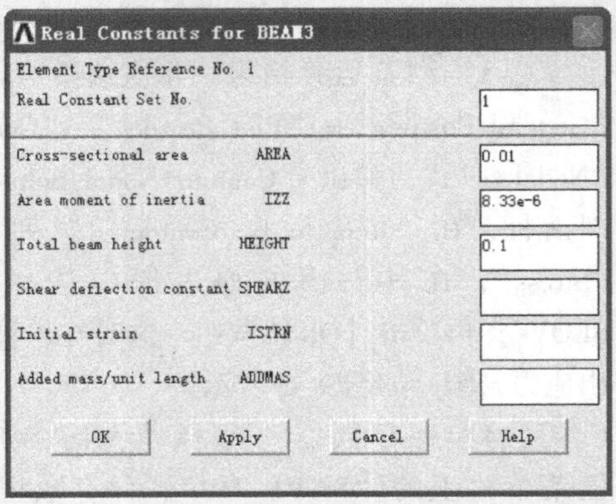

图9-46　定义梁单元的实常数

（4）定义材料属性　本题只有一种材料需要定义。依次选择"Material Props"→"Material Models"，弹出材料属性输入对话框。在对话框右边可用材料类型中，依次打开"Structural"→"Linear"→"Elastic"→"Isotropic"，弹出各向同性材料常数输入框，输入弹性模量 EX 和泊松比 PRXY 两个弹性常数，分别是"200e9"和"0.3"。再选择"Structural"→"Density"，在弹出的密度输入框中输入材料的密度"7800"，单击【OK】按钮确认常数并退出。

（5）建立几何模型　本题模型为梁单元，先输入梁的关键点坐标，再连接成为线-梁模型。依次选择"Modeling"→"Create"→"Keypoints"→"In Active CS"，在弹出的关键点坐标输入框"Keypoint Number"中输入"1"（第一个关键点）以及坐标"0，0，0"，单击【Apply】按钮；然后，分别输入"2,0,3,0""3,0,5,0""4,0,7,0""5,3,0,0""6,3,3,0""7,3,5,0""8,3,7,0"，得到8个关键点的坐标。单击【OK】按钮退出关键点坐标输入；下一步是把这些关键点连接成线，依次选择"Modeling"→"Create"→"Lines"→"Lines"→"Straight Line"，弹出建立直线对话框，用鼠标拾取1、2关键点建立第一条直线，然后分别拾取"2,3""3,4""5,6""6,7""7,8""2,6""3,7""4,8"各对关键点建立直线（图9-47），单击【OK】按钮退出建立直线对话框。

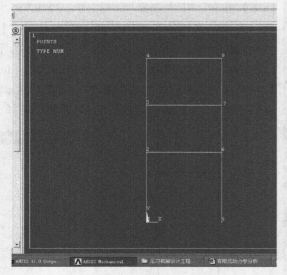

图9-47　梁结构几何模型

（6）划分单元　通过对几何模型划分单元实现从几何模型到有限元模型的转换。依次选择 "Meshing"→"Mesh Tool"，弹出网格工具箱。在网格工具箱的最上端定义单元属性。单击选择 "Line" 属性，然后单击右边的设置 "Set"，弹出线选择对话框。单击选择竖杆，共6条直线，单击对话框的【Apply】按钮，弹出网格属性选择框，在其中选择实常数属性为 "1"，单击【OK】按钮确认并回到线选择对话框。再用鼠标选择横梁，共3条直线，选择其实常数属性为 "2"，完成单元属性的设置。在网格工具箱中单击 "Line" 所对应的设置项 "Set"，弹出单元设置对话框，先单击选择竖杆的6条直线，单击对话框的【Apply】按钮，又出现单元划分对话框，在 "NDIV"（No of Element Divisions）的文本框内输入 "20"，单击【Apply】按钮，表示每根竖杆将被划分为20个单元；再单击选择3根横梁，定义将它们划分成10个单元；在网格工具箱中，单击【MESH】按钮，弹出网格划分对话框，单击选中所有直线，再单击【OK】按钮进行网格的划分，得到结构的有限元模型。

（7）分析类型确定　ANSYS默认的分析类型是静力学求解，本题是模态分析，需要对分析类型进行重新确定。依次选择 "Solution"→"Analysis Type"→"New Analysis"，弹出分析类型表，选择其中的 "Modal"（图9-48），单击【OK】按钮确认。

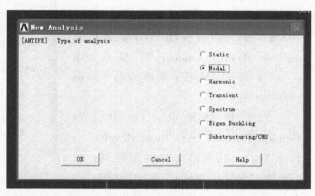

图 9-48　选择模态分析

（8）模态求解方法确定 ANSYS有多种方法完成模态求解，需要选择其中的一种方法并进行一些设定。依次选择 "Analysis Type"→"Analysis Options"，弹出模态分析对话框，选择其中的 "Block Lanczos" 方法（该方法一般也是ANSYS的默认算法）；在 "No. of modes to extract" 文本框中输入 "5" 表示需要求解5个模态；在 "MXPAND" 中，选择 "Expand mode Shapes" 为 "Yes" 表示需要进行模态扩展；在 "NMODE No. of modes to expand" 文本框中输入 "5"（图9-49），单击【OK】按钮确认，同时弹出频率范围对话框，分别输入 "0" 和 "100" 作为计算的起止频率，单击【OK】按钮确认。

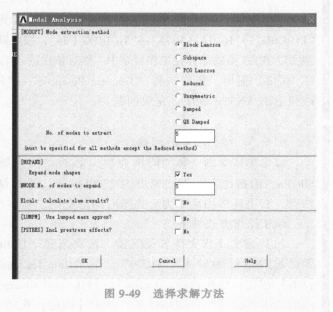

图 9-49　选择求解方法

(9) 施加约束 模态分析通常是自由模态，因此，在结构上并不作用任何外载荷，但结构的约束（作为载荷）还是需要添加的。如果不加任何的约束，这样计算得到的前几阶模态是零模态，固有频率为 0。依次选择 “Define Loads”→“Apply”→“Structural”→“Displacement”→“On Keypoint”，弹出关键点选择对话框，单击选择 1、5 两个关键点，再单击【OK】按钮，弹出约束定义对话框。在对话框中单击【All Dofs】按钮代表两个关键点的所有自由度全部约束（固定约束），再单击【OK】按钮确认。

(10) 模态求解 依次选择 “Solution”→“Solve”→“Current LS”，弹出求解对话框以及一个信息提示窗口，该信息提示窗口对所提交求解的问题进行了描述，阅读并核对内容无误后关闭该信息提示窗口，单击【OK】按钮进行求解。出现 “Solution is Doing” 的信息提示窗口，说明求解已经完成。

(11) 频率列表 在模态计算完毕后，退出求解模块，进入后处理模块。作为模态分析，首先列表显示各阶模态的固有频率。依次选择 “General Postprec”→“Results Summary”，显示文本框。该文本框内显示了系统的前 5 阶固有频率（图 9-50）。

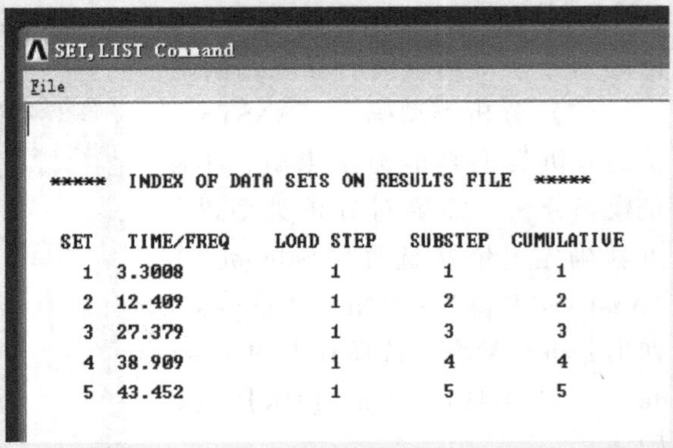
SET,LIST Command
File

***** INDEX OF DATA SETS ON RESULTS FILE *****

SET	TIME/FREQ	LOAD STEP	SUBSTEP	CUMULATIVE
1	3.3008	1	1	1
2	12.409	1	2	2
3	27.379	1	3	3
4	38.909	1	4	4
5	43.452	1	5	5

图 9-50 模态频率列表

(12) 振型显示 依次选择 “General Postprec”→“Read Results”→“First Set”，读入第 1 阶模态数据；依次选择 “Utility Menu”→“PlotCtrls”→“Animate”→“Mode Shape”，弹出模态动画显示对话框，在左边选择 “DOF Solution”，在右边选择 “USUM”，单击【OK】按钮就显示模态振型的动画，同时，也弹出一小对话框可以对动画进行控制。选择动画中的典型画面在控制框予以定格，依次选择 “Utility Menu”→“PlotCtrls”→“Redirect Plots”→“To JPEG File”，按照默认设置，单击【OK】按钮就可以把振型图以 JPEG 格式储存在工作目录中。然后依次读入第 2~5 阶模态，并显示和保存图片。

(13) 退出 依次选择 “General Postprec”→“File”→“Exit”→“Quit”，单击【OK】按钮退出 ANSYS 程序，完成例题。

例 9-5 动力学响应问题

讨论结构受到一脉动的压力所引起的动应力场。结构材料为铝合金，弹性模量为 80GPa，泊松比为 0.33，密度为 2700kg/m^3。平面结构载荷如图 9-51 所示。左边缘固持约束，右上部作用集中力。力随时间的变化，如图 9-52 所示。分析结构的响应。

GUI 操作方式如下。

(1) 定义工作文件名及路径 依次选择 “Utility”→“File”→“Change Jobname”，在弹出的对话框中输入 “FREQ”，在 “New log and error files?” 中选择 “Yes”，单击【OK】按钮；依次选择 “Utility”→“File”→“Change directory”，在弹出的对话框中选择或输入求解文件所在的路径名，单击【确定】按钮，以确定路径。

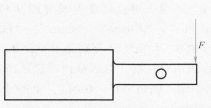

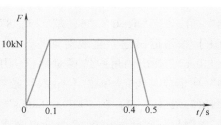

图 9-51　平面结构载荷示意图　　　　　图 9-52　力随时间的变化

（2）定义单元类型　本题所选用单元为平面单元。依次选择"Main Menu"→"Pre-processor"，进入预处理模块，依次选择"Element Type"→"Add/Edit/Delete"，弹出对话框，单击【Add】按钮以增加单元类型，弹出新的对话框以供选择单元类型。在左面列表框中选择"Solid"，在右面列表框中选择"8node 82"（图 9-53），单击【OK】按钮，再单击【Close】按钮完成单元类型的定义。

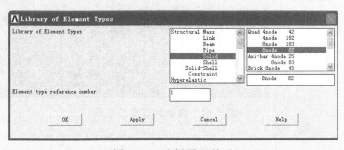

图 9-53　选择平面单元

（3）定义实常数　平面单元一般不需要实常数，仅在带厚度的平面应力时以板的厚度作为实常数。本题没有厚度，故也就没有实常数。

（4）定义材料属性　本题只有一种材料需要定义。依次选择"Material Props"→"Material Models"，弹出材料属性输入对话框。在对话框右边可用材料类型中，依次打开"Structural"→"Linear"→"Elastic"→"Isotropic"，弹出各向同性材料常数输入框，输入弹性模量 EX 和泊松比 PRXY 两个弹性常数，分别是"80e9"和"0.33"。再选择"Structural"→"Density"，在弹出的密度输入框中输入材料的密度"2700"，单击【OK】按钮确认常数并退出。

（5）建立几何模型　本题的几何模型有多种建法，从上到下、从下到上均可以。但如果考虑到要做倒角，则从下到上更加方便一些。

1）建立关键点。依次选择"Modeling"→"Create"→"Keypoints"→"In Active CS"，在弹出的关键点坐标输入框"Keypoint Number"中输入"1"（第一个关键点）以及坐标"0，0，0"，单击【Apply】按钮；然后，分别输入"2，0，0.2，0""3，0.4，0.2，0""4，0.4，0.15，0""5，0.6，0.15，0""6，0.6，0.05，0""7，0.4，0.05，0""8，0.4，0，0"，得到 8 个关键点的坐标。

2）连线并做倒角。依次选择"Modeling"→"Create"→"Lines"→"Lines"→"Straight Line"，弹出建立直线对话框，拾取 1、2 关键点建立第一条直线，然后分别拾取"2，3"

"3，4" "4，5" "5，6" "6，7" "7，8" "8，1" 各对关键点建立直线（图9-54），单击【OK】按钮退出建立直线对话框。依次 "Modeling"→"Create"→"Lines"→"Lines"→"Line Fillet"，弹出倒角线选择对话框，用鼠标拾取3、4号线（分别是节点 "3，4" 和 "4，5" 所形成直线），单击【Apply】按钮显示线倒角对话框。对话框内已显示所选中的需做倒角的线号3、4。在 "Fillet Radius" 文本框中输入倒角半径 "0.01"，单击【Apply】按钮完成倒角。同样，在6、7号线也完成同样的倒角。

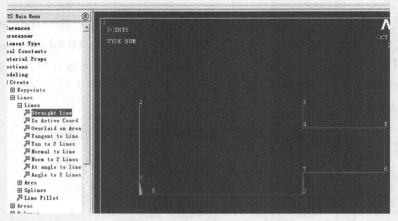

图 9-54　建立关键点并连线

3）完成面的构造　依次选择 "Modeling"→"Create"→"Areas"→"Arbitrary"→"by Lines"，在弹出的对话框中的文本框中输入 "all"（所有线围成面），单击【OK】按钮确认。依次选择 "Modeling"→"Create"→"Areas"→"Circle"→"Solid Circle"，弹出建立圆面积对话框。在对话框中输入圆心位置 "0.5，0.1" 以及半径 "0.02"，单击【OK】按钮确认。依次选择 "Modeling"→"Operate"→"Booleans"→"Subtract"→"Areas"，弹出布尔操作对话框。选择大矩形面，单击【Apply】按钮，再用鼠标选择新建的圆形面，单击【OK】按钮，程序执行布尔操作的相减命令，在大矩形中挖出一圆孔（图9-55）。

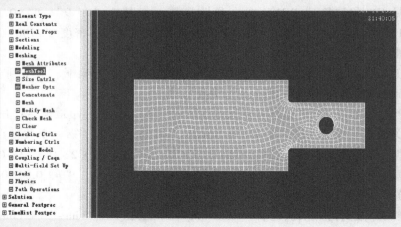

图 9-55　建立几何模型

（6）划分单元　通过对几何模型划分单元实现从几何模型到有限元模型的转换。依次选择 "Meshing" → "Mesh Tool"，弹出网格工具箱。本题结构形状不太规则，采用人工划分比较困难，因此，采用智能划分的方式。在网格工具箱中，选中 "Smart Size"，并移动下面的标尺到数字 2（数字 1 所对应的网格最精细，10 对应的网格最粗略），单击【MESH】按钮，弹出网格划分对话框，单击选中所建模型，再单击【OK】按钮进行网格的划分，得到结构的有限元模型。

（7）分析类型确定　ANSYS 默认的分析类型是静力学求解，本题是瞬态动力学分析，需要对分析类型进行重新确定。依次选择 "Solution" → "Analysis Type" → "New Analysis"，弹出分析类型表，选择其中的 "Transient" 单选项（图 9-56），单击【OK】按钮确认，同时弹出瞬态分析方法选择对话框，单击选择完全法 "Full"，再单击【OK】按钮。

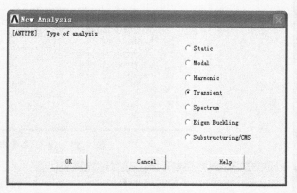

图 9-56　选择瞬态分析

（8）施加约束　在瞬态动力学分析中，有部分载荷是随时间变动的，需要按照时间步加载，也有些载荷是不变的，可以在载荷步之前先予以加载。本题中的几何约束就是如此。依次选择 "Define Loads" → "Apply" → "Structural" → "Displacement" → "On Line"，弹出线选择对话框，用单击选择左边直线（线号为 1），单击【OK】按钮，又弹出约束定义对话框。在对话框中单击【All Dofs】按钮代表该直线的所有自由度全部约束（固定约束），再单击【OK】按钮确认。

（9）定义载荷步　随时间变化的载荷需要分别定义成载荷步，在求解时根据载荷步求解。

1）依次选择 "Solution" → "Analysis Type" → "Sol'n Controls"，弹出求解控制对话框。打开 "Basic" 选项卡。在 "Time at end of loadstep" 文本框中输入第 1 载荷步结束时间 "0.1"；在 "Number of substeps" 文本框中输入子步数 "50"；在 "Write Items to Result File" 选项组中选择 "All solution items" 以输出所有的计算结果；在 "Frequency" 下拉列表框中选择 "Write every substep" 以输出所有子步的结果（图 9-57）。切换到 "Transient" 选项卡，在 "Full Transient Options" 选项组中，选择线性方式加载 "Ramped loading" 单选项，并且在质量阻尼系数 "Mass matrix multiplier（ALPHA）" 文本框中输入 "5"（图 9-58）。

2）依次选择 "Solution" → "Define Loads" → "Apply" → "Structural" → "Force/Moment" → "On Keypoints"，弹出关键点选择对话框，用鼠标选择右边的 5 号关键点，单击【OK】按钮，弹出 "Apply F/M on KPs" 对话框。在 "Direction of Force/mom" 下拉列表框中选择力的方向 "FY"；在 "Force/moment valne" 文本框中输入载荷值 "-10000"（图 9-59）。最后单击【OK】按钮完成载荷定义。依次选择 "Solution" → "Load Step Opts" → "Write LS File"，弹出载荷步对话框，在其中输入 "1" 代表第 1 载荷步。

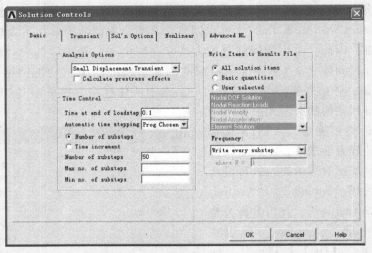

图 9-57　定义载荷步时间与子步数

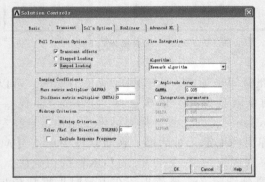

图 9-58　定义线性加载和质量阻尼系数

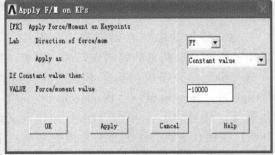

图 9-59　定义载荷

3）依次选择 "Solution"→"Analysis Type"→"Sol'n Controls"，弹出求解控制对话框。打开 "Basic" 选项卡。在 "Time at end of loadstep" 文本框中输入第 2 载荷步结束时间 "0.4"；在 "Number of substeps" 文本框中输入子步数 "50"；在 "Write Items to Result File" 选项组中选择 "All solution items" 以输出所有的计算结果；在 "Frequency" 下拉列表框中选择 "Write every substep" 以输出所有子步的结果。切换到 "Transient" 选项卡，在 "Full Transient Options" 选项组中，选择阶跃方式加载 "Stepped loading" 单选项。

4）依次选择 "Solution"→"Define Loads"→"Apply"→"Structural"→"Force/Moment"→"On Keypoints"，弹出关键点选择对话框，用鼠标选择右边的 5 号关键点，单击【OK】按钮，弹出 "Apply F/M on KPs" 对话框。在 "Direction of Force/mom" 中选择力的方向 "FY"；在 "Force/moment value" 文本框中输入载荷值 "-10000"。最后单击【OK】按钮完成载荷定义。依次选择 "Solution"→"Load Step Opts"→"Write LS File"，弹出载荷步对话框，在其中输入 2 代表第 2 载荷步。

5）依次选择 "Solution"→"Analysis Type"→"Sol'n Controls"，弹出求解控制对话框。打开 "Basic" 选项卡。在 "Time at end of loadstep" 文本框中输入第 3 载荷步结束

时间 "0.5"; 在 "Number of substeps" 文本框中输入子步数 "50"; 在 "Write Items to Result File" 选项组中选择 "All solution items" 以输出所有的计算结果; 在 "Frequency" 下拉列表框中选择 "Write every substep" 以输出所有子步的结果。切换到 "Transient" 选项卡, 在 "Full Transient Options" 选项组中, 选择线性方式加载 "Ramped loading" 单选项。

6) 依次选择 "Solution"→"Define Loads"→"Apply"→"Structural"→"Force/Moment"→"On Keypoints", 弹出关键点选择对话框, 用鼠标选择右边的 5 号关键点, 单击【OK】按钮, 弹出 "Apply F/M on KPs" 对话框。在 "Direction of Force/mom" 中选择力的方向 "FY"; 在 "Force/moment value" 文本框中输入载荷值 "0"。最后单击【OK】按钮完成载荷定义。依次选择 "Solution"→"Load Step Opts"→"Write LS File", 弹出载荷步对话框, 在其中输入 3 代表第 3 载荷步。

7) 依次选择 "Solution"→"Analysis Type"→"Sol'n Controls", 弹出求解控制对话框。打开 "Basic" 选项卡。在 "Time at end of loadstep" 文本框中输入第 4 载荷步结束时间 "1"; 在 "Number of substeps" 文本框中输入子步数 "100"; 在 "Write Items to Result File" 选项组中选择 "All solution items" 以输出所有的计算结果; 在 "Frequency" 下拉列表框中选择 "Write every substep" 以输出所有子步的结果。切换到 "Transient" 选项卡, 在 "Full Transient Options" 选项组中, 选择阶跃方式加载 "Stepped loading" 单选项。

8) 依次选择 "Solution"→"Define Loads"→"Apply"→"Structural"→"Force/Moment"→"On Keypoints", 弹出关键点选择对话框, 用鼠标选择右边的 5 号关键点, 单击【OK】按钮, 弹出 "Apply F/M on KPs" 对话框。在 "Direction of Force/mom" 中, 选择力的方向 "FY"。在 "Force/moment value" 文本框中输入载荷值 "0"。最后单击【OK】按钮完成载荷定义。依次选择 "Solution"→"Load Step Opts"→"Write LS File", 弹出载荷步对话框, 在其中输入 4 代表第 4 载荷步。

（10）求解 依次选择 "Solution"→"Solve"→"From LS Files", 弹出对话框, 在其中输入开始载荷步 1 和结束载荷步 4 （图 9-60）, 单击【OK】按钮开始计算。经过 4 个循环, 计算结束。

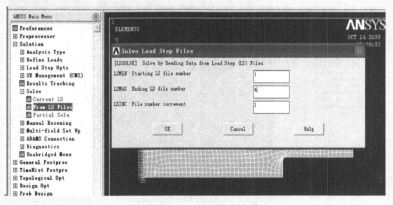

图 9-60 1~4 载荷步计算

（11）位移响应处理 依次选择 "TimeHist Postpro"→"Define Variables", 进入时间历程后处理器并定义变量, 弹出变量定义框, 单击【Add】按钮增加变量, 弹出变量类型框，选择节点自由度结果 "Nodal DOF result"（图 9-61），单击【OK】按钮确认并弹出节点选择对话框。用鼠标选择施加载荷的节点 6，单击【Apply】按钮，在弹出的选择框中选择 Y 方向的位移 "UY"，记为变量 2，单击【Close】按钮关闭变量定义框。依次选择 "TimeHist Postpro"→"List Variables"，弹出列表框，输入变量 2，单击【OK】按钮列出了 6 节点的 Y 方向的位移响应。依次选择 "TimeHist Postpro"→"Graph Variables"，弹出列表框，输入变量 2，单击【OK】按钮用图形表示了节点 6 的 Y 方向的位移响应（图9-62）。依次选择 "Utility Menu"→"PlotCtrls"→"Redirect Plots"→"To JPEG File"，按照默认设置，单击【OK】按钮就可以把响应图以 JPEG 格式储存在工作目录中。

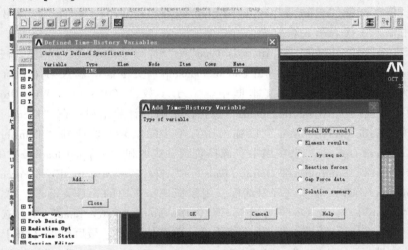

图 9-61　定义节点变量

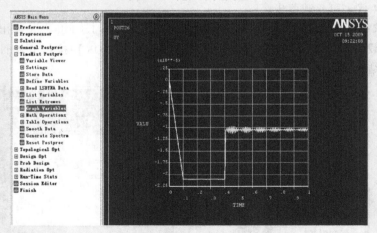

图 9-62　节点 6 的位移响应曲线

（12）应力响应处理　依次选择 "TimeHist Postpro"→"Define Variables"，进入时间历程后处理器并定义变量，弹出变量定义框，单击【Add】按钮增加变量，弹出变量类型框，选择单元结果 "Element results"，单击【OK】按钮确认并弹出节点选择对话框。用鼠标选择倒角处的单元 3，单击【Apply】按钮，又弹出对话框需要选择单元上的节点。

在单元 3 上用鼠标选取一节点（306），单击【OK】按钮，弹出的对话框需要选择变量的内容。在弹出的对话框中左面下拉列表框中选择应力 "Stress"，右面下拉列表框中选择等效应力 "von Mises SEQV"，也就是 von Mises 等效应力（图 9-63），记为变量 3，单击【Close】按钮关闭变量定义框。依次选择 "TimeHist Postpro" → "List Variables"，弹出列表框，输入变量 3，单击【OK】按钮列出了 3 单元 306 节点的等效应力响应。依次选择 "TimeHist Postpro" → "Graph Variables"，弹出列表框，输入变量 3，单击【OK】按钮用图形表示了 3 单元 306 节点的等效应力响应（图 9-64）。依次选择 "Utility Menu" → "PlotCtrls" → "Redirect Plots" → "To JPEG File"，按照默认设置，单击【OK】按钮就可以把响应图以 JPEG 格式储存在工作目录中。

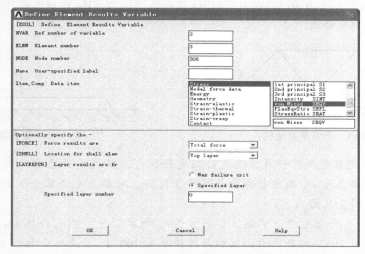

图 9-63　定义单元等效应力变量

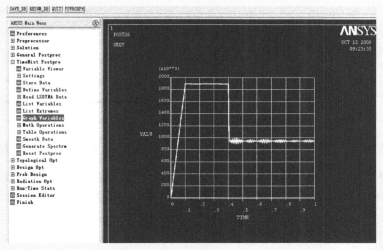

图 9-64　3 单元 306 节点等效应力响应曲线

（13）退出　依次选择 "General Postprec" → "File" → "Exit" → "Quit"，单击【OK】按钮退出 ANSYS 程序，完成例题。

思考题与习题

1. 如图 9-65 所示，平面刚架结构由 7 根相同的杆组成，每杆的尺寸和材料均相同，为长度 2m、直径 5cm 的圆钢。钢材的弹性模量为 200GPa，泊松比为 0.3，密度为 7800kg/m³，支承情况如图所示。用梁单元计算结构的前 3 阶固有频率。

2. 一铝制平板为边长 1m 的正方形，板的厚度为 5mm，材料的弹性模量为 70GPa，泊松比为 0.33，密度为 2700kg/m³，四边固支。用板单元计算板的前 3 阶固有频率。

3. 简支梁结构如图 9-66 所示，梁长为 2m，横截面为边长为 2cm 的正方形，材料是钢，弹性模量为 200GPa，泊松比为 0.3，密度为 7800kg/m³。现在梁的中点作用简谐力 F，大小为 10000N，比例阻尼为 0.015，在 0~200Hz 的范围内，以 2Hz 的步长，用梁单元计算梁上力作用点的幅频响应曲线。

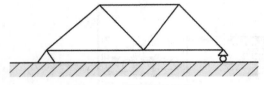

图 9-65　平面刚架结构

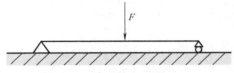

图 9-66　简支梁结构

4. 题 3 的简支梁受到的中点力是随时间变化的力，其大小变化的时间历程图如图 9-67 所示，其中时间单位为 s。其他条件均与习题 3 相同。用梁单元计算力作用点在作用时间内的垂直位移的时间变化曲线。

5. 图 9-68 所示为受力的悬臂梁，梁长为 2m，横截面是一边长为 0.4m 的正方形。悬臂梁一端受到大小为 20kN 的集中力。梁的弹性模量为 200GPa，泊松比为 0.3。计算该梁的挠度。梁的实常数为：面积为 0.16m²，弯曲截面惯性矩为 0.002133m⁴，高度为 0.4m。

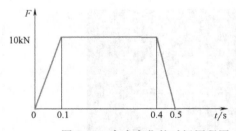

图 9-67　大小变化的时间历程图

图 9-68　受力的悬臂梁

6. 图 9-69 所示为空心平板，一端固定，另一端受均布拉力 $q = 1000N/m$，计算平板受力后的变形和应力分布。平板为铝材，弹性模量为 80GPa，泊松比为 0.33，$a = 8cm$，$b = 3cm$，$c = 3cm$，$d = 3cm$。

7. 图 9-70 所示为 L 形支架，通过两个直径为 10mm 的圆柱孔固定在墙上，在图示的 60mm×25mm 的面积上作用有均布压力 $q = 1N/mm^2$，计算在均布载荷作用下 L 形支架的应力分布。材料的弹性模量为 $2.1×10^2 GPa$，泊松比为 0.3。

8. 图 9-71 所示为简支梁，$L = 18m$，$H = 0.5m$，$a = 0.2m$，弹性模量为 10GPa，泊松比为 0.3，密度为 4000kg/m³。用梁单元计算梁的前 5 阶固有频率。

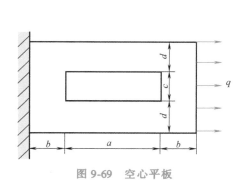

图 9-69 空心平板

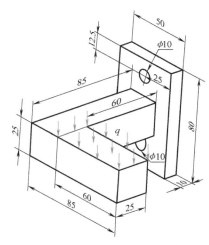

图 9-70 L形支架 (尺寸单位为 mm)

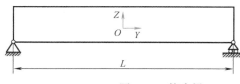

图 9-71 简支梁

9. 钢制圆杆如图 9-72 所示。一端固定约束，另一端作用有均布载荷 q，杆的长度为 0.5m，直径为 0.1m。钢的弹性模量为 206GPa，泊松比为 0.28，密度为 7800kg/m³。均布载荷时间历程图如图 9-73 所示。计算受力端面的位移时间历程和应力时间历程。

图 9-72 钢制圆杆

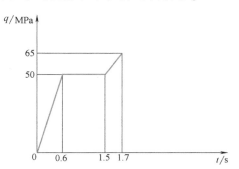

图 9-73 均布载荷时间历程图

第 3 篇

优化设计

第10章

概　述

在设计过程中，常常需要根据产品设计的要求，合理确定各种参数，如质量、成本、尺寸、工作行程等，以期达到最佳的设计目标。这就是说，一项工程设计总是要求在一定的技术和物质条件下，取得一个或若干个技术经济指标为最佳的设计方案。优化设计就是在这样一种思想下产生和发展起来的。

优化设计从 20 世纪 60 年代初发展而来。它是将最优化原理和计算技术应用于设计领域，为工程设计提供一种重要的科学设计方法，使得在解决复杂设计问题时，能从众多的设计方案中寻找到尽可能完善的或最适宜的设计方案。实践证明，在机械设计中运用优化设计方法，不仅可以减轻机械设备自重，降低材料消耗与制造成本，而且可以提高产品的质量与工作性能。因此，优化设计已经成为现代机械设计理论和方法中的一个重要领域，并且越来越受到从事机械设计的科学工作者和工程技术人员的重视。

10.1　优化设计与传统设计方法的比较

机械设计的任务就是要使所设计的产品既具有优良的技术性能指标，又能满足生产的工艺性、使用的可靠性和安全性，同时还要使消耗和成本最低等。

设计一个机械产品，一般均需要经过调查分析、方案拟定、技术设计、零件工作图绘制等环节。传统的设计方法通常是在调查分析的基础上，参照同类产品通过估算、经验类比或试验，并经过分析评价来确定初始的设计方案。确定基本结构参数后，根据初始设计方案的设计参数进行强度、刚度、稳定性等性能分析计算，检查各性能是否满足设计指标要求。如果不完全满足设计指标要求，设计人员将凭借经验或直观判断对参数进行修改。这样反复进行分析计算——性能检验——参数修改，直到设计人员感到满意为止。整个传统设计过程就是人工试凑和定性分析比较的过程，主要的工作是性能的重复分析，至于每次参数的修改以及最后参数方案的确定，主要凭借经验或直观判断，并不是根据某种理论精确计算出来的，大部分的设计结果都有改进提高的余地，而不是最佳设计方案。

近 20 年来，随着电子计算机的发展和广泛应用，在机械设计领域内，已经可以用现代化的设计方法和手段，来满足对机械产品提出的设计要求。优化方法在机械设计中的应用，既可以在满足设计的规定要求下，使设计方案的某些指标达到最优的结果，又不必耗费过多的设计工作量，因而得到了越来越广泛的重视，其应用也越来越广。目前，优化方法已不仅用于产品结构的设计、工艺方案的选择，也用于运输路线的确定、商品流通量的调配、产品配方的配比等。目前，优化方法在机械、冶金、石油、化工、建筑、宇航、造船、轻工等领域都已得到广泛的应用。

10.2　优化设计的概念及术语

下面通过一个例子来介绍优化设计的概念，同时引入一些术语。

例 10-1　有一个金属板制成的立方体装物箱子（图 10-1），体积为 5m³，长度（x_1）不得小于 4m，要求合理选择长（x_1）、宽（x_2）、高（x_3）使制造时耗用的金属板最少。

（1）问题分析　依题意设计问题为：在满足长度 $x_1 \geqslant 4$m、体积等于 5m³ 的前提下，合理选择 x_1、x_2、x_3 使箱子的表面积最小。即从无穷种 x_1、x_2、x_3 组合的尺寸方案——设计方案中，抉择出既满足设计的限制条件，又能使箱子的表面积达到最小的设计方案。

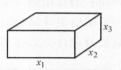

图 10-1　立方体装物箱

（2）问题的数学表达　表面积是 x_1、x_2、x_3 的函数，用代号 $f(x_1,x_2,x_3)$ 表示，则

$$f(x_1,x_2,x_3) = 2(x_1x_2 + x_2x_3 + x_3x_1) \tag{10-1}$$

$f(x_1,x_2,x_3)$ 称为优化设计的**目标函数**。

要求 $f(x_1,x_2,x_3)$ 取得最小值，即求解

$$\min f(x_1,x_2,x_3) = 2(x_1x_2 + x_2x_3 + x_3x_1) \quad ①$$

并且要求：$x_1 \geqslant 4$　　（箱子长度不得小于 4）　　②

　　　　　$x_2 > 0$　　　（箱子宽度大于 0）　　　③

　　　　　$x_3 > 0$　　　（箱子高度大于 0）　　　④

　　　　　$x_1x_2x_3 = 5$　（箱子体积等于 5）　　　⑤

式②~⑤是对变量取值的制约条件的数学表达，称为优化设计的**约束条件或约束方程**。

上述的式①~⑤5 个数学表达式，构成了这一优化设计的**数学模型**。它的数学意义为：在满足 4 个约束条件的前提下，求当 $f(x_1,x_2,x_3)$ 的值为最小时，相应的变量 x_1、x_2、x_3 的数值。

（3）计算结果　选用适当的优化方法求解上述的数学模型，可得：当 $x_1^* = 4$，$x_2^* = 1.118$，$x_3^* = 1.118$ 时，函数 $f(x_1^*,x_2^*,x_3^*) = 20.38$，为本设计的最小值。

在优化设计中，将上述的最小值（或最大值）称为**最优值**，对应的解即变量的一组取值（x_1^*，x_2^*，x_3^*）称为**最优点**，两者统称为**最优解**。求解数学模型的方法称为**优化方法**（或**最优化方法**），求解的过程称为**优化过程**。

10.3 机械优化设计的一般过程

分析例 10-1 的求解过程可知，机械优化设计的工作内容，大致可分为两大部分，如下。

1）分析设计问题，建立优化设计的数学模型。这一部分的工作，就是用数学语言来表达设计的问题，把设计问题转换成数学问题。这部分可分为以下三个方面的工作。

① 将设计追求的指标，用函数的形式表示，称其为**目标函数**。

② 把影响指标变化的参数（因素），作为函数的变量，称其为**设计变量**。

③ 把为确保设计质量，而对参数取值提出的限制条件，称为**约束条件**。将其用方程（等式或不等式方程）来表达，这些方程又称为**约束方程**。

2）选择适当的优化方法，求解数学模型，得到最佳的设计参数。由于优化方法很多，因而它的选用是一个比较棘手的问题，在选用时一般都遵循这样的两个原则：一是选用适合于数学模型计算的方法；二是选用已有计算机程序，且使用简单和计算稳定的方法。对结果数据及设计方案还需进行合理性和适用性分析。

10.4 优化设计的数学模型

分析例 10-1 可知，设计变量、目标函数、约束方程是建立优化设计数学模型的三个基本要素，在本节将对这三个要素及相关的术语做进一步的介绍。

10.4.1 设计变量与设计空间

由例 10-1 可知，一个优化设计方案是用一组设计参数的最优组合来表示的。这些设计参数通常可概括地划分为两类：一类是可以根据客观规律、具体条件或已有数据等预先给定的参数，称为设计常量，如计算质量时材料的密度；另一类是在优化过程中不断变化，最后使设计目标达到最优的独立的设计参数，称为设计变量。优化设计的目的，就是寻找这些设计变量的一种组合，使某项或某几项设计指标达到最优。

为了表达方便，用 $x_i(i=1,\cdots,n)$ 顺序表示 n 个设计变量。

例如：标准直齿圆柱齿轮的设计，共有三个独立可变的待确定参数，即齿数（z_1）、齿宽系数（ψ_d）和模数（m）。在按齿轮质量最小的优化设计中，这三个独立参数即为设计变量。若改用 x_i 来表示，这三个设计变量可表示为

$$\begin{pmatrix} x_1 \\ x_2 \\ x_3 \end{pmatrix} = \begin{pmatrix} 齿数\ z_1 \\ 齿宽系数\ \psi_d \\ 模数\ m \end{pmatrix} \tag{10-2}$$

优化设计的设计变量数目用 n 表示。若以 n 个设计变量作为 n 个坐标轴，则设计变量的取值域，就构成了一个 n 维实空间（n 维欧氏空间），将其称为 n 维**设计空间**。这样，设计变量 $x_i(i=1,\cdots,n)$ 的每一组取值，都对应于设计空间上的一个坐标点，称为**设计点**。

由向量的概念可知，对于 n 维空间的任一坐标点（x_1, x_2, $\cdots$, x_n），都可表示为以原点为起点，该坐标点为终点的 n 维向量，即

$$X = (x_1, x_2, \cdots, x_n)^{\mathrm{T}}$$

当 $n = 2$、3 时，如图 10-2 所示。所以，在 n 维设计空间中，可简便地用一个 n 维向量 X 来表示一个设计点，也就是将 n 个设计变量，看成是一个 n 维向量的 n 个分量，即设计变量可表示为

$$X = \begin{pmatrix} x_1 \\ x_2 \\ \vdots \\ x_i \\ \vdots \\ x_n \end{pmatrix} = (x_1, x_2, \cdots, x_i, \cdots, x_n)^{\mathrm{T}} \qquad (10\text{-}3)$$

简记为
$$X \in \boldsymbol{R}^n \quad (\boldsymbol{R}^n \text{——} n \text{ 维欧氏空间})$$

根据设计空间的概念，设计空间的维数是与优化设计的变量数目相对应的，所以又把设计变量数目称为**优化设计的维数**。由于空间的维数表示向量的自由度，即表示设计的自由度，所以优化设计的维数越多即设计变量越多，则设计的自由度越大，可供选择的方案越多，设计越灵活，相应的难度也越大，求解越复杂。

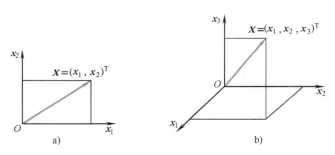

图 10-2　设计变量所组成的设计空间

a）二维设计问题　b）三维设计问题

10.4.2　目标函数

在设计中，设计人员总是希望所设计的产品或工程设施具有最好的设计方案。而这种最好，往往是基于对某个或多个性能指标的评价与对比。在优化设计中，可将所追求的性能指标用设计变量的函数形式表达出来，而后通过对比函数值的大小，来实现设计方案的评价与对比。例如：行走机械的变速器设计，要求最小的质量或最紧凑的体积；平面四杆机构设计，要求最小传动角越大越好；轨迹机构要求实际轨迹与设计要求的理论轨迹吻合度最高等。在优化设计中都需针对这些指标，建立相应的可进行度量的关于设计变量的函数，如例 10-1 中的 $f(x_1, x_2, x_3)$。这种用于度量设计所追求的特定指标优劣程度的关于设计变量的函数，称为优化设计的目标函数，简称为**目标函数**。对于目标函数需着重弄清下述三个概念。

概念一　目标函数是设计变量的函数，用代号表示为 $f(X)$。

概念二　目标函数是用于度量设计所追求的特定指标优劣程度。这种度量是以比较函数

值大小来实现的。所以指标的优劣程度可描述为：$\min f(X)$ 或 $\max f(X)$，$X \in R^n$。相应的数值为最优值。

概念三 由于 $\max f(X)$ 等价于 $\min(-f(X))$，所以统一用最小值表示优化设计的最优值，用求最小来描述优化设计问题，即优化设计问题的数学描述为

$$\min f(X)，X \in R^n$$

根据设计追求的特定指标数目（目标函数数目），优化设计可分为单目标优化设计与多目标优化设计。只有一个目标函数的优化设计问题，称为**单目标优化**；有多个目标函数的优化设计问题，称为**多目标优化**。

10.4.3 约束方程

如上所述，设计空间内所有点的坐标值都是设计方案，但并不是最好的方案，而且也并不都是可行的方案。其中有些方案会明显不合理，如某一尺寸出现负值、面积出现负值等。有些从设计目标的角度看是最好的，但它所对应的设计变量的值，可能就不合理，或违背设计提出的条件。例如：连杆机构中的杆长小于零、等于零或不适当的过长；有些方案可能违背机械的某种工作性能，如按一组设计变量组成的机构其压力角过大，使力的传递效果变坏；某些结构尺寸不能满足强度要求等。

为了能得到满足各方面要求的最优方案，在优化设计中必须提出一些必要的条件，以便对设计变量加以限制。这些根据设计要求而对设计变量的取值进行限制的条件，就是优化设计的**约束条件**（或称为设计约束）。

根据是否有约束条件，把优化的问题分为**约束优化**（带有约束条件的优化问题）和**无约束优化**（没有约束条件的优化问题）。

由例 10-1 可知，在数学模型中，约束条件用数学方程来表达，称为**约束方程**。按数学方程的表达形式，约束条件可分为**不等式约束**和**等式约束**，分别表示为

$$g_u(X) = g_u(x_1, x_2, \cdots, x_n) \leq 0 \quad (u=1,2,\cdots,q) \tag{10-4}$$

$$h_v(X) = h_v(x_1, x_2, \cdots, x_n) = 0 \quad (v=1,2,\cdots,p) \tag{10-5}$$

式中，$g_u(X)$ 和 $h_v(X)$ 都是设计变量的函数；q 和 p 分别是不等式约束方程和等式约束方程的个数。不等式约束也可表示为 $g_u(X) \geq 0$，但其等效为 $-g_u(X) \leq 0$，所以约定在本书中，统一用 $g_u(X) \leq 0$ 的表示方法。对于等式约束，当约束方程的数目与设计变量的数目相等即 $p=n$，且 p 个等式约束方程线性无关时，设计问题只有一个唯一的解，无优化可言，所以，对于优化设计的数学模型，要求 $p<n$。

按约束条件的意义或性质，约束条件又可分为**边界约束**和**性能约束**两种。边界约束是对设计变量取值的上、下界的约束，如齿轮、模数给出它们的上、下界；性能约束是根据设计性能（质量）要求，对设计变量取值的限制，如机构设计的最小传动角、齿轮设计的强度要求等。这种分类的作用，主要是给予设计人员在建立数学模型时，从变量的上下界、设计性能（质量）两个方面考虑、确定约束条件。例如：在例 10-1 的设计要求中，并未对宽、高的取值提出要求，而是在建模时根据三维几何尺寸的知识，即宽、高不能取负数，构建了 $x_2>0$、$x_3>0$ 两项边界约束。

下面结合一个例子，一方面进一步理解约束条件的几何意义，另一方面引入一些新概念。

例 10-2　某优化问题的约束条件为：$g_1(\boldsymbol{X}) = 0.5 - x_1 \leqslant 0$；$g_2(\boldsymbol{X}) = 0.5 - x_2 \leqslant 0$；$g_3(\boldsymbol{X}) = x_1^2 - x_2 + 0.25 \leqslant 0$；$g_4(\boldsymbol{X}) = x_1^2 + x_2 - 4 \leqslant 0$。

分析　因为变量数目为 2，所以设计空间为二维平面。

根据不等式约束方程可知，设计变量的值是否满足约束条件，是以各约束方程等于零为界限的，所以边界线的方程为

$$g_u(\boldsymbol{X}) = 0 \quad (u = 1,2,3,4)$$

以 $g_u(\boldsymbol{X}) = 0 (u = 1,2,3,4)$ 为边界曲线作图如图 10-3 所示。

在图 10-3 中的由 $g_1(\boldsymbol{X}) = 0$、$g_3(\boldsymbol{X}) = 0$、$g_4(\boldsymbol{X}) = 0$ 围成的小区域内，任取设计点，均可满足各约束条件。由此可以进一步理解到，对于约束优化问题，设计空间 $\boldsymbol{R}^n$ 被分成了两部分。一部分是满足各设计约束的设计点的集合 D，称为**可行设计区域**，或称为**可行域**；其余部分则为非可行域。可行域内的设计点称为**可行设计点**，或称为**可行点**。另外，由图 10-3 可以看出，约束条件 $g_2(\boldsymbol{X}) = 0.5 - x_2 \leqslant 0$ 对设计变量的取值起不到约束作用，称其为冗余约束或多余约束。

若再加入 $h(\boldsymbol{X}) = x_1 - x_2 + 1 = 0$ 约束，此时可行区域缩小到了一条短线段上，如图 10-4 所示的线段 AB。

由图 10-4 可以看出，加入了等式约束后，加大了选取可行点的难度，即加大了优化问题的求解难度。等式约束的数目越多，求解难度也就越大。

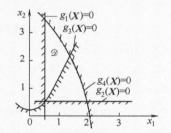
图 10-3　只有不等式约束时的可行域

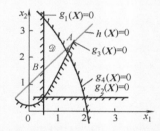
图 10-4　同时有等式约束和不等式约束时的可行域

不过，在有些情况下，利用等式约束方程对数学模型进行改造后，反而能够降低优化问题的求解难度。例如：本例中，由 $h(\boldsymbol{X}) = x_1 - x_2 + 1 = 0$ 可得 $x_2 = x_1 + 1$。将 $x_2 = x_1 + 1$ 这一关系式回代各约束方程及目标函数，显然原先的二维优化问题变为一维优化问题，反而更容易求解。所以，在条件许可时，应尽量利用等式约束，来消去优化问题中的某些设计变量，使优化设计的维数降低。这样既减少了约束条件，又降低了优化的难度，对优化的求解是十分有利的。

10.4.4　数学模型

根据前述的优化设计数学模型的三个组成部分的表示方法，可得优化设计的数学模型表示形式。

无约束优化问题的数学模型的一般形式为

$$\min f(\boldsymbol{X}), \quad \boldsymbol{X} \in \boldsymbol{R}^n$$

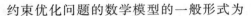

约束优化问题的数学模型的一般形式为

$$\min f(\boldsymbol{X}), \quad \boldsymbol{X} \in D \in \boldsymbol{R}^n$$
$$g_u(\boldsymbol{X}) \leqslant 0 \quad (u = 1, 2, \cdots, q)$$
$$h_v(\boldsymbol{X}) = 0 \quad (v = 1, 2, \cdots, p)$$

对上述数学模型的求解，就是求取可使得目标函数值达到最小时的一组设计变量，即

$$\boldsymbol{X}^* = (x_1^*, x_2^*, \cdots, x_n^*)^{\mathrm{T}}$$

该设计点 $\boldsymbol{X}^*$ 就称为最优点，相应的目标函数值 $f^* = f(\boldsymbol{X}^*)$ 称为最优值，两者总和就是优化问题的最优解。

从数学规划论的角度看，当目标函数 $f(\boldsymbol{X})$ 和约束函数 $g_u(\boldsymbol{X})$、$h_v(\boldsymbol{X})$ 均为设计变量的线性函数时，称为**线性规划**问题，否则为**非线性规划**问题。工程设计中的优化设计问题，大多属于非线性规划问题。若 $\boldsymbol{X}$ 为随机值，则属于**随机规划**问题。

第11章

优化设计的数学基础

11.1 等值线（面）的概念

二维目标函数 $f(X) = f(x_1, x_2)$，其设计空间为以 x_1、x_2 为坐标轴的平面，而函数图像只能在加入纵坐标 $y = f(X)$ 后的三维空间中表达出来，图像为一曲面如图 11-1 所示。

在图 11-1 中，如果用某一平面 $f(X) = C_1$ 来横截曲面，并将两者的交线投射到设计平面 x_1Ox_2 上，就可以得到一条平面曲线。若在该曲线上任取一设计点 (x_1, x_2)，$f(X)$ 的值将保持不变，均等于 C_1，故称这一曲线为目标函数 $f(X)$ 的**等值线**。同理，若再令 $f(X) = C_2$，$C_3 \cdots$ 则在设计平面 x_1Ox_2 上，可相应得到一族关于 $f(X)$ 的等值线。对等值线需把握好以下两个概念。

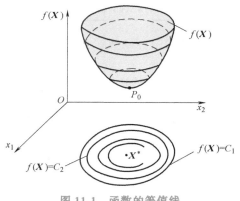

图 11-1 函数的等值线

概念一 等值线就是使 $f(x_1, x_2)$ 保持为某一定值 [如 $f(x_1, x_2) = C$] 时的设计变量 $X = (x_1, x_2)^T$ 的**取值域**，"等值" 对应的是函数值，"线" 对应的是变量域。

概念二 对于三维函数，$f(X) = C$ 为三维设计空间的曲面方程，故称为等值面，当设计变量维数 $n > 3$ 时，$f(X) = C$ 为超曲面方程，称为**等值超曲面**。

由图 11-1 可以看出，利用目标函数的等值线，在二维的设计平面就能够直观地看出二维目标函数值的变化规律和极值点的位置。所以在后续优化方法及原理的介绍时，都是以二元函数为例，利用二维的设计平面上的等值线，对优化方法、优化过程做几何上的解释。

等值线（面）具有如下几个性质。

1）数值不相同的等值线（面）不相交。

2）若目标函数连续，则等值线（面）不中断。

3）常数 C_1、C_2、$C_3 \cdots$ 的间隔相同时，等值线（面）越密，目标函数值的变化越大。

4）对于二元二次函数：

$$f(\boldsymbol{X}) = ax_1^2 + 2bx_1x_2 + cx_2^2 + \cdots$$

当 $a>0$、$c>0$ 和 $ac-b^2>0$ 时，$f(\boldsymbol{X})$ 为椭圆抛物面，等值线为一族同心椭圆，如图 11-2 所示。

5）数学上可以证明，对于一般二元函数 $f(\boldsymbol{X})$，在极值点附近，等值线近似为椭圆族，如图 11-3 所示。

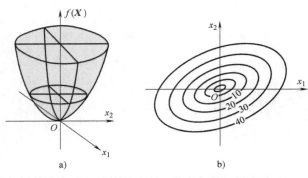

图 11-2　椭圆抛物面与同心椭圆族等值线

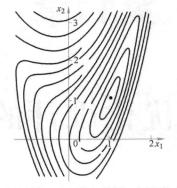

图 11-3　一般二元函数的等值线

11.2　多元函数的梯度与最速下降方向

为了能对目标函数在某点的变化性态做出定量分析，需先引入多元函数的梯度和方向导数的概念。

1. 多元函数的梯度和方向导数

（1）多元函数的梯度　由多元函数 $f(\boldsymbol{X})$ 对各个设计变量的偏导数所组成的列向量，称为多元函数的梯度，并以符号" $\boldsymbol{\nabla} f(\boldsymbol{X})$ "表示，即

$$\boldsymbol{\nabla} f(\boldsymbol{X}) = \begin{vmatrix} \dfrac{\partial f(\boldsymbol{X})}{\partial x_1} \\ \dfrac{\partial f(\boldsymbol{X})}{\partial x_2} \\ \vdots \\ \dfrac{\partial f(\boldsymbol{X})}{\partial x_n} \end{vmatrix} = \begin{vmatrix} \dfrac{\partial f(\boldsymbol{X})}{\partial x_1}, & \dfrac{\partial f(\boldsymbol{X})}{\partial x_1}, & \cdots, & \dfrac{\partial f(\boldsymbol{X})}{\partial x_n} \end{vmatrix}^{\mathrm{T}} \tag{11-1}$$

几种特殊向量函数的梯度计算式如下：

函数 $f(\boldsymbol{X}) = \boldsymbol{B}^{\mathrm{T}}\boldsymbol{X}$ 的梯度　　　　　$\boldsymbol{\nabla} f(\boldsymbol{X}) = \boldsymbol{B}$ 　　　　　　　(11-2)

函数 $f(\boldsymbol{X}) = \boldsymbol{X}^{\mathrm{T}}\boldsymbol{X}$ 的梯度　　　　　$\boldsymbol{\nabla} f(\boldsymbol{X}) = 2\boldsymbol{X}$ 　　　　　　　(11-3)

函数 $f(\boldsymbol{X}) = \boldsymbol{X}^{\mathrm{T}}\boldsymbol{A}\boldsymbol{X}$ 的梯度　　　　$\boldsymbol{\nabla} f(\boldsymbol{X}) = 2\boldsymbol{A}\boldsymbol{X}$ 　　　　　　(11-4)

其中

$$\boldsymbol{X} = \begin{vmatrix} x_1 \\ x_2 \\ \vdots \\ x_n \end{vmatrix}, \quad \boldsymbol{A} = \begin{vmatrix} a_{11} & a_{12} & \cdots & a_{1n} \\ a_{21} & a_{22} & \cdots & a_{2n} \\ \vdots & \vdots & & \vdots \\ a_{n1} & a_{n2} & \cdots & a_{nn} \end{vmatrix}, \quad \boldsymbol{B} = \begin{vmatrix} b_1 \\ b_2 \\ \vdots \\ b_n \end{vmatrix}$$

（2）多元函数的方向导数　如图 11-4 所示，函数在已知点 $X^{(k)}$ 沿某一方向 S（单位向量）的导数（函数变化率）为

$$\frac{\partial f(X^{(k)})}{\partial S} = \frac{\partial f(X^{(k)})}{\partial x_1}\cos\beta_1 + \frac{\partial f(X^{(k)})}{\partial x_2}\cos\beta_2 \tag{11-5}$$

推广到 n 维则有

$$\frac{\partial f(X^{(k)})}{\partial S} = \frac{\partial f(X^{(k)})}{\partial x_1}\cos\beta_1 + \cdots + \frac{\partial f(X^{(k)})}{\partial x_i}\cos\beta_i + \cdots + \frac{\partial f(X^{(k)})}{\partial x_n}\cos\beta_n \tag{11-6}$$

式中，β_i 是 S 与 x_i 轴的夹角；$\cos\beta_i$ 是 S 的方向余弦。

根据任意向量标量积的定义，式（11-6）可表示为

$$\frac{\partial f(X^{(k)})}{\partial S} = [\nabla f(X^{(k)})]^{\mathrm{T}} \cdot S = \| \nabla f(X^{(k)}) \| \ \| S \| \cos(\nabla f(X^{(k)}), S)$$

$$= \| \nabla f(X^{(k)}) \| \cos(\nabla f(X^{(k)}), S) \tag{11-7}$$

2. 讨论

1）由式（11-7）可以看出，多元函数在已知点 $X^{(k)}$ 沿某一指定方向 S 的导数，为该点的梯度在指定方向 S 上的投影长度。

2）由式（11-7）可以看出，当 $\cos(\nabla f(X^{(k)}), S) = 1$，即 S 方向与梯度方向一致时，函数的方向导数值 $\dfrac{\partial f(X^{(k)})}{\partial S}$ 为最大，即函数沿此方向的变化率最大，且等于

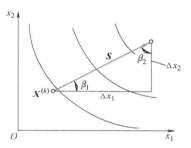

图 11-4　目标函数的方向导数

函数在该点的梯度值。所以函数的梯度方向就是函数值增长最快的方向，其大小（模）是函数最大增长率。与此相对应，梯度的反方向即负梯度 $-\nabla f(X^{(k)})$ 方向，就是函数值下降最快的方向，称为**最速下降方向**。

3）当 $\cos(\nabla f(X^{(k)}), S) = 0$ 时，方向导数为零。这时，S 方向与梯度 $\nabla f(X^{(k)})$ 方向垂直。注意到，在已知点 $X^{(k)}$ 处函数变化率为零的方向，是函数等值线在该点的切线方向。所以梯度向量 $\nabla f(X^{(k)})$ 与函数等值线在点 $X^{(k)}$ 处的切线正交。

综合以上讨论可得到梯度的两个重要性质。

① 梯度向量 $\nabla f(X^{(k)})$ 与函数等值线在点 $X^{(k)}$ 处的切线正交。

② 负梯度向量 $-\nabla f(X^{(k)})$ 方向是函数在点 $X^{(k)}$ 处的最速下降方向。

11.3　多元函数的泰勒展开式

在一元函数微积分中，当函数 $f(x)$ 满足一定条件时，可应用泰勒展开式，在某一给定点 $x^{(k)}$ 的足够小的邻域内，用多项式来近似 $f(x)$。对于多元函数，也有相同的方法，即在满足一定的条件下，可用泰勒展开式将多元函数近似地表示为多元多项式。而在后续讨论多元函数的局部性质以及研究优化算法时，将其作为主要的分析依据与方法。

设多元函数 $f(X)$ 在点 $X^{(k)}$ 至少有二阶连续的偏导数，在 $X^{(k)}$ 的足够小的邻域内将 $f(X)$ 展成泰勒近似式，并且只取前二次项，可得

$$f(X) \approx f(X^{(k)}) + \sum_{i=1}^{n} \frac{\partial f(X^{(k)})}{\partial x_i}\Delta x_i + \frac{1}{2}\sum_{i,j=1}^{n} \frac{\partial^2 f(X^{(k)})}{\partial x_i \partial x_j}\Delta x_i \Delta x_j \tag{11-8}$$

其中

$$\Delta x_i = (x_i - x_i^{(k)}), \quad \Delta x_j = (x_j - x_j^{(k)}) \quad (i,j=1,\cdots,n)$$

在式（11-8）右侧中，仅 Δx_i、Δx_j 中含有设计变量，其余为函数在点 $\boldsymbol{X}^{(k)}$ 处的函数值或一阶、二阶偏导数值。所以，在式（11-8）中 x_i 的最高次幂为 2，这表明 $f(\boldsymbol{X})$ 在点 $\boldsymbol{X}^{(k)}$ 附近可用一个二次函数来近似。

将式（11-8）改写成较为简洁的向量矩阵形式，设

$$\boldsymbol{H}(\boldsymbol{X}^{(k)}) = \begin{pmatrix} \dfrac{\partial^2 f(\boldsymbol{X}^{(k)})}{\partial x_1 \partial x_1} & \cdots & \dfrac{\partial^2 f(\boldsymbol{X}^{(k)})}{\partial x_1 \partial x_j} & \cdots & \dfrac{\partial^2 f(\boldsymbol{X}^{(k)})}{\partial x_1 \partial x_n} \\ \vdots & & \vdots & & \vdots \\ \dfrac{\partial^2 f(\boldsymbol{X}^{(k)})}{\partial x_i \partial x_1} & \cdots & \dfrac{\partial^2 f(\boldsymbol{X}^{(k)})}{\partial x_i \partial x_j} & \cdots & \dfrac{\partial^2 f(\boldsymbol{X}^{(k)})}{\partial x_i \partial x_n} \\ \vdots & & \vdots & & \vdots \\ \dfrac{\partial^2 f(\boldsymbol{X}^{(k)})}{\partial x_n \partial x_1} & \cdots & \dfrac{\partial^2 f(\boldsymbol{X}^{(k)})}{\partial x_n \partial x_i} & \cdots & \dfrac{\partial^2 f(\boldsymbol{X}^{(k)})}{\partial x_n \partial x_n} \end{pmatrix}, \quad \Delta \boldsymbol{X} = \boldsymbol{X} - \boldsymbol{X}^{(k)}$$

$\boldsymbol{H}(\boldsymbol{X}^{(k)})$ 称为**黑塞**（Hessian）**矩阵**，因为二阶偏导数连续，有

$$\frac{\partial^2 f(\boldsymbol{X}^{(k)})}{\partial x_i \partial x_j} = \frac{\partial^2 f(\boldsymbol{X}^{(k)})}{\partial x_j \partial x_i} \tag{11-9}$$

所以黑塞矩阵为对称矩阵。根据矩阵相乘原理，式（11-8）可表示为

$$f(\boldsymbol{X}) \approx f(\boldsymbol{X}^{(k)}) + [\nabla f(\boldsymbol{X}^{(k)})]^\mathrm{T} \Delta \boldsymbol{X} + 1/2 \Delta \boldsymbol{X}^\mathrm{T} \boldsymbol{H}(\boldsymbol{X}^{(k)}) \Delta \boldsymbol{X} \tag{11-10}$$

式（11-10）为多元函数泰勒近似式的向量矩阵形式。

11.4 二次函数

1. 二次函数的概念与向量矩阵表示式

二次函数的一般形式为

$$f(\boldsymbol{X}) = \sum_{i,j=1}^{n} a_{ij} x_i x_j + \sum_{i=1}^{n} b_i x_i + C \tag{11-11}$$

将式（11-11）改写成向量矩阵表示式，略去推导过程可得

$$f(\boldsymbol{X}) = \boldsymbol{X}^\mathrm{T} \boldsymbol{A} \boldsymbol{X} + \boldsymbol{B} \boldsymbol{X} + C \tag{11-12}$$

其中

$$\boldsymbol{X} = \begin{pmatrix} x_1 \\ x_2 \\ \vdots \\ x_n \end{pmatrix}, \quad \boldsymbol{A} = \begin{pmatrix} a_{11} & a_{12} & \cdots & a_{1n} \\ a_{21} & a_{22} & \cdots & a_{2n} \\ \vdots & \vdots & & \vdots \\ a_{n1} & a_{n2} & \cdots & a_{nn} \end{pmatrix}, \quad \boldsymbol{B} = \begin{pmatrix} b_1 \\ b_2 \\ \vdots \\ b_n \end{pmatrix}$$

数学上可以证明，式（11-12）实际上是二次函数的泰勒展开式的表达形式，因二次函数无三阶以上的偏导数，无舍取误差，所以取等号。矩阵 $\boldsymbol{A}$ 则与黑塞矩阵相对应，关系为 $\boldsymbol{A} = 1/2 \boldsymbol{H}(\boldsymbol{X})$，因二次函数的导数连续，所以矩阵 $\boldsymbol{A}$ 一定是一个对称阵。

2. 正定二次函数及特性

对于二次函数 $f(X) = X^T A X + B X + C$，若矩阵 A 为正定矩阵，则称 $f(X)$ 为正定二次函数。由于矩阵 A 同时是一个对称矩阵，因此有时也称 $f(X)$ 为对称正定二次函数。正定二次函数的有关概念，是许多优化方法的理论基础。不少优化方法首先是以正定二次函数为研究对象，以此来构造优化方法的。

检验矩阵 A 是否为正定矩阵的方法，是计算矩阵 A 的每一个主子式（各阶主子式），它们的值都应大于零，即

$$a_{11} > 0, \begin{vmatrix} a_{11} & a_{12} \\ a_{21} & a_{22} \end{vmatrix} > 0, \begin{vmatrix} a_{11} & a_{12} & a_{13} \\ a_{21} & a_{22} & a_{23} \\ a_{31} & a_{32} & a_{33} \end{vmatrix} > 0, \cdots, \begin{vmatrix} a_{11} & a_{12} & \cdots & a_{1n} \\ a_{21} & a_{22} & \cdots & a_{2n} \\ \vdots & \vdots & \vdots & \vdots \\ a_{n1} & a_{n2} & \cdots & a_{nn} \end{vmatrix} > 0$$

若以上各阶主子式的值，按负、正、负、正地交替变换，则称矩阵 A 为负定矩阵。

11.1 节中的等值线性质 4）所对应的二元二次函数，其中 $a > 0$、$ac - b^2 > 0$，这就是二元二次函数的正定条件。所以，二元正定二次函数的几何图形为椭圆抛物面，等值线为同心椭圆族。

对于三元正定二次函数的等值面就相应变为同心椭球面，由此推广到 $n > 3$ 的正定二次函数，虽然无法用几何图形来表示，但其具有同心椭圆族等值线相同的数学性质。这是正定二次函数十分重要的特性。

3. 非二次函数的正定二次性

对于非二次函数，由前述可知，可用泰勒展开式将其在极小点处展开并取前二次项，这样在极值点附近可用二次函数来近似非二次函数。若泰勒近似式的黑塞矩阵为正定矩阵，则说明该非二次函数在极值点附近近似于正定二次函数。二元函数时的情况如图 11-3 所示，即此时在极值点附近的等值线接近同心椭圆族，这一点也是优化方法的理论基础，因为有些优化方法，首先是以正定二次函数为对象，研究构造优化方法，而后再根据这一特点推广应用到非二次函数的求解中。

11.5 目标函数的极值与判别条件

11.5.1 多元函数极值的充要条件

无约束优化方法是优化设计中的一大类重要方法，因而无约束极值问题在优化方法中占有重要地位。下面先简要回顾一元函数极值条件，进而导出多元函数极值条件。

1. 一元函数极值的充要条件

（1）必要条件 由数学分析中的极值概念已知，任何一个单值连续、可微分的不受任何约束的一元函数 $f(x)$，在 $x = x^*$ 处有极值的必要条件是 $f'(x^*) = 0$，满足该条件的点统称为驻点。而驻点是否为极值点，还需用二阶导数 $f''(x)$ 来判断。

（2）充分条件

1）若在驻点 x^* 附近（含驻点）$f''(x) < 0$，则 x^* 为极大点。

2）若在驻点 x^* 附近（含驻点）$f''(x)>0$，则 x^* 为极小点。

为此，一元函数 $f(x)$ 在 x^* 有极值的充要条件为

$$f'(x^*)=0 \text{ 且 } f''(x^*)>0（极小值） \quad \text{或} \quad f''(x^*)<0（极大值）$$

2. 多元函数极值的充要条件

（1）必要条件　仿照一元函数极值的必要条件，多元函数极值的必要条件为：若函数 $f(X)$ 处处存在一阶导数，则 X^* 为其极值点的必要条件是该点的一阶偏导数等于零，也就是该点的梯度向量为零向量，即

$$\nabla f(X^*)=0 \tag{11-13}$$

（2）充分条件　满足式（11-13）的点也不一定是极值点，同样要借助二阶偏导数来判定。

设 X^* 为函数 $f(X)$ 的一个极值点，且在该点附近函数连续并有一阶、二阶偏导数，在 X^* 点附近用泰勒公式将 $f(X)$ 近似为 $(x_i-x_i^*)$ 的多项式，即

$$f(X) \approx f(X^*)+[\nabla f(X^*)]^{\mathrm{T}}\Delta X+1/2\Delta X^{\mathrm{T}}H(X^*)\Delta X \tag{11-14}$$

式中，$\Delta X=X-X^*$。

因为 X^* 必须满足式（11-13），所以式（11-14）可整理为

$$f(X)-f(X^*) \approx 1/2\Delta X^{\mathrm{T}}H(X^*)\Delta X \tag{11-15}$$

分析式（11-15）可得：

1）若 X^* 为极小点，则对于在 X^* 处足够小的邻域内的 X 必有 $f(X)-f(X^*)>0$。这等效为：当 $\Delta X^{\mathrm{T}}H(X^*)\Delta X>0$ 时，X^* 为极小点。由矩阵理论可知，此时 $H(X^*)$ 应是正定矩阵，这就是 X^* 为极小点的充分条件。

2）同理可推得，当 $H(X^*)$ 为负定时，因为 $\Delta X^{\mathrm{T}}H(X^*)\Delta X<0$，则对于在 X^* 处足够小的邻域内的 X，有 $f(X)-f(X^*)<0$，所以 X^* 为极大点。

综上所述，多元函数 $f(X)$ 在 X^* 有极值的充要条件为

$$\nabla f(X^*)=0 \text{ 且海赛矩阵 } H(X^*) \text{ 为正定（极小点）或负定（极大点）}$$

11.5.2　局部最优解与全域最优

在用计算机对目标函数 $f(X)$ 求最优解的过程中，一般只要遇到目标函数的极值点就停止运算，将此极值点作为最优解输出。如下目标函数

$$f(X)=4+\frac{9}{2}x_1-4x_2+x_1^2+2x_2^2-2x_1x_2+x_1^4-2x_1^2x_2 \tag{11-16}$$

存在两个相对极小点 X_1^*、X_2^*，如图 11-5 所示。在计算机求解时，就有可能将某一个极小点作为最优点。而函数的最优值与极值是有区别的，极值仅是相对局部区域而言，而最优值则是在函数的整个定义域上的，所以两个极值点 X_1^*、X_2^* 均称为局部最优点，相应的函数值称为局部最优值。由等值线可以看出 $f(X_1^*)<f(X_2^*)$，所以 X_1^* 又同时为全域最优点。一旦出现这种情况，将给优化设计寻找全域最优解带来困难。

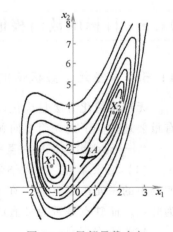

图 11-5　局部最优点与
全域最优点

11.5.3　约束极值的 K-T 条件

约束极值点存在条件的 Knhn-Tucker 条件（简称为 K-T 条件）如下。

设在某个设计点 X^* 上，共有 m 个约束条件为起作用约束，记为 $g_u(X^*) = 0$、$u = 1, \cdots$, m，且 $\nabla g_u(X^*)$ 为线性独立，则 X^* 成为约束极值点的必要条件是，目标函数的负梯度向量 $-\nabla f(X^*)$ 可表示为起作用约束梯度向量 $\nabla g_u(X^*)$ 的线性组合，即

$$-\nabla f(X^*) = \sum_{u=1}^{m} \lambda_u \nabla g_u(X^*), \quad \lambda_u \geq 0 \quad (u = 1, \cdots, m) \tag{11-17}$$

K-T 条件的几何意义如图 11-6 所示。

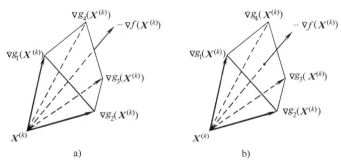

图 11-6　K-T 条件的几何意义

a）$X^{(k)}$ 不是约束极值点　b）$X^{(k)}$ 是约束极值点 X^*

下面分别取 $m = 1$、$m = 2$ 即分别有 1 个或 2 个起作用约束时，对 K-T 条件做进一步的几何解释。

图 11-7a、b 所示为只有 1 个作用约束时的两种不同状态。假定当前搜索点位于点 $X^{(k)}$，目标函数的负梯度为 $-\nabla f(X^{(k)})$，约束函数的正梯度为 $\nabla g(X^{(k)})$，两者的方向如图 11-7a 中箭头所示。图 11-7a 中的 n—n 线为点 $X^{(k)}$ 处等值线的切线，与 $-\nabla f(X^{(k)})$ 垂直，约束函数边界线 $g(X) = 0$ 在点 $X^{(k)}$ 处的切线方向设为 S_1。显然介于 S_1 与 n—n 线所夹的锐角之间的任一方向 S，都是既不违反约束又能使函数下降的搜索方向（称为**可行方向**），函数值还能下降，所以点 $X^{(k)}$ 不是搜索的终点（约束最优点），只是一个可行点。在图 11-7b 中 $X^{(k)}$ 点上，$-\nabla f(X^{(k)})$ 与 $\nabla g(X^{(k)})$ 重合，则 S_1 与 n—n 线也重合，在可行域内就无法找到一个可使函数值下降的方向了。所以此时，$X^{(k)}$ 应为约束极值点 X^*。因为 $-\nabla f(X^{(k)})$ 与 $\nabla g(X^{(k)})$ 重合，其关系可等效表示为 $-\nabla f(X^*) = \lambda \nabla g(X^*)$，$\lambda \geq 0$，这就是式（11-17）在 $m = 1$ 时的表达式。

图 11-7c、d 所示为有 2 个作用约束时的两种不同状态。在图 11-7c 中，S_1 为 $g_1(X) = 0$ 在点 $X^{(k)}$ 处的切线方向，S_2 为 $g_2(X) = 0$ 在点 $X^{(k)}$ 处的切线方向。从图 11-7c 中可看出，S_1 为可行方向的极限位置，在 S_1 与 n—n 线所夹的锐角区域内，均为可行方向，所以 $X^{(k)}$ 不是约束最优点。在图 11-7d 中，n—n 线位于非可行方向 S_2 与可行方向的极限位置 S_1 之间，相应的 $-\nabla f(X^{(k)})$ 位于 $\nabla g_1(X^{(k)})$ 和 $\nabla g_2(X^{(k)})$ 的夹角之间。由于 S_1 与 n—n 线之间所夹的锐角位于可行域外，这意味着在 S_1 上方的可行域内，无法再找到一个可使函数值下降的方向了，$X^{(k)}$ 即为约束极值点 X^*。由于此时 $-\nabla f(X^{(k)})$ 位于 $\nabla g_1(X^{(k)})$ 和 $\nabla g_2(X^{(k)})$ 的夹角之间，由向量合成原理可得，图 11-7d 中的 $-\nabla f(X^{(k)})$ 可以表示为 $\nabla g_1(X^{(k)})$ 和 $\nabla g_2(X^{(k)})$ 的线性组合，即

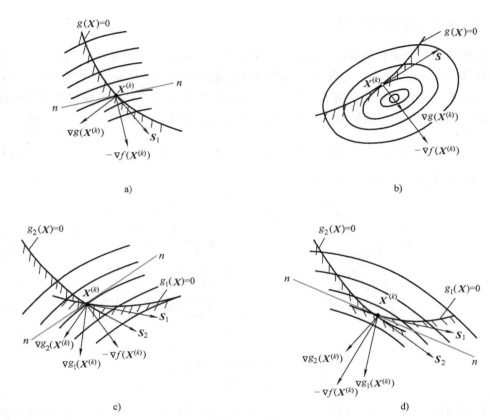

图 11-7 约束问题最优解的必要条件

$-\nabla f(X^{(k)}) = \lambda_1 \nabla g_1(X^{(k)}) + \lambda_2 \nabla g_2(X^{(k)})$，$\lambda_1$、$\lambda_2 \geq 0$，将其中的 $X^{(k)}$ 改为 X^* 则得 $-\nabla f(X^*) = \lambda_1 \nabla g_1(X^*) + \lambda_2 \nabla g_2(X^*)$，$\lambda_1$、$\lambda_2 \geq 0$，这就是式（11-17）在 $m = 2$ 时的表达式。

11.6 优化设计的数值解法及终止准则

11.6.1 优化设计问题的基本解法

求解优化设计问题可以用解析解法，也可以用数值的近似解法。解析解法就是把所研究的对象用数学方程（数学模型）描述出来，然后再用数学解析方法（如微分、变分方法等）求出优化解。但是，在很多情况下，优化设计的数学描述比较复杂，不便于甚至不可能用解析方法求解；另外，有时对象本身的机理无法用数学方程描述，而只能通过大量试验数据用插值或拟合方法构造一个近似函数式，再来求其优化解，并通过试验来验证；或直接以数学原理为指导，从任取一点出发通过少量试验（探索性的计算），并根据试验计算结果的比较，逐步改进而求得优化解。这种方法是属于近似的、迭代性质的数值解法。数值解法不仅可用于求复杂函数的优化解，也可以用于处理没有数学解析表达式的优化设计问题。因此，它是实际问题中常用的方法，很受重视。其中具体方法较多，并且目前还在发展。它与解析法的最大区别在于不需通过推导分析后再计算，而是直接计算、比较已知点上函数的数值后，用各方法特有的方式求得下一个计算点（优化迭代点），这样周而复始，不断反复计算直至达到预定精度要求。所以，数值解法又称为迭代计算。

11.6.2 优化计算的迭代模式与过程

各种基于数值迭代的优化方法，虽然原理不同，但都有着相同的基本迭代模式与过程。大致可归纳为如下几点。

1）如图 11-8 所示，选定一个初始点（由设计人员提供或优化方法自动产生）$X^{(0)}$，由优化方法产生一个能使目标函数值下降的搜索方向 $S^{(0)}$，以 $X^{(0)}$ 为起点，沿 $S^{(0)}$ 方向向前跨步搜索到达新点 $X^{(1)}$。跨步步长 $\alpha^{(0)}$ 的取值应使目标函数在新点 $X^{(1)}$ 处的数值小于在 $X^{(0)}$ 处的数值，即

跨步计算式 $X^{(1)} = X^{(0)} + \alpha^{(0)} S^{(0)}$ 满足于 $f(X^{(1)}) < f(X^{(0)})$。

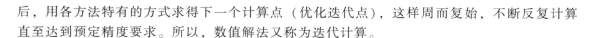

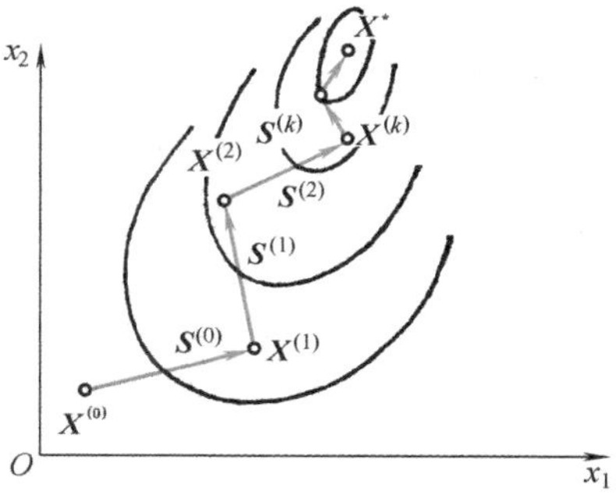

2）以 $X^{(1)}$ 为起点，重复上述方法再求点 $X^{(2)}$。因此，第 k 次后的跨步搜索递推（迭代）模式为

求 $X^{(k+1)} = X^{(k)} + \alpha^{(k)} S^{(k)}$ 使

图 11-8 优化计算的迭代过程

$$f(X^{(k+1)}) < f(X^{(k)}) \tag{11-18}$$

3）在每次跨步搜索之前，先检查当前计算结果是否满足给定的计算精度要求——迭代终止准则，一旦满足便退出计算，否则继续迭代计算。

式（11-18）就是优化计算数值迭代方法的基本迭代计算式。由基本迭代计算式可以引出下面几个对于后面学习十分重要的概念。

1）对于优化计算或优化方法，当初始点 $X^{(0)}$ 已知时，需解决的主要问题如下。

① 如何产生一个以当前已知点为起点的能使函数值下降的搜索方向。例如："梯度法"，就是应用最速下降方向原理，用函数的负梯度方向作为搜索方向。

② 从当前已知点 $X^{(k)}$ 沿搜索方向如何跨出适当的步长，使函数在新的点 $X^{(k+1)}$ 上的函数值尽可能的小。显然，这里存在着一个最合适的步长即最优步长问题，在下一章中将专门讨论这一问题。

2）一个有效的优化方法，应当在经过有限次迭代计算后，迭代计算点逼近到最优点（或极值点），即对于 $\min f(X)$ 的优化计算，计算过程应是一个使函数值由大变小且趋向某一定值的收敛过程。

3）各种优化方法的区别主要就在搜索方向 S 的产生方法与步长 α 的处理上，而如何产生一个搜索效果好的方向则是各种优化方法的核心，在后续的学习中应特别注意掌握其原理。

11.6.3 优化计算的迭代终止准则

用计算机进行迭代计算时，从理论上讲，优化计算中的迭代过程可以产生一个无穷序列 $X^{(k)}$（$k=1，2\cdots$），且当 $k\to\infty$ 时，应该有 $X^{(k)}\to X^*$。在实际的优化设计中，不可能也不必要进行无穷多次的迭代计算，通常只要达到了预先给定的计算精度，就可以终止迭代计算，

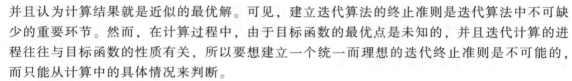

并且认为计算结果就是近似的最优解。可见，建立迭代算法的终止准则是迭代算法中不可缺少的重要环节。然而，在计算过程中，由于目标函数的最优点是未知的，并且迭代计算的进程往往与目标函数的性质有关，所以要想建立一个统一而理想的迭代终止准则是不可能的，而只能从计算中的具体情况来判断。

通常采用的迭代终止准则有以下三种形式。

（1）点距准则　相邻两迭代点 $\boldsymbol{X}^{(k)}$、$\boldsymbol{X}^{(k-1)}$ 之间的距离已达到充分小，即

$$\| \boldsymbol{X}^{(k)} - \boldsymbol{X}^{(k-1)} \| \leqslant \varepsilon_1 \tag{11-19}$$

或向量 $\boldsymbol{X}^{(k)}$、$\boldsymbol{X}^{(k-1)}$ 的各分量的最大移动距离已达到充分小，即

$$\max \{ | x_i^{(k)} - x_i^{(k-1)} |, \quad i = 1, 2, \cdots, n \} \leqslant \varepsilon_2 \tag{11-20}$$

（2）函数下降量准则　相邻两迭代点的函数值下降量已达到充分小，即

$$| f(\boldsymbol{X}^{(k)}) - f(\boldsymbol{X}^{(k-1)}) | \leqslant \varepsilon_3 \tag{11-21}$$

当 $| f(\boldsymbol{X}^{(k-1)}) | > 1$ 时，可采用相对下降量，即

$$\left| \frac{f(\boldsymbol{X}^{(k)}) - f(\boldsymbol{X}^{(k-1)})}{f(\boldsymbol{X}^{(k-1)})} \right| \leqslant \varepsilon_4 \tag{11-22}$$

（3）梯度准则　目标函数在迭代点的梯度已达到充分小，即

$$\| \nabla f(\boldsymbol{X}^{(k)}) \| \leqslant \varepsilon_5 \tag{11-23}$$

上述诸式中的 ε 表达了不同数学意义下的收敛精度，其数值大小一般要根据不同的迭代算法和实际优化设计问题来确定。这几种终止准则，都在一定程度上反映了迭代计算结果的近似程度，但是它们也都有其局限性。

第12章

一维优化方法

一维搜索方法是迭代法的基础。对于优化迭代式 $X^{(k+1)} = X^{(k)} + \alpha^{(k)} S^{(k)}$，且 $f(X^{(k+1)}) < f(X^{(k)})$，关键的问题是如何确定每次迭代的方向 $S^{(k)}$ 与步长 $\alpha^{(k)}$。而当迭代方向确定后，取不同的步长因子，可以得到沿该方向上的一系列迭代点。很显然，希望能够确定一个适当的步长因子，以使得在新的迭代点上，使目标函数数值尽可能地得到减少，即求取一个最合适的步长 $\alpha^{(k)}$（称为最优步长，又记为 α^*），使得 $f(X^{(k)} + \alpha^* S^{(k)})$ 是 $f(X)$ 在可行域内以 $X^{(k)}$ 为起点，沿 $S^{(k)}$ 方向上的最小值。从优化的角度看，这等效为

$$\min f(X^{(k)} + \alpha S^{(k)}) = f(X^{(k)} + \alpha^* S^{(k)}) \tag{12-1}$$

式（12-1）即为关于步长 α 的一维优化问题，其优化过程称为一维最优化搜索。

一维最优化搜索通常是分两步来进行：第一步先确定一个最小值所在的区间；第二步再求出该区间内的最优步长因子 α^*。常用的方法有黄金分割法（也称为 0.618 法）、牛顿法、二次插值法和三次插值法等。本章介绍确定搜索区间的进退法和求解最优步长因子 α^* 的黄金分割法。

12.1 单峰区间及其"高-低-高"几何特征

根据函数在某一区间内的变化情况，可将区间分为单峰区间和多峰区间。单峰区间就是函数在该区间仅有一个峰值，相应的函数在该区间内称为凸函数。如图 12-1 所示，在单峰区间 $[a, b]$ 内，必定存在一点 α^*，其对应的函数值为最小，即

$$a < \alpha^* < b \quad \text{或} \quad a > \alpha^* > b$$

使 $\qquad f(\alpha^*) = \min f(\alpha), \quad \alpha \in (a, b)$

由图 12-1 不难看出在 α^* 以左的区间上，函数值是逐渐由高往低变化，而在 α^* 以右的区间上，函数值是由低往高变化，从而形成一个连续向下凸的曲线，由此可导出判定单峰区间存在的充分条件。

单峰区间存在的充分条件：设 $f(\alpha)$ 在区间 $[a, b]$ 上有定义，若任取 $\alpha \in (a, b)$，都有 $f(a) > f(\alpha)$ 且

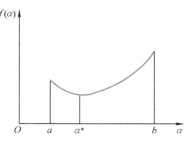

图 12-1　具有单谷性的函数

155

$f(\alpha) < f(b)$，则一定有 $\alpha^* \in (a,b)$，使得 $f(\alpha^*) = \min f(\alpha)$，$\alpha \in (a,b)$ 成立。

充分条件的几何意义为：某一区间若能满足在该区间的左端点 a、区间内的任意插入点 α 和右端点 b 这三点上，函数值变化的几何特征依次为"高-低-高"，即上述的 $f(a) > f(\alpha) < f(b)$，则该区间一定是一个单峰区间。这是一维优化方法最重要的理论依据。

12.2 确定搜索区间的进退法

1. 基本思路

进退法的基本思路是：从 $\alpha = 0$ 为起点，沿 α 坐标轴向右（"进"）或向左（"退"）跨步取点试探。在跨两步后，即得到了一个三点区间，如图 12-2 所示的 0、$\alpha_1^{(1)}$、$\alpha_2^{(1)}$。若在这三点上 $f(\alpha)$ 具有"高-低-高"的变化特征（以下简称为"高-低-高"），则区间即为单峰区间。否则，再跨新的一步，这样又构了新的三点区间，如图 12-2 所示的 $\alpha_1^{(1)}$、$\alpha_1^{(2)}$、$\alpha_2^{(2)}$。反复迭代，直至出现"高-低-高"特征为止。

2. 进退法的迭代方法

为便于叙述和与编程时的变量名一致，约定：下标 1、2 以从左向右为序；用上标 (1)、(2)、(3) 依次表示 3 次跨步取点迭代；用 A_1 表示 α_1，A_2 表示 α_2 即

$$A_1 < A_2, \quad f(A_1), \quad f(A_2)$$

进退法的具体迭代方法如下。

以 $\alpha = 0$ 为起点，即取 $A_1 = 0$，图 12-3a 中为 $A_1^{(1)}$，求 $f_1 = f(A_1)$。记初始步长为 T_0，跨步步长为 T，初始时取 $T = T_0$。跨一步取 $A_2 = T$，图 12-3a 中为 $A_2^{(1)}$，求 $A_2^{(1)}$ 时的函数值，记 $f_2 = f(A_2)$。

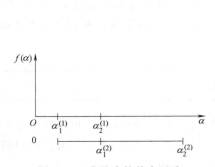

图 12-2 进退法的基本思路

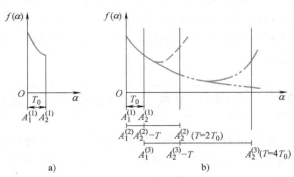

a)

b)

图 12-3 进退法向右的搜索

比较 f_1 与 f_2，此时有两种可能，因而有以下两种走向。

走向一 若 $f_1 > f_2$，如图 12-3 所示。则区间 $[0, A_2]$ 两端点上函数值变化特征（简称为区间特征）为"高-低"，只要再向前找到一个高点，即找到了"高-低-高"区间，所以可继续向前搜索。为提高搜索效率，将步长加大一倍，而且下一个点的函数值只要与当前的 f_2 比较即可。若比当前的 f_2 大，则区间特征为"高-低-高"；若比当前的 f_2 小，则区间特征为"高-低-更低"。因此构造如下的迭代模式。

1）$f_2 \to f_1$（当前 f_2 值替代当前 f_1，以后只要固定的比较 f_1 与 f_2 即可）。

2）$T = 2T$（步长加大一倍）。

3）$A_2 = A_2 + T$（在原 A_2 的基础上再跨一步，得一新的 A_2 点）。

4）计算 $f_2 = f(A_2)$（求新的 A_2 上的函数值）。

5）比较 f_1 与 f_2。

① 若 $f_1 < f_2$，如图 12-3b 中虚线所示，此时图中的三点 $A_1^{(2)}$、$(A_2^{(2)} - T)$、$A_2^{(2)}$ 已形成了 "高-低-高" 三点区间，$A_1^{(2)}$、$A_2^{(2)}$ 分别为单峰区间的左右端点，迭代可结束，因此参照图 12-3b，取 $a = A_1^{(2)}$、$b = A_2^{(2)}$ 退出，相应的通用迭代式为 $a = A_1$、$b = A_2$。

② 若仍有 $f_1 > f_2$，如图 12-3b 中实线所示，此时图中的三点 $A_1^{(2)}$、$(A_2^{(2)} - T)$、$A_2^{(2)}$ 形成了 "高-低-更低" 的三点区间，所以图中 $A_1^{(2)} \sim (A_2^{(2)} - T)$ 的区间可舍去，以 $(A_2^{(2)} - T)$、$A_2^{(2)}$ 形成新的 "高-低" 区间。取第 3 次迭代的左端点 $A_1^{(3)} = A_2^{(2)} - T$，如图 12-3b 所示，相应的通用迭代式为 $A_1 = (A_2 - T)$，即 A_1 右移（向前移动）一个点。然后，返回步骤（1）重复迭代，直到 $f_1 < f_2$ 为止。图 12-3b 中双点画线所示的为第三次迭代计算时，f_2 数值的大小可能出现的两种情况。

走向二 若 $f_1 < f_2$，如图 12-4a 所示，区间特征为 "低-高"，应向左即后退再找一个高点，以构成 "高-低-高" 三点区间。因此，先设 $T = -T_0$，而后按下述迭代模式反复迭代。

1）$A_1 = A_1 + T$（向左 "后退" 取一新点）图 12-4b 中为 $A_1^{(2)} = A_1^{(1)} + T$。

2）$f_1 \rightarrow f_2$（按序 f_1 在左、f_2 在右。因此，下一新点函数值为 f_1，以便固定 f_1 与 f_2 比较的模式）。

3）$f_1 = f(A_1)$（计算新 A_1 上的函数值）。

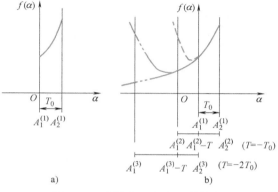

图 12-4 进退法（向左）的搜索

4）比较 f_1 与 f_2。若 $f_1 > f_2$，如图 12-4b 中虚线部分，则 "高-低-高" 区间已形成，为图中 $A_1^{(2)}$、$(A_2^{(2)} - T)$、$A_2^{(2)}$ 三点对应的区间，则取 $a = A_1^{(2)}$、$b = A_2^{(2)}$ 退出。相应的通用迭代式为 $a = A_1$、$b = A_2$。

若 $f_1 < f_2$，如图 12-4b 中实线部分，此时 $A_1^{(2)}$、$(A_2^{(2)} - T)$、$A_2^{(2)}$ 三点区间的特征为 "低-高-更高"，显然应舍去 "高-更高" 对应的区间 $[(A_1^{(2)} - T), A_2^{(2)}]$，所以取 $A_2^{(3)} = A_1^{(2)} - T$（通用迭代式为 $A_2 = A_1 - T$），同时步长加大，取 $T = 2 \times T$，返回按步骤（1）重复进行，直到 $f_1 > f_2$ 为止。图 12-4b 中双点画线所示为第三次计算 f_1 数值的大小可能出现的两种情况。

12.3 缩短搜索区间的消去法

搜索区间 $[a, b]$ 确定之后，可采用区间消去法逐步缩短搜索区间，从而找到极小点的数值近似解。假定在搜索区间内任取两点 a_1、b_1，$a_1 < b_1$，并计算函数值 $f(a_1)$、$f(b_1)$，则有下列三种可能情形。

1）$f(a_1) < f(b_1)$，区间 a-a_1-b_1 为 "高-低-高" 区间，如图 12-5a 所示，极小点在区间 $[a, b_1]$ 内。

2）$f(a_1)>f(b_1)$，区间 a_1-b_1-b 为"高-低-高"区间，如图 12-5b 所示，极小点在区间 $[a_1,\ b]$ 内。

3）$f(a_1)=f(b_1)$，如图 12-5c 所示，极小点在 $[a_1,\ b_1]$ 内。

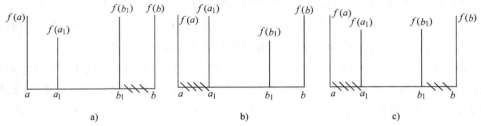

图 12-5　区间消去法原理

a）$f(a_1)<f(b_1)$　　b）$f(a_1)>f(b_1)$　　c）$f(a_1)=f(b_1)$

综上所述，消去法的思路为：初始时在单峰区间内依次插入 a_1、b_1 两点，则原 $[a,\ b]$ 区间可分为两个三点区间：a-a_1-b_1、a_1-b_1-b，对于图 12-5a、b 两种情况，保留其中有"高-低-高"几何特征的区间；在缩短后的区间内再插入一个新点，构成新的两个三点区间，反复迭代直至精度；而一旦出现图 12-5c 所示的情况，则将区间缩短为 $[a_1,\ b_1]$，按初始状态在区间内依次插入两个新点，重新开始消去迭代。

对于插入点位置的确定，有着不同的方法，形成了不同的一维搜索方法。概括起来，可将一维搜索方法分成两大类。一类称为试探法。这类方法是按某种给定的规律来确定区间内插入点的位置。此点位置的确定仅仅按照区间缩短如何加快，而不顾及函数值的分布关系。属于试探法一维搜索的有黄金分割法、斐波那契（Fibonacci）法等。另一类一维搜索方法称为插值法或函数逼近法。这类方法是根据某些点处的某些信息，如函数值、一阶导数、二阶导数等，构造一个插值函数来逼近原来函数，用插值函数的极小点作为区间的插入点。属于插值法一维搜索的有二次插值法、三次插值法等。以下介绍其中可靠性较高的黄金分割法。

12.4　黄金分割法

黄金分割法是建立在区间消去法原理基础上的一维搜索方法，对函数除要求"单峰"外不做其他要求，甚至可以不连续。因此，这种方法的可靠性高，适应面广。

黄金分割法以下的几个方法特点，决定了插入点位置的计算方法。

1）插入点 α_1、α_2 的位置相对于区间 $[a,\ b]$ 的两端点具有对称性，即 $b-\alpha_2=\alpha_1-a$ 引入一个系数 λ 来表示这一关系（$0<\lambda<1$），则 $b-\alpha_2=\alpha_1-a=(1-\lambda)(b-a)$。由此可得

$$\left.\begin{array}{l}\alpha_1=b-\lambda(b-a)\\ \alpha_2=a+\lambda(b-a)\end{array}\right\} \tag{12-2}$$

2）区间长度的收缩量均匀。如图 12-6 所示，区间缩短前长度为 L，区间缩短为 $a^{(1)}$-$\alpha_1^{(1)}$-$\alpha_2^{(1)}$ 后，长度为 l。则区间收缩率为

$$\frac{l}{L}=\frac{(b-a)-(1-\lambda)(b-a)}{b-a}=\lambda$$

λ 恰好为区间收缩率。因为区间长度的收缩量是均匀的，则要求区间收缩率 λ 为常数。

3）保留在收缩后的区间内的原插入点，恰好是下一次迭代两个新插入点中的一个。这是数值计算的一个特点，其目的是为了减少计算量，即每一次迭代可少计算一个插入点，少计算一次目标函数在该点上的数值。

如图 12-6 所示，第一次插入两点 $\alpha_1^{(1)}$、$\alpha_2^{(1)}$ 后，经比较区间缩短为 $a^{(1)}\text{-}\alpha_1^{(1)}\text{-}\alpha_2^{(1)}$，其长度由图 12-6 可得为 l。只需再计算一新点 $\alpha_1^{(2)}$，区间记为 $a^{(2)}\text{-}\alpha_1^{(2)}\text{-}\alpha_2^{(2)}\text{-}b^{(2)}$，再经比较，第二次区间收缩成 $a^{(2)}\text{-}\alpha_1^{(2)}\text{-}\alpha_2^{(2)}$，其区间长度由图 12-6 可得为 $L\text{-}l$。根据特点 2），区间收缩率 λ 应为常数，由图 12-6 可得

$$\lambda = l/L = (L-l)/l$$

整理得

$$l^2 - L(L-l) = 0$$

因为 $\lambda = l/L$，所以可得

$$\lambda^2 + \lambda - 1 = 0$$

则

$$\lambda = \frac{\sqrt{5}-1}{2} = 0.618033\cdots$$

即 λ 正好为"黄金数"，黄金分割法也就由此而得名。

采用黄金分割法进行一维搜索的一般过程如下。

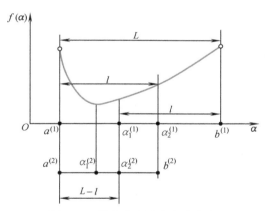

图 12-6　黄金分割法的方法特点

1）给出初始搜索区间 $[a,b]$ 及收敛精度 ε，将 λ 赋以 0.618。

2）按插入点计算公式（12-2）计算 α_1 和 α_2，并计算其对应的函数值 $f(\alpha_1)$、$f(\alpha_2)$。

3）根据黄金分割法的区间消去法原理缩短搜索区间。为了能用原来的插入点计算公式，需进行区间名称的代换，并在保留区间中计算一个新的插入点及其函数值。

4）检查区间是否缩短到足够小和函数值收敛到足够近，如果条件不满足则返回到步骤 2）。

5）如果条件满足，则取区间中点作为极小点的数值近似解。

上述过程一般用计算机实现，其程序框图如图 12-7 所示。

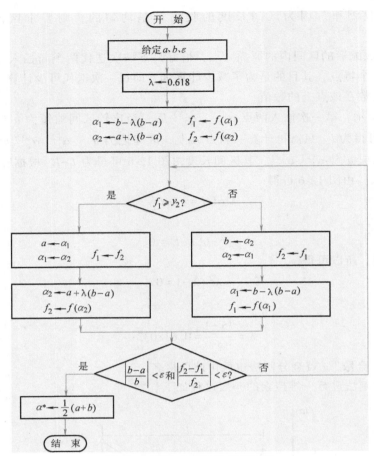

图 12-7　黄金分割法的程序框图

例 12-1　对函数 $f(\alpha)=\alpha^2+2\alpha$，给定初始搜索区间 $[-3,5]$，试用黄金分割法进行区间搜索，求极小点 α^*。

解　由已知条件，此时 $a=-3$、$b=5$。

1）插入两点 α_1 和 α_2，由式（12-2）得

$$\alpha_1=b-\lambda(b-a)=5-0.618\times(5+3)=0.056$$

$$\alpha_2=a+\lambda(b-a)=-3+0.618\times(5+3)=1.944$$

2）计算相应插入点的函数值，得

$$y_1=f(\alpha_1)=0.115,\quad y_2=f(\alpha_2)=7.667$$

3）缩短搜索区间。因为 $y_2>y_1$，所以消去区间 $[\alpha_2,b]$。新的搜索区间 $[a,b]$ 的端点 $a=-3$ 不变，新端点 $b=\alpha_2=1.944$。

4）迭代运算。

插入点替代　　　　　$\alpha_2=\alpha_1=0.056,\quad y_2=y_1=0.115$

新插入点　　$\alpha_1=b-\lambda(b-a)=1.944-0.618\times(1.944+3)\approx-1.111$

新插入点函数值 $\qquad y_1 = f(\alpha_1) = -0.987$

由于 $y_2 > y_1$，故消去区间 $[\alpha_2, b]$，新的搜索区间为 $[-3, 0.056]$。如此继续迭代下去。

表 12-1 列出了前五次迭代的结果。

假定经过 5 次迭代后已满足收敛精度要求，则得

表 12-1 黄金分割法的搜索过程

迭代序号	a	α_1	α_2	b	y_1	比较	y_2
0	-3	0.056	1.944	5	0.115	$<$	7.667
1	-3	-1.111	0.056	1.944	-0.987	$<$	0.115
2	-3	-1.832	-1.111	0.056	-0.306	$>$	-0.987
3	-1.832	-1.111	-0.665	0.056	-0.987	$<$	-0.888
4	-1.832	-1.386	-1.111	-0.665	-0.851	$>$	-0.987
5	-1.386	-1.111	-0.940	-0.665			

$$\alpha^* = \frac{1}{2}(a+b) = \frac{1}{2} \times (-1.386 - 0.665) = -1.0255$$

相应的函数极值为

$$f(\alpha^*) = -0.9993$$

采用解析解法可求得其精确解 $\alpha^* = -1$，$f(\alpha^*) = -1$，可见通过 5 次迭代已足够接近精确解了。

第13章

多维无约束优化方法

　　求解数学模型 $\min f(X)$，$X \in R^n$ 的方法称为无约束优化方法。目前无约束优化方法已比较完善、成熟，形成了许多行之有效的方法。本章介绍其中几种常用方法。

　　通常可把无约束优化方法分为两类，一类是不需要引入导数（偏导数）信息来构造、产生搜索方向的方法，称为直接法；另一类是需要引入导数（偏导数）信息来构造、产生搜索方向的方法，称为间接法。对于直接法，本章以 Powell 法的方法构成思路，顺序地介绍坐标轮换法、共轭方向法、Powell 法。这三种方法的关系是，共轭方向法是坐标轮换法的高一级形式，其迭代模式与坐标轮换法相似，Powell 法则是共轭方向法的改进。对于间接法，则以变尺度法的方法构成和演化过程为思路，顺序介绍（最速下降法）梯度法、牛顿法、广义牛顿法、变尺度法（DEP 法）。其中广义牛顿法是牛顿法的改进，变尺度法则是广义牛顿法的改进与演化。

　　多维无约束优化方法的关键，是形成有效的搜索方向。各种不同方法的主要特征，就体现在搜索方向上。因此，在学习中应理解、掌握各种无约束优化方法的搜索方向的特点，在迭代过程又是如何构造、产生搜索方向的。

13.1　坐标轮换法

13.1.1　坐标轮换法的优化搜索过程

　　坐标轮换法是一种最为简单而比较直观的多维优化方法。如图 13-1 所示，对于二维优化问题，采用坐标轮换法的优化搜索过程为：以给定的初始点 $X^{(0)}$ 为起点，以 x_1 轴方向作为搜索方向，沿 x_1 轴方向优化搜索到达 $X_1^{(1)}$。在这一优化搜索过程中，只有变量 x_1 起变化，x_2 则保持原初始点 $x_2^{(0)}$ 不变。再以 $X_1^{(1)}$ 为起点，换用 x_2 轴方向为搜索方向，优化搜索到达 $X_2^{(1)}$，在此优化过程中，设计变量中是 x_2 起变化，而 x_1 则保持此次优化搜索的初始值 $x_1^{(1)}$。至此完成了一轮 n 次（图 13-1 中 $n=2$）的一维优化搜索。这样反复进行多轮，每轮都有 n 次的一维优化搜索，直至满足终止准则为止。

13.1.2 坐标轮换法的基本算法

1. 迭代计算式

$$\left.\begin{array}{l} \boldsymbol{X}_j^{(k)} = \boldsymbol{X}_{j-1}^{(k)} + \alpha_j^{(k)} \boldsymbol{S}_j^{(k)} \quad (j = 1, \cdots, n) \\ f(\boldsymbol{X}_j^{(k)}) < f(\boldsymbol{X}_{j-1}^{(k)}) \end{array}\right\} \quad (13-1)$$

2. 搜索方向 $S_j^{(k)}$

一轮搜索中 S_j 有规律地变化 n 次,顺序地取各坐标轴(变量 $\boldsymbol{X}$ 的分量对应的坐标轴)的方向为搜索方向,即

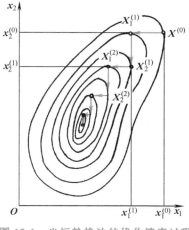

$$\left.\begin{array}{l} \boldsymbol{S}_j^{(k)} = (s_{j,1}^{(k)}, \cdots, s_{j,i}^{(k)}, \cdots, s_{j,n}^{(k)})^{\mathrm{T}} \\ s_{j,i}^{(k)} = \begin{cases} 0 & i \neq j \\ 1 & i = j \end{cases} \quad (j, i = 1, \cdots, n) \end{array}\right\} \quad (13-2)$$

图 13-1　坐标轮换法的优化搜索过程

以二维为例,第 k 轮

$$s_{1,1}^{(k)} = 1, s_{1,2}^{(k)} = 0, (j = 1, i = 1, 2) \quad \text{即} \ \boldsymbol{S}_1^{(k)} = (1, 0)^{\mathrm{T}}, \boldsymbol{S}_1^{(k)} \text{取 } x_1 \text{ 轴方向}$$

$$s_{2,1}^{(k)} = 0, s_{2,2}^{(k)} = 1, (j = 2, i = 1, 2) \quad \text{即} \ \boldsymbol{S}_2^{(k)} = (0, 1)^{\mathrm{T}}, \boldsymbol{S}_2^{(k)} \text{取 } x_2 \text{ 轴方向}$$

13.1.3 迭代模式

分别沿着 n 个坐标轴方向进行 n 次一维优化搜索,即完成了一轮的多维优化搜索,反复多轮次迭代,直到满足终止准则为止。

坐标轮换法的优化效能在很大程度上取决于目标函数的维数和函数的性态。若目标函数的等值线为圆或长短轴都平行于坐标轴的椭圆(对于多元函数,可理解为椭球或超椭球)时,该方法比较有效。对于其他情况的目标函数,其收敛速度很慢。由于相邻两次的搜索方向是互相垂直的,所以

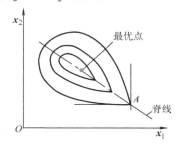

图 13-2　"山脊"形等值线

逼近函数极小点的过程将为直角呈锯齿状而降低收敛速度。尤其是当目标函数的等值线出现"山脊"时,该方法就将失效,无法求得最优点,如图 13-2 所示。

13.2 共轭方向法

13.2.1 概述

坐标轮换法虽然简单,但由于其搜索方向的效能差,造成优化收敛很慢。但从另一个角度看,坐标轮换法的搜索方向由于是一组正交方向,以二维问题为例,对于具有同心圆等值线的目标函数,无论给出怎样的初始点,只要沿着一对正交向量,两次搜索便可达到极小点,图 13-3 所示。由于圆是二次曲线的一个特例,因此,对于一般二次曲线的目标函数,只要找到与正交向量具有相似性质的向量,作为优化的搜索方向,其优化搜索的效能必将大大提高。数学上可以证明,这样的方向就是共轭方向,而正交方向则是共轭方向的特例。图

13-4 所示的 S_1、S_2 的方向就是相互共轭的方向。对于二元正定二次函数（具有同心椭圆族等值线），只要沿着一对共轭方向进行二次一维优化搜索，就可以到达极小点（椭圆中心），相应的优化方法称为共轭方向法。

共轭方向法的特点是：根据共轭向量的基本性质，在搜索过程中逐渐构造共轭向量作为新的搜索方向，从而可在有限步数的一维优化搜索中，找到目标函数的极小点。理论上，对于 n 元正定二次函数，从任意点出发，沿 n 个共轭方向进行一维优化搜索，就可达到极小点。而对于一般的 n 维目标函数，沿相互共轭的方向进行优化搜索，也能有效提高优化搜索的效能。

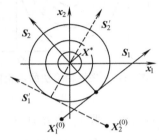

图 13-3　同心圆族采用正交方向搜索

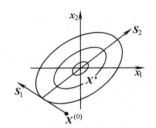

图 13-4　同心椭圆族采用共轭方向搜索

13.2.2　共轭向量（方向）的若干概念

1. 共轭向量的定义

设 A 为 $n×n$ 实对称正定矩阵，有一组非零的 n 维向量 S_1，S_2，$\cdots$，S_q（$2 \leq q \leq n$），若满足

$$S_i^T A S_j = 0 \quad i \neq j \quad (i, j = 1, \cdots, q)$$

则称向量组 S_i（$i = 1$，$\cdots$，q 且 $2 \leq q \leq n$）关于矩阵 A 是共轭的，或称向量组为 A 共轭。

2. 向量共轭的几何解释

由向量共轭定义式 $S_1^T A S_2 = 0$ 可得，当对称正定矩阵 A 为单位阵时，满足条件式的向量 S_1^T、S_2 即为一对正交向量。因此可以从几何意义上理解为：A 共轭向量就是向量 S_2（或 S_1）经过线性变换 A 后（AS_2 或 AS_1），变成了一个与 S_1（或 S_2）正交的向量，而正交向量是共轭的特例。

13.2.3　数值方法构造共轭方向的原理

1. 同心椭圆族的几何特性

同心椭圆族有一个十分重要的几何特性，就是如果在同心椭圆族中任意两个椭圆上作两条相平行的切线 l_1，l_2，则两切点的连线必过同心椭圆族的中心，如图 13-5 所示。而数学上可证明，图 13-5 中切线的方向 S_1 与两切点连线的方向 S_2，就是一对共轭方向。

2. 数值方法构造共轭方向的基本原理与方法

共轭方向法的关键是如何求得各个相互共轭的方向。采用数值方法来构造共轭向量（方向）是解决这一问题的最好方法。方法的基本原理就是上述的同心椭圆族的几何特性。如图 13-6 所示，若以 $X_0^{(1)}$ 为起点，以向量 S_1 的方向为搜索方向进行一维优化，则一维优化的最优点，就是直线 l_1 与椭圆的切点 $X^{(1)}$；若再以 $X_0^{(2)}$ 为起点，仍用与 S_1 相平行的方向进行一维优化搜索，则此次一维优化的最优点，是直线 l_2 与椭圆的切点 $X^{(2)}$。根据向量运算原理可得，以 $X^{(1)}$ 为起点，$X^{(2)}$ 为终点的向量为 $S_2 = X^{(2)} - X^{(1)}$，S_2 的方向就是两切点连线的方向，因为 l_1 与 l_2 平行，因此 S_1 与 S_2 共轭。

由上述可得用数值法构造相互共轭的向量（方向）的基本方法是：用某一个不变的方向 S_1，以两个不同的起点进行两次一维优化，相应的两个最优点就是两条相平行的切线（方向为 S_1）与两个椭圆的切点，连接这两个最优点，连线方向 S_2 就是与 S_1 共轭的方向。对于 n 维问题，接着以 S_2 为搜索方向，重复上述步骤就可得到与 S_2 共轭的方向 S_3，这样反复迭代，即可求得 n 个相互共轭的方向。

图 13-5　同心椭圆族的几何特性

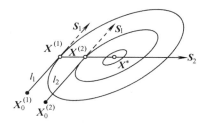

图 13-6　构造共轭方向的原理

13.2.4　共轭方向法的迭代计算步骤

以下在介绍共轭方向法的迭代计算步骤时，结合二维优化问题（图 13-7），做相应的几何解释。

1）设二维数组 SS 为 n 阶单位阵，SS 数组中的每行元素即为各坐标轴的方向向量。迭代轮次 $k=1$。

对于二维问题，此时 $SS = \begin{pmatrix} 1 & 0 \\ 0 & 1 \end{pmatrix}$。

2）$i=1$，$\cdots$，n 且进行 n 次一维优化搜索，搜索方向 S 取 SS 中的第 i 行数值，即 $s_j = ss_{i,j}$，$j = 1$，$\cdots$，n。记每次一维优化的最优点为 $X_i^{(k)}$，相应的起点为 $X_{i-1}^{(k)}$，即当前一维优化最优点，在进行下一次一维优化时，就成为起点。

对于二维问题，当 $k=1$ 时，S 分别取 $(1, 0)^T$ 和 $(0, 1)^T$。如图 13-7 所示，第一次一维搜索是由 $X_0^{(1)}$ 沿 x_1 轴方向即 $S=(1,0)^T$，搜索到达 $X_1^{(1)}$，第二次由 $X_1^{(1)}$ 沿 x_2 轴方向即 $S=(0, 1)^T$ 搜索到达 $X_2^{(1)}$，所以共轭方向法的第一轮搜索实质上是坐标轮换法。

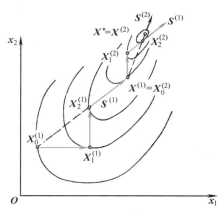

图 13-7　共轭方向法的搜索路线

3）计算 $S^{(k)} = X_n^{(k)} - X_0^{(k)}$，$X_0^{(k)}$ 为本轮起点。

以 $X_n^{(k)}$ 为起点，沿 $S^{(k)}$ 进行一维优化，将其最优点作为 $X_0^{(k+1)}$（下一轮起点）。

如图 13-7 所示，当 $k=1$ 时，得到 $S^{(1)}$ 并经一维优化搜索到达 $X^{(1)}$，将 $X^{(1)}$ 作为第二轮的起点 $X_0^{(2)}$。

4）更新搜索方向向量组 SS。

$$
\left.\begin{array}{ll}
ss_{i,j} = ss_{i+1,j} & (i=1,\cdots,n-1; j=1,\cdots,n) \\
ss_{n,j} = s_j^{(k)} & (j=1,\cdots,n)
\end{array}\right\}
\tag{13-3}
$$

即去掉原 SS 中的第 1 行元素，第 $2 \sim n$ 行元素向前移一行，$S^{(k)}$ 的各分量放入 SS 中的第 n 行。

对图 13-7 所示二维问题，当 $k=1$ 时，更新后的 SS 的第一行为（0，1），第二行为 $S^{(1)}$ 的两个分量（$s_1^{(1)}$，$s_2^{(1)}$）。

5）$k=k+1$，如果 $k>n$，转步骤 6），否则转步骤 2）。

对于图 13-7，当 $k=k+1=2$ 时，转步骤 2）开始第二轮的一维优化搜索，第二轮的第一次一维搜索是由 $X_0^{(2)}$ 沿 x_2 轴方向即 $S=(0,1)^T$，搜索到达 $X_1^{(2)}$，再由 $X_1^{(2)}$ 沿 $S^{(1)}$ 的方向即 $S^{(1)}=(s_1^{(1)},s_2^{(1)})^T$，搜索到达 $X_2^{(2)}$。接着转步骤 3）计算 $S^{(2)}=X_2^{(2)}-X_0^{(2)}$。注意到 $X_0^{(2)}$ 是由 $X_2^{(1)}$ 沿 $S^{(1)}$ 方向一维优化得到的，而 $X_2^{(2)}$ 则是以 $X_1^{(2)}$ 为起点，同样沿 $S^{(1)}$ 方向进行一维优化得到的。结合图 13-6 可知 $X_0^{(2)}$、$X_2^{(2)}$ 就是两平行切线与椭圆族的两个切点，切点的连线方向 $S^{(2)}$ 就是与 $S^{(1)}$ 共轭的方向。这样再以 $X_2^{(2)}$ 为起点沿 $S^{(2)}$ 方向进行一维优化搜索时，就可得到该问题的最优点 X^*（对于图 13-7，同时也是 $X^{(2)}$）。

6）检验终止准则，若满足则退出计算；若不满足，说明虽经过 n 次共轭方向搜索，但尚未接近最优点，因为 n 维问题最多只有 n 个线性独立的共轭方向，所以，可将当前最优点作为新的起点，转步骤 1）重新再进行新的 n 次共轭方向的搜索计算。

总结以上内容，共轭方向法的原理与方法可归纳于以下几点。

1）n 维正定二次函数依次沿 n 个相互共轭的方向进行 n 次一维优化搜索可达最优点。

2）二维正定二次函数的等值线为同心椭圆族。

3）同心椭圆族的任意两平行切线的切点连线方向与该切线的方向为共轭方向。

第 1）点是共轭方向法的原理和迭代模式构建的基础，第 2）、3）点是共轭方向法构造共轭方向的方法依据。因此，共轭方向法对正定二次函数能够通过有限次一维优化而达到极小点。通常称具有这种性质的算法为具有二次收敛性的算法。

对于非二次的目标函数，由于许多目标函数在极值点附近，都可以用二次函数进行很好的近似，甚至在离极值点不是很近的点也是这样，所以共轭方向法用于非二次的目标函数，也有较好的效果。

13.3　Powell 法

对于共轭方向法，当目标函数性态与正定对称二次函数相差较大，或者一维优化结果不够精确以及计算机舍入误差等原因，将使得用数值法构造的共轭方向误差太大，造成更新后的搜索方向组线性相关或接近线性相关，共轭性不强甚至退化，最终导致共轭方向法搜索的失败。为此，Powell 在 1964 年提出了共轭方向法的改进方法——Powell 法。

13.3.1　Powell 法的方法要点

Powell 法与共轭方向法的区别，是在每次获得新方向 $S^{(k)}$ 后，并不是不管好坏地一律去掉前一轮搜索方向组中的第一个方向，再将新方向 $\boldsymbol{S}^{(k)}$ 补于最后。而是先进行判断，如果替换方向不会引起新的搜索方向组的线性相关，则进行替换；否则，新一轮的搜索仍用上一轮的搜索方向组，并且以新的搜索方向组有更好的共轭性为准则，选取上一轮搜索方向组中应去除的方向，判别准则为

$$f_3 < f_1 \ \text{且} \ (f_1 - 2f_2 + f_3)(f_1 - f_2 - \Delta_m)^2 < 0.5\Delta_m(f_1 - f_3)^2 \tag{13-4}$$

式中，$f_1 = f(\boldsymbol{X}_0^{(k)})$ 为第 k 轮的起点 $\boldsymbol{X}_0^{(k)}$ 上的函数值；$f_2 = f(\boldsymbol{X}_n^{(k)})$ 为第 k 轮最后一次（第 n 次）一维优化的最优点 $\boldsymbol{X}_n^{(k)}$ 上的函数值。

$$f_3 = f(\boldsymbol{X}_3), \qquad \boldsymbol{X}_3 = 2\boldsymbol{X}_n^{(k)} - \boldsymbol{X}_0^{(k)}$$

$$\Delta_m = \max_{1 \leqslant i \leqslant n} \{ f(\boldsymbol{X}_{i-1}^{(k)}) - f(\boldsymbol{X}_i^{(k)}) \} \tag{13-5}$$

式（13-5）所表达的意义为：提取第 k 轮的每一次一维优化搜索中，函数值下降量最大的那一次的下降量（用代号 Δ_m 表示），并记录对应的顺序号为 m，$1 \leqslant m \leqslant n$。

如果判别式（13-4）满足，则去掉原搜索方向组（第 k 轮用的）中的第 m 个方向，把 $\boldsymbol{S}^{(k)}$ 补到搜索方向组的最后一个方向位置上，即替换方法为

$$ss_{i,j} = ss_{i,j} \qquad (i < m; \ j = 1, \ \cdots, \ n)$$

$$ss_{i,j} = ss_{i+1,j} \qquad (m \leqslant i \leqslant n-1; \ j = 1, \ \cdots, \ n)$$

$$ss_{n,j} = s_j^{(k)} \qquad (j = 1, \ \cdots, \ n)$$

13.3.2 Powell 法的迭代计算步骤

Powell 法的迭代过程与共轭方向法基本相同，差别就在引入了是否替换方向的判断以及替换方向的方式不同。Powell 法的搜索路线如图 13-8 所示。Powell 法的程序框图如图 13-9 所示。

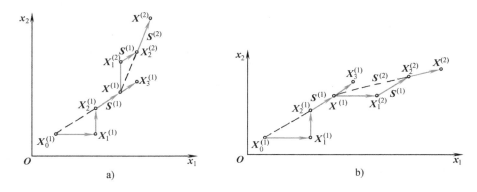

图 13-8 Powell 法的搜索路线

a) $\Delta_m = f(\boldsymbol{X}_0^{(1)}) - f(\boldsymbol{X}_1^{(1)})$，$m = 1$ b) $\Delta_m = f(\boldsymbol{X}_1^{(1)}) - f(\boldsymbol{X}_2^{(1)})$，$m = 2$

13.3.3 Powell 法应用中的若干问题

Powell 法是由共轭方向法改进而来的，虽然在新搜索方向（共轭方向）的构造上两者是相同的，但 Powell 法增加了对搜索方向组中 n 个方向的线性独立性与共轭性的判断，以确保新一轮搜索方向组的线性独立性、共轭性不低于旧的搜索方向组。也就是通过比较来决

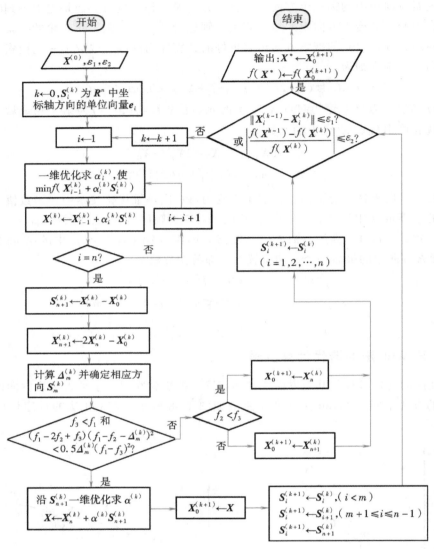

图 13-9 Powell 法的程序框图

定新方向是否可用以及替换方向的对象。因此，Powell 法对目标函数的适应性比共轭方向法更好，被认为是不用导数信息的优化方法中，最为有效的方法。

    对于 n 维优化问题，采用 Powell 求解，一般都要进行 $n \times n$ 次以上的一维优化搜索。当目标函数的维数较高，函数构成复杂时，使用 Powell 法就会有计算量大、收敛较慢的问题。一般建议该方法适用的目标函数的维数以低于 50 为宜。

    此外，如果 Powell 法的初始搜索方向组中的坐标轴方向不能及时被新构造的搜索方向所替换，或只做了很少替换，则整个优化搜索过程是坐标轮换法在起主要作用，这可能会导致难以收敛或最终结果不准确。这种情况有可能出现在目标函数的性态与正定二次函数相差很大时。因此，对于复杂的目标函数，若采用 Powell 法求解，最好记录下搜索方向组替换的情况，以助于把握计算结果的可靠程度。

13.4 最速下降法（梯度法）

最速下降法又称为梯度法，基本方法是以目标函数的最速下降方向——负梯度方向为搜索方向，调用一维优化方法求得一维最优点，并求出最优点上（第一次为起点）的梯度，再进行一维优化，这样反复迭代直至满足终止准则为止，其迭代计算式为

$$
\left.\begin{array}{l}
S^{(k)} = \dfrac{\nabla f(X^{(k)})}{\|\nabla f(X^{(k)})\|} \\[3mm]
X^{(k+1)} = X^{(k)} + \alpha^{(k)} S^{(k)} \\[3mm]
\text{且}\quad f(X^{(k+1)}) = \min_{\alpha} f(X^{(k)} + \alpha S^{(k)})
\end{array}\right\}
\tag{13-6}
$$

最速下降法的搜索路线如图 13-10 所示。由于相邻两次迭代的搜索方向是两相邻迭代点的负梯度方向，而且一维搜索是采用最优步长法，因此两搜索方向必正交。这就是说在最速下降法中，迭代点向函数极小点靠近的过程，形成"之"字形的锯齿现象，并且越接近极小点，齿距越密，收敛速度就越慢。这原因在于负梯度方向最速下降的局部性，即对某已知点而言，该点的负梯度方向是函数在该点的最速下降方向，但仅仅是对该点而言，一旦离开了这一点，其方向就不再是最速下降方向了。因而，在这个优化过程中，沿某点的负梯度方向寻优，并不总是具有最速下降方向的性质。

最速下降法的优点是迭代过程简单，要求的存储量少，而且在远离极小点时，函数下降还是比较快的。因此，常将它与其他方法结合，在计算的前期使用负梯度方向，当接近极小点时，再改用其他方向。

利用最速下降法进行优化计算的程序框图如图 13-11 所示。

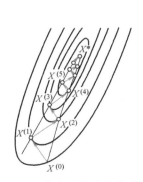

图 13-10 最速下降法的搜索路径

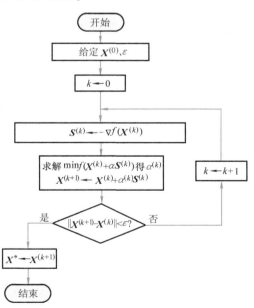

图 13-11 利用最速下降法进行优化计算的程序框图

13.5 牛顿法

13.5.1 概述

牛顿法的基本原理为：根据已知点 $X^{(k)}$，构造一条过点 $(X^{(k)}, f(X^{(k)}))$ 的二次曲线，求出该曲线的极小点。若这一极小点与 $f(X)$ 的最优点即 $f(X)$ 的极小点的误差太大，则以该极小点替换上述的 $X^{(k)}$，重复上述步骤。这样，就可不断地用构造的二次曲线的极小点，逐步逼近到 $f(X)$ 的极小点，如图 13-12 所示 。

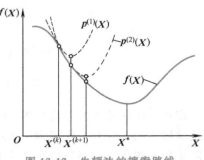

图 13-12 牛顿法的搜索路线

由上述基本原理及图 13-12 可以看出，牛顿法方法的关键如下。

1）如何构造出过点 $(X^{(k)}, f(X^{(k)}))$ 的二次曲线方程。

2）如何求取多元二次曲线的极值点。

下面着重于介绍如何解决这两个问题。

13.5.2 牛顿法的基本方法与迭代式

1. 过点 $f(X^{(k)})$ 的二次曲线方程

由 "多元函数的泰勒近似式" 可知，多元函数在已知点附近可用二次曲线来近似，即在点 $X^{(k)}$ 处对 $f(X)$ 用多元泰勒展开式展开，并取前两项，即

$$f(X) \approx f(X^{(k)}) + [\nabla f(X^{(k)})]^{\mathrm{T}} \Delta X + 1/2 \Delta X^{\mathrm{T}} H(X^{(k)}) \Delta X \tag{13-7}$$

式（13-7）的右边，就是过点 $f(X^{(k)})$ 且与 $f(X)$ 误差最小的二次曲线方程，将其用 $p(X)$ 表示。

2. 求二次曲线 $p(X)$ 的极小点

$$\left.\begin{array}{l} p(X) = f(X^{(k)}) + [\nabla f(X^{(k)})]^{\mathrm{T}} \Delta X + 1/2 \Delta X^{\mathrm{T}} H(X^{(k)}) \Delta X \\ \Delta X = X - X^{(k)} \end{array}\right\} \tag{13-8}$$

注意到式（13-8）中，仅 $\Delta X = X - X^{(k)}$ 为变量，由向量函数梯度公式可得

$$p'(X) = \nabla f(X^{(k)}) + H(X^{(k)})(X - X^{(k)})$$

令 $p'(X) = 0$ 则

$$\nabla f(X^{(k)}) + H(X^{(k)})(X - X^{(k)}) = 0 \tag{13-9}$$

若黑塞矩阵 $H(X^{(k)})$ 正定，则 $H(X^{(k)})$ 可逆，将 $[H(X^{(k)})]^{-1}$ 左乘式（13-9）可得

$$[H(X^{(k)})]^{-1} \nabla f(X^{(k)}) + I_n(X - X^{(k)}) = 0$$

式中，I_n 表示 n 阶单位阵。

则 $p(\boldsymbol{X})$ 的极小点 $\boldsymbol{X'}$ 为

$$\boldsymbol{X'} = \boldsymbol{X}^{(k)} - [\boldsymbol{H}(\boldsymbol{X}^{(k)})]^{-1} \nabla f(\boldsymbol{X}^{(k)}) \qquad (13\text{-}10)$$

3. 牛顿法迭代式

因 $p(\boldsymbol{X})$ 的极小点 $\boldsymbol{X'}$ 是用于构造新的过点 $(\boldsymbol{X'}, f(\boldsymbol{X'}))$ 的二次曲线的，即式（13-10）中的 $\boldsymbol{X'}$ 是一个新迭代点，所以可令 $\boldsymbol{X}^{(k+1)} = \boldsymbol{X'}$，则得

$$\boldsymbol{X}^{(k+1)} = \boldsymbol{X}^{(k)} - [\boldsymbol{H}(\boldsymbol{X}^{(k)})]^{-1} \nabla f(\boldsymbol{X}^{(k)}) \qquad (13\text{-}11)$$

式（13-11）即为牛顿法的基本迭代式。

13.6　广义牛顿法

由牛顿法的方法原理可知，当目标函数为二次函数时，因为泰勒近似式是二次函数的标准式，$p(\boldsymbol{X}) = f(\boldsymbol{X})$，所以 $p(\boldsymbol{X})$ 的极小点 $\boldsymbol{X'}$ 就是目标函数的极小点 $\boldsymbol{X}^*$。这样，只需一次计算即可收敛于目标函数的极小点。若目标函数不是二次函数，由于是用二次函数去近似目标函数，那么，采用牛顿法迭代计算时，如果起点选择不当，往往不能收敛于目标函数极小点。因此，要求起点 $\boldsymbol{X}^{(0)}$ 不能离目标函数极小点（最优点）太远，一般要求 $\| \boldsymbol{X}^{(0)} - \boldsymbol{X}^* \| < 1$。针对牛顿法对起点的选取较严格，可做如下改进。

分析式（13-11），牛顿法迭代式 $\boldsymbol{X}^{(k+1)} = \boldsymbol{X}^{(k)} - [\boldsymbol{H}(\boldsymbol{X}^{(k)})]^{-1} \nabla f(\boldsymbol{X}^{(k)})$ 可等效为

$$\left. \begin{aligned} \boldsymbol{X}^{(k+1)} &= \boldsymbol{X}^{(k)} + \alpha^{(k)} \boldsymbol{S}^{(k)} \\ \boldsymbol{S}^{(k)} &= -[\boldsymbol{H}(\boldsymbol{X}^{(k)})]^{-1} \nabla f(\boldsymbol{X}^{(k)}) \\ \alpha^{(k)} &= 1 \end{aligned} \right\} \qquad (13\text{-}12)$$

若在迭代中对式（13-12）中的 $\alpha^{(k)}$ 不取 1，而是对 $\alpha^{(k)}$ 求一维优化的最优步长，则式（13-12）改变为

$$\left. \begin{aligned} \boldsymbol{X}^{(k+1)} &= \boldsymbol{X}^{(k)} + \alpha^{(k)} \boldsymbol{S}^{(k)} \\ f(\boldsymbol{X}^{(k)} + \alpha^{(k)} \boldsymbol{S}^{(k)}) &= \min_{\alpha} f(\boldsymbol{X}^{(k)} + \alpha \boldsymbol{S}^{(k)}) \\ \boldsymbol{S}^{(k)} &= -[\boldsymbol{H}(\boldsymbol{X}^{(k)})]^{-1} \nabla f(\boldsymbol{X}^{(k)}) \end{aligned} \right\} \qquad (13\text{-}13)$$

式（13-13）就是牛顿法的一种改进形式，称为广义牛顿法或阻尼牛顿法。

由于广义牛顿法每次迭代都在牛顿方向上进行一维搜索，避免了迭代后函数值上升的情况，这样，既保持了牛顿法收敛快的特点，又使得迭代计算能够保证收敛。需要注意的是，广义牛顿法要求 $\boldsymbol{H}(\boldsymbol{X}^{(k)})$ 矩阵是非奇异的。另外，由于计算逆矩阵的工作量较大，当设计变量较多时，计算量和存储量都将随变量个数的平方而增加，从而给实际计算带来不便。

13.7　变尺度法（DFP 法）

变尺度法的基本思想就是设法构造一个对称正定矩阵 $\boldsymbol{H}^{(k)}$ 来替代广义牛顿法中的逆矩

阵$[H(X^{(k)})]^{-1}$，并且在迭代计算中，使其逐步逼近$[H(X^{(k)})]^{-1}$。如此形成的优化方法既可具有接近广义牛顿法的收敛速度，又避免了逆矩阵的计算工作。

根据这种思想，其迭代式可写为

$$X^{(k+1)} = X^{(k)} + \alpha^{(k)} S^{(k)} = X^{(k)} - \alpha^{(k)} H^{(k)} \nabla f(X^{(k)}) \tag{13-14}$$

在迭代过程中，对称正定矩阵$H^{(k)}$是不断加以修改、变化的，其作用相当于不断改变$-\nabla f(X^{(k)})$的尺度，所以$H^{(k)}$被称为变尺度矩阵，这种方法就称为变尺度法。

变尺度矩阵的构造必须使搜索方向$S^{(k)} = -H^{(k)} \nabla f(X^{(k)})$具有下降性、收敛性和计算的简便性。为此，必须满足以下两个基本条件。

1) $H^{(k)}$必须使$S^{(k)} = -H^{(k)} \nabla f(X^{(k)})$为函数的数值下降的方向。这一要求相应的条件为$S^{(k)}$与$-\nabla f(X^{(k)})$之间的夹角小于$90°$，即

$$-(S^{(k)})^{\mathrm{T}} \nabla f(X^{(k)}) > 0 \tag{13-15}$$

根据这个要求，可以推得，$H^{(k)}$必须是对称正定矩阵。

2) $H^{(k)}$应能够最终逼近到$[H(X^*)]^{-1}$。这一要求的实质是$S^{(k)}$最终要逼近牛顿方向$-[H(X^{(k)})]^{-1} \nabla f(X^{(k)})$。将目标函数展开为泰勒近似式，设$G^{(k)} = \nabla f(X^{(k)})$，记$X^{(k+1)}$为极值点附近的第$k+1$次的迭代点，经推导可得拟牛顿条件为

$$[H(X^{(k)})]^{-1}(G^{(k+1)} - G^{(k)}) = X^{(k+1)} - X^{(k)} \tag{13-16}$$

若令$\Delta X^{(k)} = X^{(k+1)} - X^{(k)}$，$\Delta G^{(k)} = G^{(k+1)} - G^{(k)}$，当使用$H^{(k+1)}$来逼近（近似）$[H(X^{(k)})]^{-1}$时，由式（13-16）可得

$$H^{(k+1)} \Delta G^{(k)} = \Delta X^{(k)} \tag{13-17}$$

式（13-17）就是变尺度矩阵$H^{(k+1)}$应满足的基本关系式，称为DFP条件，或拟牛顿条件。由式中（13-17）可看出，若按拟牛顿条件来构造变尺度矩阵，则只要用到迭代点及其梯度的信息，即$\Delta X^{(k)}$和$\Delta G^{(k)}$，而不必计算二阶偏导数。

$$H^{(k+1)} = H^{(k)} + E^{(k)} \quad (k = 0, 1, 2 \cdots) \tag{13-18}$$

利用待定系数法，并结合上述条件，可以求得

$$E^{(k)} = \frac{\Delta X^{(k)} (\Delta X^{(k)})^{\mathrm{T}}}{(\Delta X^{(k)})^{\mathrm{T}} \Delta G^{(k)}} - \frac{H^{(k)} \Delta G^{(k)} (\Delta G^{(k)})^{\mathrm{T}} H^{(k)}}{(\Delta G^{(k)})^{\mathrm{T}} H^{(k)} \Delta G^{(k)}} \tag{13-19}$$

其中

$$\Delta X^{(k)} = X^{(k+1)} - X^{(k)}$$

$$\Delta G^{(k)} = G^{(k+1)} - G^{(k)}$$

初始矩阵$H^{(0)}$通常取为单位矩阵，显然变尺度法的第一个搜索方向是起点的负梯度方向。不难看出，迭代计算中，若$H^{(k)}$恒为单位矩阵，则变尺度法退化为梯度法；若$H^{(k)}$恒为$[H(X^{(k)})]^{-1}$，则变尺度法等效为广义牛顿法。

变尺度法的程序框图如图13-13所示，以符号G表示$\nabla f(X)$，y表示ΔG，S表示ΔX。

当目标函数的梯度向量容易解析求得时，变尺度法是一种十分有效的优化方法。在理论上可以证明，变尺度法的搜索方向是相互共轭的，因而它具有二次收敛性，其收敛速度将介于广义牛顿法和梯度法之间。对于大型优化问题（设计变量在100个以上），由于变尺度法的收敛速度快、效果好，被认为是无约束优化问题中最好的求解方法之一。

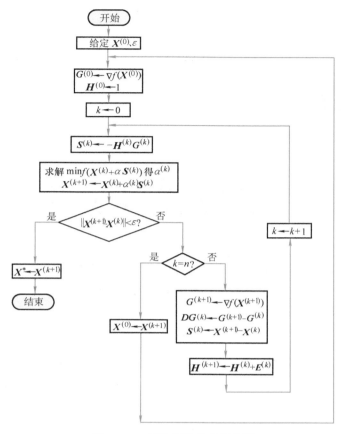

图 13-13　变尺度法的程序框图

第14章

约束问题的优化设计方法

约束问题的优化设计方法较多,这里仅介绍一种比较常用的间接解法——惩罚函数法。这类方法的基本思想是:构造一个新的目标函数,将约束问题转化为无约束问题,然后直接应用无约束优化方法进行求解。

14.1 内点惩罚函数法

内点惩罚函数法简称为内点法。这种方法所构造的新的目标函数(惩罚函数)是定义在原设计问题的可行域内。整个求解过程都是在可行域内完成的,所以,它是一种求解具有不等式约束优化问题的有效方法。对于机械优化设计问题,在迭代求解过程中,所有迭代点都是一个可行的设计方案。

对于只具有不等式的约束优化问题

$$\min f(\boldsymbol{X})$$
$$g_u(\boldsymbol{X}) \leqslant 0 \quad (u = 1, 2, \cdots, q)$$

取惩罚函数为

$$\phi(\boldsymbol{X}, r^{(k)}) = f(\boldsymbol{X}) - r^{(k)} \sum_{u=1}^{q} \frac{1}{g_u(\boldsymbol{X})} \tag{14-1}$$

或

$$\phi(\boldsymbol{X}, r^{(k)}) = f(\boldsymbol{X}) - r^{(k)} \sum_{u=1}^{q} \ln[-g_u(\boldsymbol{X})] \tag{14-2}$$

式中,$r^{(k)}$ 是惩罚因子,满足

$$r^{(0)} > r^{(1)} > r^{(2)} > \cdots > 0, \qquad \lim_{k \to \infty} r^{(k)} = 0$$

$\sum\limits_{u=1}^{q} \dfrac{1}{g_u(\boldsymbol{X})}$ 或 $\sum\limits_{u=1}^{q} \ln[-g_u(\boldsymbol{X})]$ 为惩罚项。

由于内点法的迭代过程在可行域内进行,惩罚项的作用是阻止迭代点越出可行域。由惩罚项的函数形式可知,当迭代点靠近某一约束边界时,其值趋近于 0,而惩罚项的值陡然增

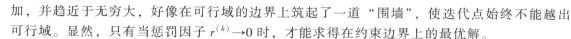

加，并趋近于无穷大，好像在可行域的边界上筑起了一道"围墙"，使迭代点始终不能越出可行域。显然，只有当惩罚因子 $r^{(k)} \to 0$ 时，才能求得在约束边界上的最优解。

应用内点法时有几个需要注意的问题。

1. 起点 $\boldsymbol{X}^{(0)}$ 的选择

起点 $\boldsymbol{X}^{(0)}$ 必须是满足约束条件的可行点。在机械优化设计中，约束优化问题中的一个可行点，实质上就是一个可行的设计方案。在进行优化设计之前，预先提供一个可行的设计方案是能够办到的。此外，使用内点法时，起点 $\boldsymbol{X}^{(0)}$ 应选择一个离约束边界较远的可行点。若 $\boldsymbol{X}^{(0)}$ 太靠近某一约束边界，构造的惩罚函数可能由于惩罚项的值很大而变得畸形，使求解无约束优化问题发生困难。程序设计时，一般都考虑使程序具有人工输入和计算机自动生成可行起点的两种功能，由使用人员选用。计算机自动生成可行起点的常用方法是利用随机数生成设计点。

2. 惩罚因子初值 $r^{(0)}$ 的确定

适当选取惩罚因子初值 $r^{(0)}$ 对保证正常计算及计算效率都有一定的影响。惩罚函数的性态与惩罚因子的大小有很大的关系，当 $r^{(0)}$ 值很小时，惩罚函数的性态就会变坏。在内点惩罚函数中，只有当 $r^{(k)} \to 0$ 时，惩罚函数的极值才是原约束优化问题的最优解。但是在求解过程中，如果 $r^{(0)}$ 太大，将增加迭代次数；$r^{(0)}$ 太小，则会使惩罚函数的性态变坏，甚至难以收敛到极值点。由于目标函数的多样化，使得 $r^{(0)}$ 的取值相当困难，目前还无一定的有效方法。对于不同的问题，都要经过多次试算，才能决定一个适当的 $r^{(0)}$。以下的方法可作为试算取值的参考。

1）取 $r^{(0)} = 1$，根据试算的结果，再决定增加或减小 $r^{(0)}$ 的值。

2）按经验公式

$$r^{(0)} = \left| \frac{f(\boldsymbol{X}^{(0)})}{\sum\limits_{u=1}^{q} \dfrac{1}{g_u(\boldsymbol{X}^{(0)})}} \right| \qquad (14\text{-}3)$$

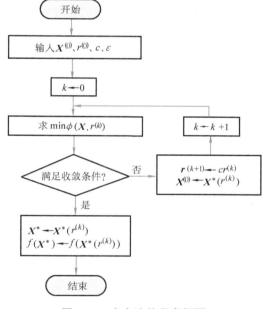

图 14-1 内点法的程序框图

计算 $r^{(0)}$ 值。这样选取的 $r^{(0)}$，可以使惩罚函数中的惩罚项和原目标函数的值大致相等，不会因惩罚项的值太大而起支配作用，也不会因惩罚项的值太小而被忽略掉。

3. 惩罚因子的缩减系数 c 的选取

在构造序列惩罚函数时，惩罚因子是一个逐次递减到 0 的数列，相邻两次迭代的惩罚因子的关系为

$$r^{(k)} = cr^{(k-1)} \qquad (14\text{-}4)$$

式中的 c 称为惩罚因子的缩减系数，c 为小于 1 的正数，通常的取值范围在 $0.1 \sim 0.7$ 之间。

4. 收敛条件

内点法的收敛条件为

$$\left| \frac{\phi(\boldsymbol{X}^*(r^{(k)}),r^{(k)})-\phi(\boldsymbol{X}^*(r^{(k-1)}),r^{(k-1)})}{\phi(\boldsymbol{X}^*(r^{(k-1)}),r^{(k-1)})} \right| \leqslant \varepsilon_1 \qquad (14-5)$$

$$\| \boldsymbol{X}^*(r^{(k)})-\boldsymbol{X}^*(r^{(k-1)}) \| \leqslant \varepsilon_2 \qquad (14-6)$$

式（14-5）说明相邻两次迭代的惩罚函数的值相对变化量充分小，式（14-6）说明相邻两次迭代的无约束极小点已充分接近。满足收敛条件的无约束极小点 $\boldsymbol{X}^*(r^{(k)})$ 已逼近原问题的约束最优点，迭代终止。原约束问题的最优解为

$$\boldsymbol{X}^* = \boldsymbol{X}^*(r^{(k)}), \quad f(\boldsymbol{X}^*)=f(\boldsymbol{X}^*(r^{(k)}))$$

内点法的程序框图如图 14-1 所示。

14.2 外点惩罚函数法

外点惩罚函数法简称为外点法。这种方法和内点法的不同之处，在于构造的惩罚函数的定义域不同。外点法将惩罚函数定义在可行域之外，序列迭代点从可行域之外逐渐逼近约束边界上的最优点，其优点是能够方便地处理具有等式约束的约束优化设计问题。

对于同时具有不等式约束和等式约束的约束优化问题

$$\begin{cases} \min f(\boldsymbol{X}) \\ g_u(\boldsymbol{X}) \leqslant 0 & (u=1,2,\cdots,q) \\ h_v(\boldsymbol{X})=0 & (v=1,2,\cdots,p<n) \end{cases}$$

外点惩罚函数法的惩罚函数为

$$\phi(\boldsymbol{X},r^{(k)}) = f(\boldsymbol{X}) + r^{(k)} \sum_{u=1}^{q} \left\{ \frac{g_u(\boldsymbol{X})+| g_u(\boldsymbol{X}) |}{2} \right\}^2 + r^{(k)} \sum_{v=1}^{p} [h_v(\boldsymbol{X})]^2 \qquad (14-7)$$

式中，$\sum_{u=1}^{q} \left\{ \dfrac{g_u(\boldsymbol{X})+| g_u(\boldsymbol{X}) |}{2} \right\}^2$ 和 $\sum_{v=1}^{p} [h_v(\boldsymbol{X})]^2$ 分别是不等式约束条件和等式约束条件的惩罚项；$r^{(k)}$ 是惩罚因子，它与内点法中的惩罚因子不同，应满足

$$0<r^{(0)}<r^{(1)}<r^{(2)}<\cdots \quad \text{及} \quad \lim_{k\to\infty} r^{(k)} \to +\infty$$

外点法的迭代过程在可行域之外进行，惩罚项的作用是迫使迭代点逼近约束边界或等式约束曲面。由惩罚项的形式可知，当迭代点 $\boldsymbol{X}$ 不可行时，惩罚项的值大于 0，使得惩罚函数 $\phi(\boldsymbol{X},r^{(k)})$ 大于原目标函数，这可看成是对迭代点不满足约束条件的一种惩罚。当迭代点离约束边界越远，惩罚项的值越大，这种惩罚越重。但当迭代点不断接近约束边界或等式约束曲面时，惩罚项的值减小，且趋近于 0，惩罚项的作用逐渐消失，迭代点也就趋近于约束边界上的最优点了。

与内点法不同，外点法的惩罚因子在迭代求解过程中按下式递增：

$$r^{(k)} = \alpha r^{(k-1)} \qquad (14-8)$$

式中，α 是递增系数，通常取 $\alpha = 5 \sim 10$。

与内点法相反，惩罚因子的初值 $r^{(0)}$ 若取相当大的值，会使 $\phi(\boldsymbol{X},r^{(k)})$ 的等值线变形或偏心，求 $\phi(\boldsymbol{X},r^{(k)})$ 的极值将发生困难，但若 $r^{(0)}$ 取得过小，势必增加迭代次数。所以，在

外点法中，$r^{(0)}$ 的合理取值也是很重要的。许多计算表明，取 $r^{(0)} = 1$、$\alpha = 10$ 常常可以取得满意的结果。

14.3　混合惩罚函数法

　　由于内点法容易处理不等式约束优化设计问题，而外点法又容易处理等式约束优化设计问题，因而可将内点法与外点法结合起来，充分发挥内点法和外点法的优点，处理同时具有不等式约束和等式约束的优化设计问题。混合惩罚函数法简称为混合法，这种方法就是把内点法和外点法结合起来，用来求解同时具有等式约束和不等式约束函数的优化问题。

　　对于约束优化问题

$$\begin{cases} \min f(\boldsymbol{X}) \\ g_u(\boldsymbol{X}) \leqslant 0 \quad (u = 1, 2, \cdots, q) \\ h_v(\boldsymbol{X}) = 0 \quad (v = 1, 2, \cdots, p < n) \end{cases}$$

取惩罚函数为

$$\phi(\boldsymbol{X}, r^{(k)}) = f(\boldsymbol{X}) - r^{(k)} \sum_{u=1}^{q} \frac{1}{g_u(\boldsymbol{X})} + (r^{(k)})^{-1/2} \sum_{v=1}^{p} [h_v(\boldsymbol{X})]^2 \tag{14-9}$$

式中，$r^{(k)}$ 是惩罚因子，满足

$$r^{(0)} > r^{(1)} > r^{(2)} > \cdots \quad \text{及} \lim_{k \to \infty} r^{(k)} = 0$$

混合法具有内点法的求解特点，即迭代过程在可行域内进行，因而起点 $\boldsymbol{X}^{(0)}$ 和惩罚因子的初值 $r^{(0)}$ 均可参考内点法选取。计算步骤和程序框图也与内点法相近。

第15章

机械优化设计的应用

15.1 机械优化设计的一般步骤

机械优化设计的全过程一般可分为如下几个步骤。

1）明确设计变量、目标函数和约束条件，建立优化设计的数学模型。

2）选择适当的优化方法。

3）编写计算机程序。

4）准备必要的初始数据并上机计算。

5）对计算机求得的结果进行必要的分析。

以上步骤中，建立优化设计数学模型是首要的和关键的一步，是取得正确结果的前提。优化方法的选择则取决于数学模型的特点，如优化问题规模的大小、目标函数和约束函数的性态以及计算精度等。在比较各种可供选用的优化方法时，需要考虑的一个重要因素是计算机执行这些程序所花费的时间和费用，也即计算效率。正确地选择优化方法，至今还没有一定的原则。编写计算机程序对于使用人员来说，已经没有多少工作要做了，因为已有许多成熟的优化方法程序可供选择。使用人员只需要将数学模型按要求编写成子程序嵌入已有的优化程序即可。

15.2 建立数学模型的基本原则

建立数学模型的基本原则是优化设计中的一个重要组成部分。优化结果是否可用，主要取决于所建立的数学模型是否能够确切而又简洁地反映工程问题的客观实际。在建立数学模型时，片面地强调确切，往往会使数学模型十分冗长、复杂，增加求解问题的困难程度，有时甚至会使问题无法求解；片面强调简洁，则可能使数学模型过分失真，以致失去了求解的意义。合理的做法是在能够确切反映工程实际问题的基础上力求简洁。

对于组成优化设计数学模型的三要素，即设计变量、目标函数和约束条件，是建立数学模型过程中必须认真考虑的内容，这里分别予以讨论。

1. 设计变量的选择

机械设计中的所有参数都是可变的，但是将所有的设计参数都列为设计变量不仅会使问题复杂化，而且是没有必要的。例如：材料的力学性能由材料的种类决定，在机械设计中常用材料的种类有限，通常可根据需要和经验事先选定，因此如弹性模量、泊松比、许用应力等参数按选定材料赋以常量更为合理；另一类状态参数，如功率、温度、应力、应变、挠度、压力、速度、加速度等则通常可由设计对象的尺寸、载荷以及各构件间的运动关系等计算得出，多数情况下也没有必要作为设计变量。因此，在充分了解设计要求的基础上，应根据各设计参数对目标函数的影响程度认真分析其主次，尽量减少设计变量的数目，以简化优化设计问题。另外还应注意设计变量应当相互独立，否则会使目标函数出现"山脊"或"沟谷"，给优化带来困难。

2. 目标函数的确定

目标函数是一项设计所追求的指标的数学反映，因此对它最基本的要求是能够用来评价设计的优劣，同时必须是设计变量的可计算函数。选择目标函数是整个优化设计过程中最重要的决策之一。

有些问题存在着明显的目标函数，如一个没有特殊要求的承受静载的梁，自然希望它越轻越好，因此选择其自重作为目标函数是没有异议的。但设计一台复杂的机器，追求的目标往往较多，就目前使用较成熟的优化方法来说，还不能把所有要追求的指标都列为目标函数，因为这样做并不一定能有效地求解。因此应当对所追求的各项指标进行细致的分析，从中选择最重要最具有代表性的指标作为设计追求的目标。例如：一架好的飞机，应该具有自重轻、净载质量大、航程长、使用经济、价格便宜、跑道长度合理等性能，显然这些都是设计时追求的指标。但并不需要把它们都列为目标函数，在这些指标中最重要的指标是飞机的自重。因为采用轻的零部件建造的自身重量最轻的飞机只会促进其他几项指标，而不会损害其中任何一项。因此选择飞机自重作为优化设计的目标函数应该是最合适的了。

若一项工程设计中追求的目标是相互矛盾的，这时常常取其中最主要的指标作为目标函数，而其余的指标列为约束条件。也就是说，不指望这些次要的指标都达到最优，只要它们不至于过劣就可以了。

在工程实际中，应根据不同的设计对象、不同的设计要求灵活地选择某项指标作为目标函数。例如：对于一般的机械，可按重量最轻或体积最小的要求建立目标函数；对应力集中现象尤其突出的构件，则以应力集中系数最小的要求建立目标函数；对于精密仪器，应按其精度最高或误差最小的要求建立目标函数。在机构设计中，当对所设计机构的运动规律有明确的要求时，可针对其运动学参数建立目标函数；若对机构的动态特性有专门要求，则应针对其动力学参数建立目标函数；而对于要求再现运动轨迹的机构设计，则应根据机构的轨迹误差最小的要求建立目标函数。

3. 约束条件的确定

约束条件是就工程设计本身而提出的对设计变量取值范围的限制条件。和目标函数一样，它们也是设计变量的可计算函数。

如前所述，约束条件可分为性能约束和边界约束两大类。性能约束通常与设计原理有关，有时非常简单，如设计曲柄连杆机构时，按曲柄存在条件而写出的约束函数均为设计变量的线性显函数；有时却相当复杂，如对一个复杂的结构系统，要计算其中各构件的应力和位移，常采用有限元法，这时相应的约束函数为设计变量的隐函数，计算这样的约束函数往往要花费很大的计算量。

在选取约束条件时应当特别注意避免出现相互矛盾的约束。因为相互矛盾的约束必然导致可行域为一空集，使问题的解不存在。另外应当尽量减少不必要的约束，不必要的约束不仅增加优化设计的计算量，而且可能使可行域缩小，影响优化结果。

15.3　机床主轴结构的优化设计

机床主轴是机床中重要零部件之一，一般为多支承空心阶梯轴。为便于使用材料力学公式进行结构分析，常将阶梯轴简化成以当量直径表示的等截面轴。现以机床主轴为例，说明机械优化设计的一般过程。

已经简化的机床主轴，如图 15-1 所示。在设计这根主轴时，有两个重要因素需要考虑：一是主轴的自重；一是主轴外伸端点 C 的挠度。对于普通机床，并不追求过高的加工精度，对机床主轴的优化设计，以选取主轴的自重最轻为目标，外伸端的挠度是约束条件。

1. 设计变量

当主轴的材料选定时，其设计方案由 4 个设计变量决定，即内孔孔径 d、外径 D、跨距 l 及外伸端长度 a。由于机床主轴内孔常用于通过待加工的棒料，其大小由机床型号决定，不能作为设计变量。故设计变量取为

$$\boldsymbol{X} = (x_1, x_2, x_3)^{\mathrm{T}} = (l, D, a)^{\mathrm{T}}$$

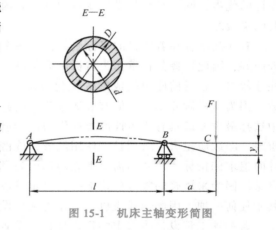

图 15-1　机床主轴变形简图

2. 目标函数

考虑到要使机床主轴的自重为最轻，主轴优化设计的目标函数为

$$f(\boldsymbol{X}) = \frac{1}{4}\pi\rho(x_1 + x_3)(x_2^2 - d^2) \tag{15-1}$$

式中，ρ 是材料的密度。

3. 约束条件

主轴的刚度是一个重要性能指标，其外伸端的挠度 y 不得超过规定值 y_0，据此建立性能约束条件为

$$g(\boldsymbol{X}) = y - y_0 \leqslant 0$$

在外力 F 给定的情况下，y 是设计变量 $\boldsymbol{X}$ 的函数，其值按下式计算

$$y = \frac{Fa^2(l+a)}{3EI} \tag{15-2}$$

其中
$$I = \frac{\pi}{64}(D^4 - d^4) \qquad (15\text{-}3)$$

则
$$g(\boldsymbol{X}) = \frac{64Fx_3^2(x_1 + x_3)}{3\pi E(x_2^4 - d^4)} - y_0 \leqslant 0 \qquad (15\text{-}4)$$

此外，通常还应考虑主轴内最大应力不得超过许用应力。由于机床主轴对刚度要求比较高，当满足刚度要求时，强度尚有相当富裕，因此应力约束条件可不考虑。边界约束条件为设计变量的取值范围，即

$$l_{\min} \leqslant l \leqslant l_{\max}$$

$$D_{\min} \leqslant D \leqslant D_{\max}$$

$$a_{\min} \leqslant a \leqslant a_{\max}$$

4. 数学模型

综上所述，将所有约束函数规格化，主轴优化设计的数学模型可表示为

$$\min f(\boldsymbol{X}) = \frac{1}{4}\pi\rho(x_1 + x_3)(x_2^2 - d^2)$$

$$g_1(\boldsymbol{X}) = \frac{64Fx_3^2(x_1 + x_3)}{3\pi E(x_2^4 - d^4)} \Big/ y_0 - 1 \leqslant 0$$

$$g_2(\boldsymbol{X}) = 1 - x_1/l_{\min} \leqslant 0$$

$$g_3(\boldsymbol{X}) = 1 - x_2/D_{\min} \leqslant 0$$

$$g_4(\boldsymbol{X}) = x_2/D_{\max} - 1 \leqslant 0$$

$$g_5(\boldsymbol{X}) = 1 - x_3/a_{\min} \leqslant 0$$

这里未考虑两个约束条件，即 $x_1 \leqslant l_{\max}$ 和 $x_3 \leqslant a_{\max}$，这是因为无论从减小外伸端挠度看，还是从降低主轴自重上看，都要求主轴跨距 x_1、外伸端长度 x_3 往小处变化，因此对其上限可以不进行限制。这样可以减少一些不必要的约束，有利于优化计算。

5. 计算实例

现在对图 15-1 所示主轴进行优化设计。已知主轴内径 $d = 30\mathrm{mm}$，外力 $F = 15000\mathrm{N}$，许用挠度 $y_0 = 0.05\mathrm{mm}$。

如前所述，取设计变量数 $n = 3$，约束函数个数 $q = 5$，收敛精度 $\varepsilon_1 = 10^{-5}$、$\varepsilon_2 = 10^{-5}$，初始惩罚因子 $r^{(0)} = 2$，惩罚因子缩减系数 $c = 0.2$，设计变量的初始值及上、下限值列于表 15-1 中。

表 15-1 机床优化设计实例的初始数据

设计变量	x_1	x_2	x_3
初始值	480	100	120
下限值	300	60	90
上限值	650	140	150

用内点法求解该优化设计问题。代入已知数据后，经 17 次迭代，计算收敛，其最优

解为

$$\boldsymbol{X}^* = (300.036 \quad 75.244 \quad 90.001)^{\mathrm{T}}$$

$$f(\boldsymbol{X}^*) = 11.377$$

思考题与习题

1. 阐述机械优化设计的一般过程。

2. 建立优化设计数学模型要考虑的基本要素有哪些？

3. 已知跨距为 l、横截面为矩形的简支梁，其材料密度为 ρ，许用弯曲应力为 $[\sigma_W]$，许用挠度为 $[f]$，在梁的中点作用一集中载荷 F，梁的横截面宽度 b 不得小于 $b_{\min}$，横截面高度 h 不得小于 $h_{\min}$，现要求设计此梁，使其重量最轻，试写出其优化设计的数学模型。

4. 试用作图法求出下面优化设计模型的最优点。

$$\min f(\boldsymbol{X}) = (x_1-3)^2 + (x_2-3)^2$$

$$2x_1 - x_2 \leqslant 0$$

$$x_1, x_2 > 0$$

5. 试将下述优化问题的目标函数等值线 $f(\boldsymbol{X}) = 1、4、9$ 和约束边界曲线勾画出来，并回答问题1）～3）。

$$\min f(\boldsymbol{X}) = x_1^2 + x_2^2 - 4x_2 + 4$$

$$g_1(\boldsymbol{X}) = x_1 - x_2^2 - 1 \geqslant 0$$

$$g_2(\boldsymbol{X}) = 3 - x_1 \geqslant 0$$

$$g_3(\boldsymbol{X}) = x_2 \geqslant 0$$

1）$\boldsymbol{X}^{(1)} = (1, 1)^{\mathrm{T}}$ 是否为可行点？

2）$\boldsymbol{X}^{(2)} = \left(\dfrac{5}{2}, \dfrac{1}{2}\right)^{\mathrm{T}}$ 是否为内点？

3）可行域是否为凸集？用阴影描绘出可行域的范围。

6. 试求下列目标函数的无约束极值点，并判断它们是极小点还是极大点。

1）$f(\boldsymbol{X}) = \dfrac{3}{2}x_1^2 + \dfrac{1}{2}x_2^2 - x_1 x_2 - 2x_1$

2）$f(\boldsymbol{X}) = x_1^2 + x_1 x_2 + 2x_2^2 - 4x_1 + 6x_2 + 10$

7. 现已获得优化问题的一个数值解 $\boldsymbol{X} = (1.000, 4.900)^{\mathrm{T}}$，试判定该解是否是下述问题的优化解。

$$\min f(\boldsymbol{X}) = 4x_1 - x_2^2 - 12$$

$$g_1(\boldsymbol{X}) = 25 - x_1^2 - x_2^2 \geqslant 0$$

$$g_2(\boldsymbol{X}) = x_1^2 - 10x_1 + x_2^2 - 10x_2 + 34 \geqslant 0$$

$$g_3(\boldsymbol{X}) = x_1 \geqslant 0$$

$$g_4(\boldsymbol{X}) = x_2 \geqslant 0$$

8. 用内点法求下面问题的最优解。

$$\min f(\boldsymbol{X}) = x_1^2 + x_2^2 - 2x_1 + 1$$

$$g(\boldsymbol{X}) = x_2 - 3 \geq 0$$

9. 用内点法求下面问题的最优解。

$$\min f(\boldsymbol{X}) = x_1 + x_2$$

$$g_1(\boldsymbol{X}) = -x_1^2 + x_2 \geq 0$$

$$g_2(\boldsymbol{X}) = x_1 \geq 0$$

10. 试用共轭方向法求

$$f(\boldsymbol{X}) = x_1^2 + x_1 x_2 + x_2^2 + 2x_1 - 4x_2$$

的极小点，取起点为 $\boldsymbol{X}^{(0)} = (2,2)^{\mathrm{T}}$。

11. 设目标函数

$$f(\boldsymbol{X}) = 10(x_1 + x_2 - 5)^2 + (x_1 - x_2)^2$$

取起点 $\boldsymbol{X}^{(0)} = \begin{pmatrix} 0 \\ 0 \end{pmatrix}$，用 Powell 法求其最优点，计算前 3 次迭代。

12. 试用最速下降法求解

$$f(\boldsymbol{X}) = x_1^2 + 2x_2^2$$

的极小点，设起点为 $\boldsymbol{X}^{(0)} = (4,4)^{\mathrm{T}}$，迭代 3 次，并验证相邻两次迭代的搜索方向为相互垂直。

13. 用牛顿法求下列函数的极小点。

$$f(\boldsymbol{X}) = x_1^2 - 2x_1 x_2 + 1.5x_2^2 + x_1 - 2x_2$$

第 4 篇

可靠性设计

第16章

产品可靠性及其度量指标

16.1　产品设计中的可靠性问题

从可靠性设计的角度，可把产品（尤其是零部件）归纳为三类。

（1）本质上可靠的零部件　在强度和应力之间有很高的裕度，并且在使用寿命期内不耗损的零部件。例如：不运动、不承受明显动载荷的机械零部件。

（2）本质上不可靠的零部件　设计裕量低或者不断耗损的零部件。例如：恶劣环境下工作的零部件（如涡轮叶片）、与其他零件有动接触且持续磨损的零部件（如齿轮、轴承和动力传输带）、在工作过程中有疲劳损伤累积的零部件等。

（3）由很多零部件及其界面组成的系统　例如：各种机械装备，都存在很多可能失效的部位和多种潜在的失效模式。

为了避免产品在使用寿命期内失效，可靠性设计中策略包括以下内容。

1）正确地选用材料。

2）控制材料和零部件性能的不确定性。

3）保证零部件具有足够的安全裕度，特别是对于可能出现强度或应力极值的场合。

4）通过合理的维护维修等防止耗损故障模式在规定寿命期内发生。

5）适当采用冗余结构。

6）确保系统界面不会由于相互作用、容差错配等原因导致失效。

对于多数产品，初步设计很难实现高可靠性要求。为了保证高可靠性，对设计的产品必须进行分析和测试，以便暴露潜在的失效模式，再不断改进设计并且重新测试，直到最终设计达到标准。

原则上，每个产品都应该精确、一致地制造出来。然而，生产制造过程中不可避免地存在各种各样的不确定性。理解并且控制这种变化性，检查、检测出不符合要求的产品是制造质量控制的任务，也是设计必须考虑的因素。此外，操作行为和维护维修质量也直接影响产品的可靠性。

从全寿命周期的角度，产品可靠性问题有以下基本特征。

1）失效主要是由人（设计人员、制造人员、用户、维护人员）造成的。因此，保证可靠性本质上是一项管理工作。为防止失效，应保证选用合适的团队、技术、方法、规范。

2）产品可靠性不是通过彼此独立工作的几个专家就能保证。防止失效的目标需要通过产品设计、制造、使用、维护维修等全体有关人员的密切协作来实现。

3）关于产品可靠性与成本之间的关系，也不存在进一步提高可靠性就必然导致成本上升的可靠性临界点。从产品全寿命周期的角度，这一观点就更有意义。与制造质量方面的改进相比较，先进、合理的设计效益更高。

16.2　产品质量与可靠性

可靠性是产品（零件或系统）的质量指标之一，定义为产品在规定条件下，规定时间内完成规定功能的能力。规定的条件不同，产品的可靠性也不同。例如：同一台设备，在室内、野外、海上、空中等不同的环境条件下工作，其可靠性也是不同的。

"规定时间"是可靠性区别于产品其他质量属性的重要特征。产品的可靠性水平会随着使用或储存时间的增加而降低。在可靠性定义中，时间可以是日历时间，也可以是产品运行时间、操作次数、载荷作用次数、运行距离等。

"规定功能"明确了产品的功能是什么以及怎样才算是完成了规定功能。产品丧失规定功能称为失效或故障（对可修复产品而言）。

产品一般是可维修的。要使一台设备发挥更好的作用，不仅要求其故障间隔时间长，而且要求维修时间短。产品工作或处于能工作状态的时间与总时间（工作时间或能工作时间＋维修时间）之比称为产品的有效性或有效度，表达可维修产品维持其功能的能力。

系统优化设计的核心是效能与全寿命周期费用之间的权衡。系统效能是系统在规定的条件下满足给定特征和使用要求的能力。系统的全寿命周期费用（LCC）是系统在整个寿命周期内，为获取并维持运行（包括处置）的总费用，包括硬件、软件的研制、生产制造和后勤保障费用，以及在研制、购置、使用、技术保障和处置过程中所需的其他各种费用。

产品可靠性与其全寿命周期费用之间的关系，如图 16-1 所示。传统观点认为提高产品的可靠性，会导致生产成本的增加，但使用、维护成本随着可靠性的提高而降低，如图 16-1a 所示。现代观点认为，随着可靠性的提高，总费用会持续下降，如图 16-1b 所示。这表明用在有效的可靠性工作方面的所有工作都是一种投资，通常会在短期内获得回报。

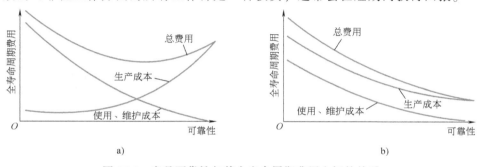

a)　　　　　　　　　　　b)

图 16-1　产品可靠性与其全寿命周期费用之间的关系

a）传统观点　b）现代观点

16.3 产品寿命与可靠性统计描述和表达

1. 直方图和概率密度函数

产品（零件或系统）的可靠性特征量可以通过各种统计方法获得，可以用函数或图形表示。用图形描述可靠性特征的最简单的方法是失效频度直方图。

如图 16-2a 所示，某产品的失效时间（寿命）是在一定的时间范围内随机分布的。图中哪个时间段中的寿命数据点密集，就说明在这个时间段内失效发生频繁。作失效频度直方图的方法与步骤如下。

1) 先把 n 个离散的寿命观测值 t_i $(i=1\sim n)$ 按由小至大顺序排列，即 $t_1 \leqslant t_2 \cdots \leqslant t_i \cdots \leqslant t_n$，再将横坐标划分成大小合适的时间区间，并求出落在各区间中的样本数（失效数）。如果某次失效正好落在区间边界上，就各算一半给相邻的两个区间。适当选择区间大小或边界可以避免这种情况发生。

将时间轴划分成区间并把寿命样本值归类到相应区间，称为对观测值分级。分级之后，落在每个区间（每一级）中的寿命观测值用同一个值即该区间的中值来近似表达。

显然，区间如果选得过宽，就会大大降低精度。相反，如果区间选得过细，则会出现某些区间内失效数为零的情况，导致失效分布不连续，不适宜对寿命分布的确切描述。区间数 k 可粗略地按下式计算（取整数值），即

$$k = \sqrt{n} \tag{16-1}$$

2) 确定区间宽度。先从观测值中找出最大值和最小值，求出总区间范围。一般取各区间为等宽，故区间宽度计算公式为

$$h = \frac{t_n - t_1}{k} \tag{16-2}$$

3) 确定区间边界。取不大于观测值中最小值 t_1 的一个合适的坐标值为起点，由该点起每增加一个区间宽度处作为一个区间边界，直至全部观测值都被包含为止，并取各区间中值作为该区间的代表值。

4) 绘失效频度直方图（图 16-2b）。各区间中的样本数（失效数）用不同高度的柱状图形来表示。柱的高度或纵坐标值可以是绝对频度 $h_{abs}(i)$

$$h_{abs}(i) = 区间 i 中的样本数 \tag{16-3}$$

或相对频度 $h_{rel}(i)$

$$h_{rel}(i) = \frac{区间 i 中样本数}{样本总数 n} \tag{16-4}$$

在图 16-2b 中，柱状图的高度为相对频度，其纵坐标以百分数表示。

把直方图中各柱状图形的中点用折线连接

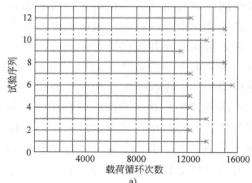

a)

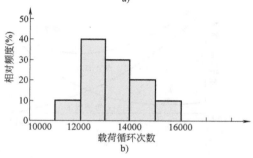

b)

图 16-2 失效时间序列图和失效频度直方图

a) 失效时间序列图 b) 失效频度直方图

起来，可以表示失效频度与失效时间之间的关系。若样本量足够大，就可以得到比较精确的概率密度函数 $f(t)$ 曲线。区间的数量按式（16-1）随试验数据的增加而增加。当 $n \to +\infty$ 时，直方图的轮廓逼近于一条光滑连续曲线（图16-3）。这条极限曲线表示的就是概率密度函数 $f(t)$ 曲线。

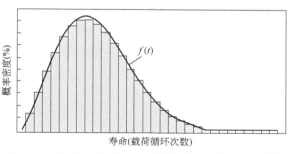

图16-3 失效频度直方图与概率密度函数 $f(t)$ 曲线

失效频度直方图或概率密度函数是失效特征（寿命分布）简单、直观的描述方式。通过失效频度直方图，既可以表达失效时间（寿命）的离散范围，也能表达大多数失效出现的区间。

2. 寿命分布函数

在许多情况下，更希望知道的是在某个时刻之前总共有多少产品发生了失效。这个指标可以用累积频度直方图表示。

为此，需要计算第 m（$m = 1 \sim k$）级累积失效频度 $H(m)$，即

$$H(m) = \sum_{i=1}^{m} h_{rel}(i) \tag{16-5}$$

同概率密度函数一样，累积到某时刻的相对频度的总和也用一个函数 $F(t)$ 来表示。这个函数称为分布函数，如图16-4中的实线所示。

寿命分布函数从 $F(t) = 0$ 开始，单调增加。当所有零部件都失效时，分布函数终止于 $F(t) = 1$。

显然，分布函数 $F(t)$ 是概率密度函数 $f(t)$ 的积分，即

$$F(t) = \int_0^{+\infty} f(t)\,\mathrm{d}t \tag{16-6}$$

而概率密度函数 $f(t)$ 为分布函数 $F(t)$ 的导数，即

$$f(t) = \frac{\mathrm{d}F(t)}{\mathrm{d}t} \tag{16-7}$$

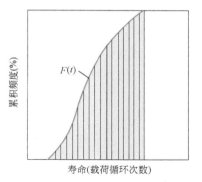

图16-4 累积频度和分布函数

在可靠性理论中，一般将分布函数 $F(t)$ 的值称为对应于时间（寿命）t 的失效概率。分布函数 $F(t)$ 描述了产品失效概率随时间的变化规律。

3. 寿命分布的数学特征

（1）寿命均值 寿命均值（平均寿命）是其算术平均值，根据样本寿命（失效时间）t_1，t_2，$\cdots$，t_n 按下式计算，即

$$\theta = \frac{t_1 + t_2 + \cdots + t_n}{n} = \frac{1}{n}\sum_{i=1}^{n} t_i \tag{16-8}$$

算术平均值对与其偏离较大的个别"离散值"很敏感，也就是说，一个极短的或极长的寿命样本值会显著影响算术平均值的大小。

在产品的寿命指标中，最常用的是平均寿命。对于不可修复的产品，平均寿命是产品从

开始使用到失效这段有效工作时间的平均值，记为 MTTF（Mean Time To Failure）；对于可修复的产品，平均寿命是平均无故障工作时间，记为 MTBF（Mean Time Between Failures）。

平均寿命 θ 也可以通过寿命概率密度函数求得，即

$$\theta = \int_0^{+\infty} tf(t)\,\mathrm{d}t \tag{16-9}$$

（2）寿命方差　寿命方差 s^2 描述了寿命个体与其母体算术平均值的平均偏差，反映样本寿命与平均值的偏离程度，即

$$s^2 = \frac{1}{n-1}\sum_{i=1}^{n}(t_i - \theta)^2 \tag{16-10}$$

（3）寿命标准差　寿命标准差为寿命方差的平方根，即

$$s = \sqrt{\frac{1}{n-1}\sum_{i=1}^{n}(t_i - \theta)^2} \tag{16-11}$$

寿命标准差与寿命（失效时间）具有相同的量纲。

（4）寿命中位数　寿命中位数（中位寿命）是对应于 50% 失效概率的失效时间。因此，寿命中位数 t_{med} 可以简单地通过失效概率 $F(t)$ 与时间的关系求出，即

$$F(t_{\mathrm{med}}) = 0.5 \tag{16-12}$$

寿命中位数对个别偏离平均值较大的"离散值"不敏感。最小和最大样本值都不会使寿命中位数发生改变。

（5）众数　随机变量样本中出现概率最大的数值称为众数 t_{mod}。它是对应于概率密度函数取最大值的失效时间。

在概率论中，众数具有重要的意义。进行一个试验，可以知道大多数零部件在工作到众数附近时失效。

均值、中位数和众数在一般的非对称分布时各不相同。只有当概率密度函数曲线对称时（正态分布就属于这种情形）这三个参数值才相等。

例 16-1　某产品的失效率 $\lambda = 0.25 \times 10^{-4}\mathrm{h}^{-1}$，可靠度函数 $R(t) = \mathrm{e}^{-\lambda t}$，试求可靠度 $R = 99\%$ 时的可靠寿命 $t_{0.99}$、中位寿命和特征寿命。

由　　　　　　　　　　　　$R(t) = \mathrm{e}^{-\lambda t}$

有　　　　　　　　　　　　$R(t_R) = \mathrm{e}^{-\lambda t_R}$

两边取对数　　　　　　　$\ln R(t_R) = -\lambda t_R$

得可靠寿命　　$t_{0.99} = -\dfrac{\ln R(t_{0.99})}{\lambda} = -\dfrac{\ln 0.99}{0.25 \times 10^{-4}}\mathrm{h} \approx 402\mathrm{h}$

中位寿命　　　$t_{0.5} = -\dfrac{\ln R(t_{0.5})}{\lambda} = -\dfrac{\ln 0.5}{0.25 \times 10^{-4}}\mathrm{h} \approx 27726\mathrm{h}$

特征寿命　　　$t_{\mathrm{e}^{-1}} = -\dfrac{\ln(\mathrm{e}^{-1})}{\lambda} = -\dfrac{\ln 0.368}{0.25 \times 10^{-4}}\mathrm{h} \approx 39987\mathrm{h}$

16.4 可靠性度量指标

1. 可靠度

可靠度定义为产品在规定条件下、规定时间内完成规定功能的概率，记为 $R(t)$。可靠度是时间的函数，$R(t)$ 也称为可靠度函数。若产品寿命 t 的概率密度为 $f(t)$，则可靠度函数为（图16-5）

$$R(t) = \int_t^{+\infty} f(t)\,\mathrm{d}t \quad [t \geq 0, 0 \leq R(t) \leq 1]$$

（16-13）

与之对应，产品失效概率 $F(t)$ 定义为

$$F(t) = 1 - R(t) = \int_0^t f(t)\,\mathrm{d}t \qquad (16\text{-}14)$$

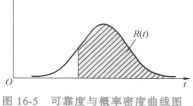

图16-5 可靠度与概率密度曲线图

若有足够多的样本，可靠度和失效概率可以通过统计计算获得。设有 n 个产品（概率意义上属于同一母体）投入工作，在从开始工作到时间 t 期间共有 $n(t)$ 个失效，则

$$R(t) \approx \frac{n - n(t)}{n} \qquad (16\text{-}15)$$

$$F(t) \approx \frac{n(t)}{n} \qquad (16\text{-}16)$$

$f(t)$ 的统计表达式为

$$f(t) = \lim_{\Delta t \to 0} \frac{n(t+\Delta t) - n(t)}{n \Delta t} \qquad (16\text{-}17)$$

对应于给定可靠度 R 时的寿命称为可靠寿命，用 t_R 表示。

可靠度一般随工作时间 t 的增加而下降，对不同的 R，有不同的 t_R，即

$$t_R = R^{-1}(R) \qquad (16\text{-}18)$$

式中，R^{-1} 是 R 的反函数，即由 $R(t) = R$ 反求 t。

可靠度 $R = \mathrm{e}^{-1}$ 时的寿命称为特征寿命，用 $t_{\mathrm{e}^{-1}}$ 表示。

2. 失效率

失效率也称为故障率，定义为工作到时刻 t 时尚未失效的产品，在其后的单位时间内发生失效的概率。失效率一般也是时间 t 的函数，记为 $\lambda(t)$，称为失效率函数，也称为故障率函数或风险函数。

根据定义，失效率的数学表达式为

$$\lambda(t) = \lim_{\Delta t \to 0} \frac{1}{\Delta t} P \quad (t < T \leq t+\Delta t \mid T > t) \qquad (16\text{-}19)$$

失效率的观测值为在时刻 t 以后的单位时间内发生失效的产品数与工作到该时刻尚未失效的产品数之比，即

$$\lambda(t) = \frac{n(t+\Delta t) - n(t)}{[n - n(t)] \Delta t} \qquad (16\text{-}20)$$

例如：有100个产品，工作到80h时只有60个尚在工作，在80~82h内又有4个失效，则 $\Delta t = 2$，$n(t+\Delta t) - n(t) = 4$，故

$$\lambda(80) = \frac{4}{60 \times 2} = 0.03$$

工程中常用平均失效率近似表征产品的失效率。平均失效率是在某一规定时期内失效率的平均值。如图 16-6 所示，在 (t_1, t_2) 时段内失效率的平均值为

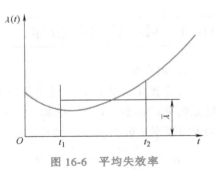

图 16-6　平均失效率

$$\overline{\lambda}(t) = \frac{1}{t_2 - t_1} \int_{t_1}^{t_2} \lambda(t)\,\mathrm{d}t \qquad (16\text{-}21)$$

平均失效率的观测值，对于不可修复的产品，是在一个规定的时期内失效产品数与全部观测产品累积工作时间之比；对于可修复的产品，是在使用寿命期内的某个观测期间内产品故障发生次数与全部观测产品累积工作时间之比，即

$$\hat{\lambda}(t) = \frac{r}{\sum t} \qquad (16\text{-}22)$$

式中，r 是在规定时间内的失效（或故障）产品数；$\sum t$ 是全部观测产品累积工作时间。

失效率的量纲通常为 h^{-1}，常用单位时间的百分数表示，如 $10^{-5}\,\mathrm{h}^{-1}$。对高可靠性产品，通常以 $10^{-9}\,\mathrm{h}^{-1}$ 为单位。由于产品"服役时间"是一个广义物理量，失效率的量纲也可为 km^{-1} 或次$^{-1}$等。

例如：失效率 $\lambda = 0.002 \times 10^{-3}\,\mathrm{h}^{-1} = 2.0 \times 10^{-6}\,\mathrm{h}^{-1}$，表示 100 万个正在工作的产品中，平均每小时会有 2 件产品失效。

例 16-2　有 10 个零件在指定条件下进行了 600h 的运行试验。零件失效情况如下：零件 1 于 75h 时失效，零件 2 于 125h 时失效，零件 3 于 130h 时失效，零件 4 于 325h 时失效，零件 5 于 525h 时失效。在试验中有 5 个零件发生了失效，总运行时间为 4180h。每小时的平均失效率为

$$\hat{\lambda} = \frac{5}{4180}\,\mathrm{h}^{-1} \approx 0.0012\,\mathrm{h}^{-1}$$

例 16-3　假设某系统在 200h 内发生了 6 次故障，其中工作时间为 180h，停机维修时间为 20h。每小时的平均失效率为

$$\hat{\lambda} = \frac{6}{180}\,\mathrm{h}^{-1} \approx 0.033\,\mathrm{h}^{-1}$$

失效率 $\lambda(t)$、可靠度 $R(t)$、概率密度函数 $f(t)$ 之间存在以下关系，即

$$\lambda(t) = \frac{f(t)}{R(t)} \qquad (16\text{-}23)$$

$$R(t) = \mathrm{e}^{-\int_0^t \lambda(t)\,\mathrm{d}t} \qquad (16\text{-}24)$$

当 $\lambda(t)$ 为常数时，有

$$R(t) = \mathrm{e}^{-\lambda t} \qquad (16\text{-}25)$$

图 16-7 所示为概率密度函数、可靠度及失效率之间的关系。

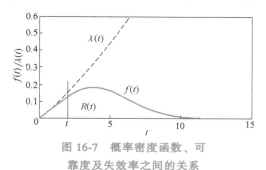

图 16-7　概率密度函数、可靠度及失效率之间的关系

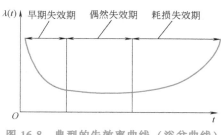

图 16-8　典型的失效率曲线（浴盆曲线）

典型的失效率曲线如图 16-8 所示。传统上根据这样的失效率曲线的形状将其称为"浴盆曲线"。浴盆曲线明显地分为三个时期，即早期失效期、偶然失效期以及耗损失效期。

产品早期失效阶段失效率通常表现为随服役时间的增加而下降。传统观点认为，引起早期失效的主要原因包括装配错误、制造缺陷、材料缺陷等。在偶然失效期内产品失效率近似为一个常数。这种偶然失效主要是由操作或维护不当等随机因素引起的。在耗损失效期，产品由于发生了疲劳、磨损或老化，失效率随时间急剧增大。

图 16-9 所示为波音公司统计出的不同零件表现形式各异的失效率曲线。统计结果表明，机械零件的失效率曲线中，只有很小一部分（约 7%）呈浴盆曲线的形式，而多数呈单调上升的形式。

3. 维修度

维修度是衡量产品维修难易程度的指标。维修度定义为"可修复的产品，发生故障或失效后在规定的条件下和规定的时间（0，τ）内完成修复的概率"，记为 $M(\tau)$。

与维修相关的特征量还有平均维修时间和修复率。平均维修时间 MTTR（Mean Time To Repair）是可修复的产品的平均维修时间。修复率 $\mu(\tau)$ 是"维修时间已达到某一时刻但尚未修复的产品，在其后的单位时间内完成修复的概率"。

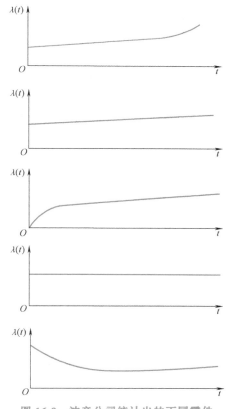

图 16-9　波音公司统计出的不同零件表现形式各异的失效率曲线

4. 有效度

有效度也称为可用度，是"可修复的产品在规定的条件下使用时，在某时刻 t 具有或维持其功能的概率"。有效度是综合可靠度与维修度的广义可靠性指标。

有效度 A 为工作时间（MTBF）或能工作时间与总时间［工作时间（MTBF）与维修时间（MTTR）之和］之比。当工作时间和维修时间都服从指数分布时，有效度可表达为

$$A = \frac{\text{MTBF}}{\text{MTBF+MTTR}} = \frac{\mu}{\mu + \lambda} \qquad (16\text{-}26)$$

式中，λ 是失效率；μ 是修复率。

16.5　应用举例

本节以一个拉压交变载荷作用下的杆件的疲劳试验寿命数据为例，详细示范前面介绍的有关参数的估计方法的应用。

1. 试验结果及其排序

在应力幅为 380MPa 的循环应力作用下，用 20 个杆件进行试验，得到如下失效时间（即寿命，单位为 h）。

100000，90000，59000，80000，126000，117000，177000，98000，158000，107000，125000，118000，99000，186000，66000，132000，97000，87000，69000，109000。

首先，将各试样的寿命（单位为 h）按从小到大顺序排列。

$t_1 = 59000$，$t_2 = 66000$，$t_3 = 69000$，$t_4 = 80000$，

$t_5 = 87000$，$t_6 = 90000$，$t_7 = 97000$，$t_8 = 98000$，

$t_9 = 99000$，$t_{10} = 100000$，$t_{11} = 107000$，$t_{12} = 109000$，

$t_{13} = 117000$，$t_{14} = 118000$，$t_{15} = 125000$，$t_{16} = 126000$，

$t_{17} = 132000$，$t_{18} = 158000$，$t_{19} = 177000$，$t_{20} = 186000$。

2. 寿命数据分级

级数根据近似公式（16-1）计算，即

$$k = \sqrt{n} = \sqrt{20} = 4.5$$

由此，应选择 4 或 5 级，此处分成 5 级。

级宽（区间宽度）h 由最长与最短寿命之差除以级数 k 得到，即

$$h = \frac{t_{20} - t_1}{k} = \frac{186000 - 59000}{5} \approx 26000$$

从最短失效时间开始，每级增加一个级宽，得到以下各级的寿命范围。

级 1：59000～85000。

级 2：85000～111000。

级 3：111000～137000。

级 4：137000～163000。

级 5：163000～189000。

3. 失效频度直方图

根据式（16-4），可以由落在各级内的失效数计算出相对失效频度，即

级 1：4 个失效；$h_{\text{rel}(1)} = 4/20 = 20\%$。

级 2：8 个失效；$h_{\text{rel}(2)} = 8/20 = 40\%$。

级 3：5 个失效；$h_{\text{rel}(3)} = 5/20 = 25\%$。

级 4：1 个失效；$h_{\text{rel}(4)} = 1/20 = 5\%$。

级 5：2 个失效；$h_{\text{rel}(5)} = 2/20 = 10\%$。

根据这些数值可以作失效频度直方图。

4. 累积失效频度

根据式（16-5）将相对失效频度相加，得到累积失效频度（即失效概率）H，即

级1：累积失效频度 $H_{(1)} = h_{rel(1)} = 20\%$。

级2：累积失效频度 $H_{(2)} = H_{(1)} + h_{rel(2)} = 20\% + 40\% = 60\%$。

级3：累积失效频度 $H_{(3)} = H_{(2)} + h_{rel(3)} = 60\% + 25\% = 85\%$。

级4：累积失效频度 $H_{(4)} = H_{(3)} + h_{rel(4)} = 85\% + 5\% = 90\%$。

级5：累积失效频度 $H_{(5)} = H_{(4)} + h_{rel(5)} = 90\% + 10\% = 100\%$。

5. 可靠度

根据可靠度与累积失效频度的关系，得到对应于不同工作时间的可靠度，即

级1：可靠度 $R_{(1)} = 100\% - H_{(1)} = 100\% - 20\% = 80\%$。

级2：可靠度 $R_{(2)} = 100\% - H_{(2)} = 100\% - 60\% = 40\%$。

级3：可靠度 $R_{(3)} = 100\% - H_{(3)} = 100\% - 85\% = 15\%$。

级4：可靠度 $R_{(4)} = 100\% - H_{(4)} = 100\% - 90\% = 10\%$。

级5：可靠度 $R_{(5)} = 100\% - H_{(5)} = 100\% - 100\% = 0\%$。

6. 失效率

失效率可以用已经求出的相对失效频度与可靠度的商得出，即

级1：失效率 $\lambda_{(1)} = h_{rel(1)}/R(1) = 20\%/80\% = 0.25$。

级2：失效率 $\lambda_{(2)} = h_{rel(2)}/R(2) = 40\%/40\% = 1.00$。

级3：失效率 $\lambda_{(3)} = h_{rel(3)}/R(3) = 25\%/15\% \approx 1.67$。

级4：失效率 $\lambda_{(4)} = h_{rel(4)}/R(4) = 5\%/10\% = 0.50$。

级5：失效率 $\lambda_{(5)} = h_{rel(5)}/R(5) = 10\%/0\% = +\infty$。

7. 寿命均值、寿命中位数和众数

寿命均值为

$$\theta = \frac{t_1 + t_2 + \cdots + t_n}{n} = \frac{59 + 66 + \cdots + 186}{20} \times 10^3 \text{h} = 110000\text{h}$$

寿命中位数为

$$t_{med} = \frac{t_{10} + t_{11}}{2} = \frac{100000 + 107000}{2}\text{h} = 103500\text{h}$$

众数对应于概率密度函数最大时的失效时间

$$t_{mod} \approx \frac{85000 + 111000}{2}\text{h} = 98000\text{h}$$

8. 寿命方差和寿命标准差

寿命方差由式（16-10）算出

$$s^2 = \frac{1}{n-1} \sum_{i=1}^{n} (t_i - \theta)^2 = \frac{1}{19} \left[(59-110)^2 + (66-110)^2 + \cdots + (186-110)^2 \right] \times 10^6 \text{h}^2$$

$$= 1170400000 \text{h}^2$$

寿命标准差为

$$s = \sqrt{s^2} \approx 34211\text{h}$$

16.6 可靠性设计流程

可靠性设计一般流程如图 16-10 所示。完成这个流程不仅要依靠设计人员，也需要从事质量管理、可靠性、生产工程、维修、服务、销售的人员以及用户中的技术人员的合作。在设计阶段，不仅需要使用传统设计所需的技术资料，还需要参考质量管理、维修、使用、环境、市场等各种资料。

可靠性设计首先要明确产品的可靠性要求，确定可靠性目标。可靠性目标通常是通过了解用户要求、竞争企业动向、产品技术水平现状和发展趋势等来确定。在确定产品可靠性目标时，应该选择适合使用条件的可靠性特征量作为可靠性目标。

新产品很少一次就能设计成功。通常需经多次改进设计，逐步达到可靠性目标。在初步设计和详细设计之后，还需再进行可靠性预计，做必要的可靠性试验，对重要对象用故障模式、效应及危害度分析（FMECA）、故障树分析（FTA）等方法进行可靠性、安全性分析以及评估，并邀请各方面专家就可靠性问题进行评议审查。通过以上工作，将设计缺陷、潜在的故障原因以及可能的改进措施反馈给设计人员，进行改进。

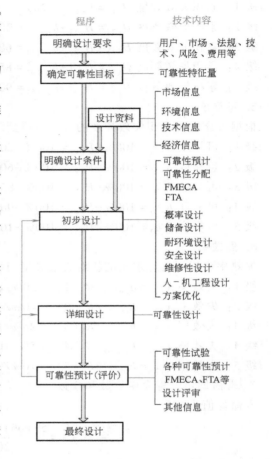

图 16-10 可靠性设计一般流程

第17章

可靠性设计中常用的概率分布

载荷、强度、寿命等是可靠性设计涉及的重要指标。这些指标一般都是随机变量，有一定的取值范围，服从一定的统计分布。可靠性工程中常用的分布有二项分布、泊松分布、威布尔分布、正态分布、对数正态分布和指数分布等。

17.1　二项分布

考虑一种简单的随机试验，该试验只有两种可能的结果 A 和 $\overline{A}$，其发生的概率分别为 $P(A)=p$，$P(\overline{A})=1-p$，$P(A)$ 表示结果事件 A 发生的概率。用 X 表示在 n 重独立试验中事件 A 发生的次数，则 X 是一个可能取值为 $0，1，2，\cdots，n$ 的随机变量。X 服从的概率分布称为二项分布（图 17-1），记为 $X \sim B(n，p)$，其概率分布函数为

$$P(X=k) = C_n^k p^k (1-p)^{n-k} \quad (k=0,1,2,\cdots,n) \tag{17-1}$$

二项分布的数字特征为：均值 $E(X)=np$，方差 $D(X)=np(1-p)$。

二项分布的主要应用是在产品质量检验或可靠性抽样检验等问题中设计抽样检验方案，进行概率计算。在可靠性设计、评估中，二项分布可用于建立表决系统的可靠性模型。

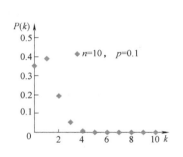
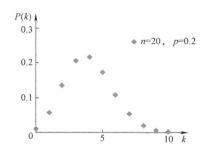

图 17-1　二项分布

17.2　泊松（Poisson）分布

若随机变量 X 有如下的分布函数，即

$$P(k) = P(X=k) = \frac{\lambda^k e^{-\lambda}}{k!} \tag{17-2}$$

则称其服从泊松分布（图17-2）。泊松分布的数字特征为：$E(X) = \lambda$，$D(X) = \lambda$。

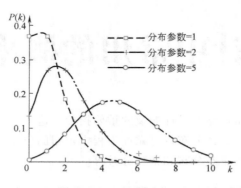

图 17-2　泊松分布

17.3　正态（Gauss）分布

1. 正态分布

正态分布随机变量 T 的概率密度函数（图17-3）为

$$f(t) = \frac{1}{\sigma\sqrt{2\pi}} \exp\left[-\frac{1}{2}\left(\frac{t-\mu}{\sigma}\right)^2 \right] \quad (-\infty < t < +\infty) \tag{17-3}$$

式中，μ 是随机变量的均值；σ 是随机变量的标准差。

服从正态分布的随机变量 T 通常记为 $T \sim N(\mu, \sigma^2)$。正态分布是以 $t = \mu$ 为对称轴的对称形分布，其概率密度函数在 $t = \mu$ 处取得最大值。改变 μ 时，分布曲线发生平移，仅改变 σ 时分布曲线对称轴位置不变。

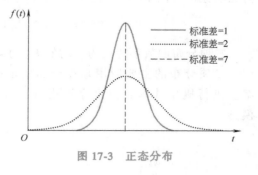

图 17-3　正态分布

2. 标准正态分布

均值 $\mu = 0$、方差 $\sigma^2 = 1$ 的正态分布称为标准正态分布，其概率密度函数为

$$f(t) = \frac{1}{\sqrt{2\pi}} e^{-t^2/2} \quad (-\infty < t < +\infty) \tag{17-4}$$

正态分布是统计学中最常用的分布。在机械可靠性设计中，正态分布可以用来描述零件的强度分布、尺寸分布等。从物理背景上讲，如果影响某个随机变量的因素众多，且不存在

起决定作用的主导因素时，该随机变量一般可用正态分布来描述。正态分布随机变量的取值范围从负无穷大到正无穷大，从这一点来看，材料强度不可能是真正的正态分布，而只可能是截尾正态分布。

17.4 对数正态分布

若 T 是一个随机变量，且 $Y = \ln T$ 服从正态分布，即

$$Y = \ln T \sim N(\mu, \sigma^2)$$

则称 T 服从对数正态分布（图17-4），其概率密度函数为

$$f(t) = \frac{1}{t\sigma\sqrt{2\pi}}\exp\left[-\frac{1}{2}\left(\frac{\ln t - \mu}{\sigma}\right)^2\right] \quad (17\text{-}5)$$

对数正态分布是一种偏态分布，常用于描述零件疲劳寿命分布。对数正态分布随机变量的均值与方差分别为 $E(T) = e^{\mu + \sigma^2/2}$ 和 $D(T) = e^{2\mu + \sigma^2}(e^{\sigma^2} - 1)$。

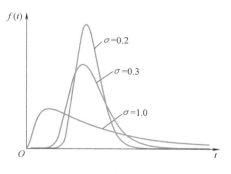

图17-4 对数正态分布

17.5 威布尔（Weibull）分布

威布尔分布（图17-5）随机变量 T 记为 $T \sim W(\eta, \beta, \alpha)$，其中 β 为形状参数，η 为尺度参数，α 为位置参数。威布尔分布的概率密度函数为

$$f(t) = \frac{\beta}{\eta}\left(\frac{t-\alpha}{\eta}\right)^{\beta-1}\exp\left[-\left(\frac{t-\alpha}{\eta}\right)^\beta\right] \quad (t \geq \alpha, \beta > 0, \eta > 0) \quad (17\text{-}6)$$

威布尔分布的分布函数为

$$F(t) = 1 - \exp\left[-\left(\frac{t-\alpha}{\eta}\right)^\beta\right] \quad (17\text{-}7)$$

威布尔分布的数字特征为

$$E(T) = \alpha + \beta\Gamma\left(1 + \frac{1}{\beta}\right), \quad D(T) = \eta^2\left[\Gamma\left(1 + \frac{2}{\beta}\right) - \Gamma^2\left(1 + \frac{1}{\beta}\right)\right] \quad (17\text{-}8)$$

把威布尔分布的位置参数 α 取为 0，则简化为两参数威布尔分布，其概率密度函数为

$$f(t) = \frac{\beta}{\eta}\left(\frac{t}{\eta}\right)^{\beta-1}\exp\left[-\left(\frac{t}{\eta}\right)^\beta\right] \quad (t \geq 0, \beta > 0, \eta > 0) \quad (17\text{-}9)$$

两参数威布尔分布的分布函数为

$$F(t) = P(T \leq t) = 1 - \exp\left[-\left(\frac{t}{\eta}\right)^\beta\right] \quad (17\text{-}10)$$

威布尔分布是根据最弱环节模型推导出来的，能充分反映材料缺陷和应力集中源对材料疲劳寿命的影响，通常用于表征材料或零件的寿命或给定寿命下的疲劳强度。

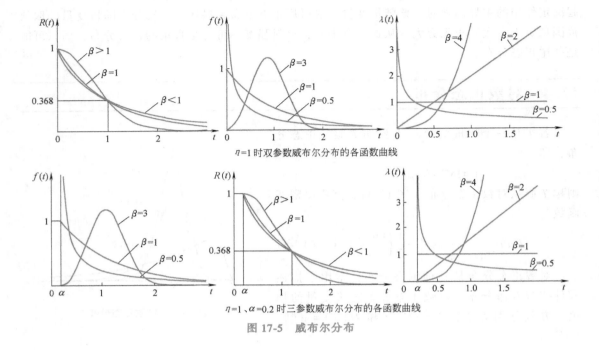

η=1 时双参数威布尔分布的各函数曲线

η=1、α=0.2 时三参数威布尔分布的各函数曲线

图 17-5　威布尔分布

17.6　指数分布

指数分布的概率密度函数为

$$f(t) = \lambda e^{-\lambda t} \quad (t \geqslant 0, \lambda > 0) \tag{17-11}$$

式中，λ 是常数。若产品寿命服从指数分布，则 λ 是失效率。

指数分布的分布函数为

$$F(t) = 1 - e^{-\lambda t} \tag{17-12}$$

令 $\theta = 1/\lambda$，θ 是指数分布随机变量的平均值，指数分布的函数可表达为

$$f(t) = \frac{1}{\theta} e^{-t/\theta} \tag{17-13}$$

$$F(t) = 1 - e^{-t/\theta} \tag{17-14}$$

指数分布的数字特征为：$E(t) = 1/\lambda$ 或 $E(t) = \theta$，$D(t) = 1/\lambda^2$ 或 $D(t) = \theta^2$。

若产品寿命服从指数分布，则其可靠度函数为

$$R(t) = e^{-t/\theta} = e^{-\lambda t} \tag{17-15}$$

指数分布也是两参数威布尔分布在形状参数 $\beta = 1$ 时的特殊形式。若产品寿命服从指数分布，则其在一定时间区间内的失效数服从泊松分布。

指数分布的一个重要性质是无记忆性，可表达为

$$P(\{T > t_0 + t\} \mid \{T > t_0\}) = P(T > t) \tag{17-16}$$

在电子元器件的可靠性问题中，指数分布（图 17-6）曾经得到广泛应用。此外，指数分布还可用来描述大型复杂系统的故障间隔时间的分布，特别是在部件或机器的整机试验中得到了广泛的应用。

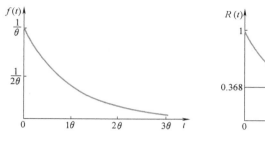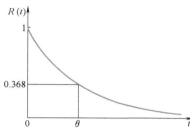

图 17-6 指数分布

第18章

机械零件可靠性设计

18.1 零件可靠度计算的应力-强度干涉模型

机械零件可靠性设计（或称为概率设计）是把有关设计变量及影响参数作为随机变量，应用概率理论与方法，使得所设计的零件满足规定的可靠性要求。可靠性设计与传统设计的主要差别可归纳如下。

（1）设计变量的属性及其运算方法不同　可靠性设计中涉及的变量大多是随机变量，涉及大量的概率统计计算。

（2）安全指标不同　可靠性设计用可靠度作为安全指标。可靠性指标不仅与相关变量（如应力与强度）的平均值有关，还与其分散性有关。因而，可靠性指标能更客观地表征设计对象的服役安全程度。

（3）安全理念不同　可靠性设计是在概率的框架下考虑问题。在概率的意义上，系统中各零件（或结构上的各薄弱部位）的强弱是相对的，系统的可靠度是由所有零件共同决定的。而在确定性框架下，系统的强度（安全系数）是由强度最小的零件（串联系统）或强度最大的零件（并联系统）唯一决定的。

（4）提高安全程度的措施不同　可靠性设计方法不仅关注应力与强度这两个基本变量的平均值，同时也关注这两个随机变量的分散性。为了提高零件的可靠性，首先考虑控制材料/结构性能的分散性。传统设计一般是通过选用强度平均值更高的材料或增大承力面积来获得较大的安全系数。

1. 应力-强度干涉模型

简单地讲，一个零件是否失效取决于其强度与所受应力的相对大小。一般情况下，强度和应力都是随机变量。用 $f_s(x_s)$ 表示强度的概率密度函数，用 $f_l(x_l)$ 表示应力的概率密度函数，把应力的概率密度函数曲线和强度的概率密度函数曲线画在同一坐标系中，就得到了应力-强度干涉模型（图18-1）。通常，为了兼顾零件的可靠性与成本两个方面，合理设计的零件强度随机变量与应力随机变量会存在一个很小的干涉区，如图18-1所示的阴影部分（为了表达清楚，此图夸大了干涉程度），即两个概率密度函数曲线的重叠区。

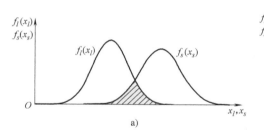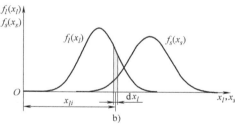

图 18-1　应力-强度干涉模型

a) 应力-强度干涉关系　b) 干涉模型推导原理图

干涉区表明存在失效（强度小于应力）的概率。根据强度分布和应力分布计算可靠度的模型称为应力-强度干涉模型。

应力-强度干涉模型可以由全概率公式获得。由应力-强度干涉模型可知，应力值位于宽度为 dx_l 的小区间内的概率为 $f_l(x_l)dx_l$，而强度 x_s 大于应力 x_l 的概率为

$$\int_{x_l}^{+\infty} f_s(x_s)dx_s$$

用一系列小区间 dx_l 对应力取值范围进行划分，构成一组完备事件，即可根据全概率公式，得到计算强度大于应力的概率的近似公式为

$$R \approx \sum_{i=1}^{\infty} f_l(x_{li})dx_l \cdot \int_{x_{li}}^{+\infty} f_s(x_s)dx_s$$

令 $dx_l \to 0$，得到应力-强度干涉模型为

$$R = \int_{-\infty}^{+\infty} \left[\int_{x_l}^{+\infty} f_s(x_s)dx_s \right] f_l(x_l)dx_l \qquad (18-1)$$

或

$$R = \int_{-\infty}^{+\infty} \left[\int_{-\infty}^{x_s} f_l(x_l)dx_l \right] f_s(x_s)dx_s \qquad (18-2)$$

根据应力-强度干涉模型，已知应力分布和强度分布，即可计算出零件的可靠度。

当应力 $x_l \sim N(\mu_l,\ \sigma_l^2)$ 与强度 $x_s \sim N(\mu_s,\ \sigma_s^2)$ 均为正态分布时，可以进行以下变换，即

$$y = x_s - x_l \qquad (18-3)$$

显然，$y \sim N(\mu_y,\ \sigma_y^2)$。其中，$\mu_y = \mu_s - \mu_l$；$\sigma_y^2 = \sigma_s^2 + \sigma_l^2$。

这时，可靠度可表达为

$$R = \int_0^{+\infty} \frac{1}{\sigma_y\sqrt{2\pi}} \exp\left[-\frac{1}{2}\left(\frac{y-\mu_y}{\sigma_y} \right)^2 \right] dy \qquad (18-4)$$

令

$$z = \frac{y-\mu_y}{\sigma_y} \qquad (18-5)$$

则 z 为标准正态分布随机变量，且有

$$R = \int_{-\frac{\mu_s-\mu_l}{\sqrt{\sigma_s^2+\sigma_l^2}}}^{+\infty} \frac{1}{\sqrt{2\pi}} \exp\left(-\frac{z^2}{2} \right) dz \qquad (18-6)$$

上式右侧的积分值可通过查阅标准正态分布表获得，即

$$R = 1 - \Phi\left(-\frac{\mu_s - \mu_l}{\sqrt{\sigma_s^2 + \sigma_l^2}}\right) = \Phi\left(\frac{\mu_s - \mu_l}{\sqrt{\sigma_s^2 + \sigma_l^2}}\right) \qquad (18-7)$$

令

$$\beta = \frac{\mu_s - \mu_l}{\sqrt{\sigma_s^2 + \sigma_l^2}} \qquad (18-8)$$

β 称为可靠性系数或可靠度指数，式（18-8）称为可靠性联结方程。

2. 分布参数确定

零件在载荷作用下产生应力。机械零件所受的工作应力与载荷和几何尺寸等参数有关。由于每个零件的尺寸不同，在公差范围内随机分布，应作为随机变量处理。同时，载荷也是随机变量。因此，应力是载荷和尺寸的函数，自然也是随机变量，通常可假设应力服从正态分布。

零件尺寸随机变量的标准差可以根据其容许尺寸偏差（公差）$\pm \Delta x$ 估计。由于合格零件的尺寸皆分布在 $\bar{x} \pm \Delta x$ 范围内（$\bar{x}$ 为尺寸平均值），标准差的近似值为

$$\sigma_x \approx \frac{(\bar{x} + \Delta x) - (\bar{x} - \Delta x)}{6} = \frac{\Delta x}{3} \qquad (18-9)$$

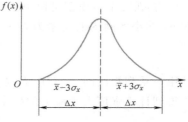

图 18-2　σ_x 与 Δx 的关系

一般认为尺寸服从正态分布。σ_x 与 Δx 的关系如图 18-2 所示。上式假设了合格零件中约有 99.73% 位于其允许误差范围内。该计算随机变量标准差的原理及方法也可用于载荷、强度等随机变量。

例 18-1　已知宽度为 1200mm 的冷轧碳钢板的名义厚度为 $t = 4.80$mm，容许尺寸偏差为 ± 0.250mm，问碳钢板厚度的标准差为多大？

由式（18-9）可得

$$\sigma_t \approx \frac{\Delta t}{3} = \frac{0.250\text{mm}}{3} \approx 0.083\text{mm}$$

显然，当误差对称于公称尺寸时，可取公称尺寸为平均值 $\bar{x}$，取 $\Delta x/3$ 为标准差 σ_x。若误差不对称于公称尺寸，可根据公称尺寸和误差先求出最大值 x_{max} 和最小值 x_{min}，然后将平均值和标准差分别取为

$$\bar{x} = \frac{x_{max} + x_{min}}{2} \qquad (18-10)$$

$$\sigma_x = \frac{x_{max} - x_{min}}{6} \qquad (18-11)$$

如果影响零件工作应力 x_l 的参数 $x_1 \sim N(\mu_1, \sigma_1^2)$，$x_2 \sim N(\mu_2, \sigma_2^2)$，$\cdots$，$x_n \sim N(\mu_n, \sigma_n^2)$ 均为正态随机变量，则可以根据这些参数与应力的函数关系，把它们综合为仅含单一随机变量 z 的应力函数 $x_l(z) = f(x_1, x_2, \cdots, x_n)$。

如果各随机变量的变异系数都小于 0.1，即 $\sigma_i / \mu_i < 0.1$，且满足随机变量的多重性要求，

则由中心极限定理可知，这时应力近似于正态分布。正态分布随机变量的代数运算公式见表 18-1。

表 18-1 正态分布随机变量的代数运算公式

序号	z 的运算	平均值 μ_z	标准差 σ_z
1	$z=c$	c	0
2	$z=cx$	$c\mu_z$	$c\sigma_x$
3	$z=cx\pm d$	$c\mu_x\pm d$	$c\sigma_x$
4	$z=x+y$	$\mu_x+\mu_y$	$\sqrt{\sigma_x^2+\sigma_y^2}$ 或 $\sqrt{\sigma_x^2+\sigma_y^2+2\rho\,\sigma_x\sigma_y}$
5	$z=x-y$	$\mu_x-\mu_y$	$\sqrt{\sigma_x^2+\sigma_y^2}$ 或 $\sqrt{\sigma_x^2+\sigma_y^2-2\rho\,\sigma_x\sigma_y}$
6	$z=xy$	$\mu_x\mu_y$ 或 $\mu_x\mu_y+\rho\,\sigma_x\sigma_y$	$\sqrt{\mu_x^2\sigma_y^2+\mu_y^2\sigma_x^2+2\rho\mu_x\mu_y\sigma_x\sigma_y}$ 或 $\sqrt{(\mu_x^2\sigma_y^2+\mu_y^2\sigma_x^2-\sigma_x^2\sigma_y^2)(1+\rho^2)}$
7	$z=\dfrac{x}{y}$	μ_x/μ_y 或 $\dfrac{\mu_x}{\mu_y}+\dfrac{\mu_x\sigma_y^2}{\mu_y^3}\left(\dfrac{\sigma_y}{\mu_y}-\rho\dfrac{\sigma_x}{\mu_x}\right)$	$\dfrac{1}{\mu_y}\left(\dfrac{\mu_x^2\sigma_y^2+\mu_y^2\sigma_x^2}{\mu_y^2+\sigma_y^2}\right)^{1/2}$ 或 $\dfrac{1}{\mu_y^2}\sqrt{\mu_x^2\sigma_y^2+\mu_y^2\sigma_x^2}$ 或 $\dfrac{\mu_z}{\mu_y}\left(\dfrac{\sigma_x^2}{\mu_x^2}+\dfrac{\sigma_y^2}{\mu_y^2}-2\rho\dfrac{\sigma_x\,\sigma_y}{\mu_x\mu_y}\right)^{1/2}$
8	$z=x^2$	μ_x^2 或 $\mu_x^2+\sigma_x^2$	$2\mu_x\sigma_x$ 或 $\sqrt{4\mu_x^2\sigma_x^2+2\sigma_x^4}$
9	$x=x^3$	μ_x^3 或 $\mu_x^3+3\sigma_x^2\mu_x$	$3\mu_x^2\sigma_x$ 或 $(3\sigma_x^6+8\sigma_x^4\mu_x^2+5\sigma_x^2\mu_x^4)$
10	$z=x^n$	μ_x^n	$n\mu_x^{n-1}\sigma_x$
11	$z=\sqrt{x}$	$\left(\dfrac{1}{2}\sqrt{4\mu_x^2-2\sigma_x^2}\right)^{1/2}$	$\left(\mu_x-\dfrac{1}{2}\sqrt{4\mu_x^2-2\sigma_x^2}\right)^{1/2}$
12	$z=\sqrt{x^2+y^2}$	$\sqrt{\mu_x^2+\mu_y^2}$	$\left(\dfrac{\mu_x^2\sigma_x^2+\mu_y^2\sigma_y^2}{\mu_x^2+\mu_y^2}\right)^{1/2}$

3. 可靠度计算举例

例 18-2　一钢制拉杆，工作应力 $x_l\sim N(400,25^2)$ MPa，屈服强度 $x_s\sim N(500,50^2)$ MPa，求不发生屈服失效的概率（可靠度）。

根据可靠性联结方程

$$\beta=\frac{\overline{x}_s-\overline{x}_l}{(\sigma_s^2+\sigma_l^2)^{\frac{1}{2}}}=\frac{500-400}{(50^2+25^2)^{\frac{1}{2}}}\approx 1.789$$

查正态分布表可得

$$R=\varPhi(\beta)=\varPhi(1.789)=0.963$$

18.2　简单机械零件的可靠性设计

以等截面拉杆可靠性设计为例。拉应力 x_l 沿杆横截面均匀分布，材料强度为 x_s，失效模式为应力大于强度，则可靠性设计准则为

$$P(x_s>x_l)\geqslant R$$

例 18-3 已知一拉杆的载荷为 $F \sim N(26700, 900^2)$ N，材料为 40Cr，其强度为 $x_s \sim N$ $(900, 72^2)$ MPa。要求可靠度不低于 0.999，试设计此拉杆。

1) 设杆的横截面面积为 A，由载荷 F 引起的应力为

$$x_l = \frac{F}{A} = \frac{4F}{\pi d^2}$$

由于载荷已知，杆中的应力由其横截面面积 A 或直径 d 决定。用 $\bar{d}$ 表示杆直径的平均值，σ_d 表示其标准差。由于 $\bar{d}$ 和 σ_d 均为未知量，无法由一个联结方程求解。为此，需要有一个关系式来表达 $\bar{d}$ 与 σ_d 之间的关系。通常，可根据尺寸公差初定这个关系式，如可取 $\sigma_d \approx k \bar{d}$，并暂取 $k = 0.001$。

由应力与载荷、直径之间的函数关系，借助泰勒级数展开，可近似得到应力随机变量的平均值和方差的表达式为

$$\bar{x}_l = \frac{4\bar{F}}{\pi \bar{d}^2} = \frac{4 \times 26700}{\pi \bar{d}^2} \approx \frac{33995}{\bar{d}^2}$$

$$\sigma_s^2 = \left(\frac{4}{\pi \bar{d}^2}\right)^2 \times \sigma_F^2 + \left(\frac{2 \times 4\bar{F}}{\pi \bar{d}^3}\right)^2 \times \sigma_d^2 \approx \frac{1.32 \times 10^6}{\bar{d}^4}, \quad \sigma_s \approx \frac{1148}{\bar{d}^2}$$

2) 静强度的平均值和标准差已知，分别为 900MPa 和 72MPa。

3) 由联结方程确定杆径尺寸。根据要求的可靠度 0.999，由标准正态分布表查得 $\beta = 3.00$，将有关数据和变量代入联结方程

$$3.00 = \frac{900 - \dfrac{33995}{\bar{d}^2}}{\left[72^2 + \left(\dfrac{1148}{\bar{d}^2}\right)^2\right]^{1/2}}$$

化简和整理后，得

$$\bar{d}^4 - 80.2\bar{d}^2 + 1498.4 = 0$$

上式可转化为一元二次方程，进而求得一个合理的根为（很容易判断另一根不合理）

$$\bar{d} = 5.45 \text{mm}$$

此值即为所设计杆的直径的平均值。根据其直径与标准差之间的假设关系式 $\sigma_d \approx 0.001\bar{d}$，$\sigma_d \approx 0.005$，杆的公差为 $\pm 0.005 \times 3$。若认为此公差不合理，可修改直径与标准差之间的假设关系式，并重新求解可靠性联结方程，获得合理的杆的平均值和标准差及公差。

第19章

机械系统可靠性评估与分配

19.1 系统可靠性模型

系统与零件功能逻辑关系可用可靠性逻辑框图（简称为可靠性框图）表达。可靠性数学模型可以看作是可靠性框图的数学描述，表示系统可靠性与零件可靠性之间的定量函数关系。

可靠性框图与系统的结构示意图不一定相同。如图 19-1 所示的由两个阀门组成的简单系统而言，若系统的功能是保证流体通过，则阀门能打开为正常，否则该零件失效。只要阀门 1 和 2 中任一个失效，流体都不能通过，即系统失效，因此该系统为串联系统，可靠性框图如图 19-2a 所示。若系统的功能是阻止流体通过，则阀门能关闭为正常，否则该零件失效，这时只有阀门 1 和 2 都失效，才不能阻止流体通过，即系统失效，显然这样的系统为并联系统，其可靠性框图如图 19-2b 所示。

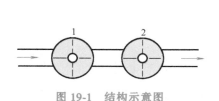

图 19-1　结构示意图

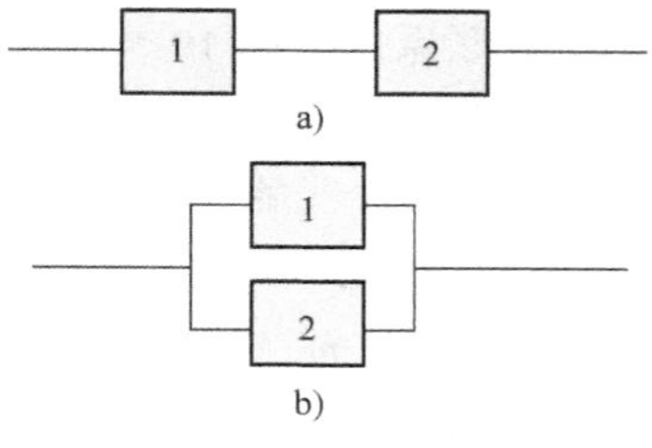

图 19-2　可靠性框图

1. 串联系统

设由 n 个零件组成的系统，其中任一零件失效，系统即失效，或者说只有全部零件都正常，系统才正常，这样的系统称为串联系统，其可靠性框图如图 19-3 所示。

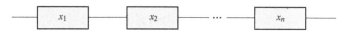

图 19-3　串联系统的可靠性框图

串联系统的概率表达式为

$$R_s = P(A_1 \cap A_2 \cap \cdots \cap A_n) \tag{19-1}$$

式中，R_s 是系统的可靠度；A_i 是第 i（$i=1$，2，$\cdots$，n）个零件正常的事件；n 是系统中零件的总数；P 是概率。

如果各事件失效是相互独立的随机事件，则式（19-1）可表达为

$$R_s = \prod_{i=1}^{n} P(A_i) \tag{19-2}$$

若第 i 个零件的故障率函数为 λ_i，则系统的可靠度为

$$R_s(t) = \prod_{i=i}^{n} e^{-\int_0^t \lambda_i(u)\,du} = e^{-\int_0^t \sum_{i=1}^{n} \lambda_i(u)\,du} \tag{19-3}$$

由此可见，一个独立的串联系统的故障率等于其全部零件故障率之和。零件数越多，系统故障率越高，可靠度越低。

2. 并联系统

设系统由 n 个零件组成，若至少一个零件正常系统即正常，或只有当所有 n 个零件都失效时系统才失效，这样的系统称为并联系统。并联系统的可靠性框图如图 19-4 所示。并联系统的概率表达式为

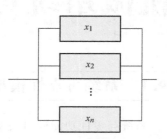

图 19-4　并联系统的可靠性框图

$$R_s = P(A_1 \cup A_2 \cup \cdots \cup A_n) = 1 - P(\overline{A_1} \cap \overline{A_2} \cap \cdots \cap \overline{A_n}) \tag{19-4}$$

假设各零件相互独立，则由概率乘法定理可得系统的可靠度为

$$R_s = 1 - \prod_{i=1}^{n} [1 - P(A_i)] \tag{19-5}$$

式中，R_s 是系统的可靠度；$P(A_i)$ 是第 i 零件的可靠度。

从上式可知，并联系统的可靠度高于其任一个零件的可靠度。

3. 混联系统

（1）串-并联系统　图 19-5 所示的系统称为串-并联系统。计算该系统的可靠度时，首先将并联子系统看作一个等效零件，然后将整个系统当作一个串联系统来计算。

设系统中有 m 个子系统，第 i 个子系统由 n_i 个零件并联组成的，各个零件的可靠度分别为 R_{ij}（$i=1$，2，$\cdots$，m；$j=1$，2，$\cdots$，n_i），且所有零件的失效都相互独立，则串-并联系统的可靠度为

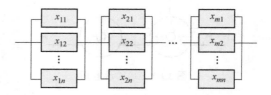

图 19-5　串-并联系统

$$R_s = \prod_{i=1}^{m} \left[1 - \prod_{j=1}^{n_i} (1 - R_{ij}) \right] \tag{19-6}$$

若所有零件的可靠度相等，即 $R_{ij} = R$，且所有的 $n_i = n$，则 m 个并联子系统构成的串联系统的可靠度为

$$R_s = [1 - (1 - R)^n]^m \tag{19-7}$$

（2）并-串联系统　并-串系统如图 19-6 所示。计算这种系统可靠度的方法是首先将每

一串联子系统看作一个等效零件，然后把整个系统看作是并联系统来计算。

假设有 m 个子系统，第 i 子系统有 n_i 个零件，各个部件的可靠度分别为 R_{ij}（$i=1$，2，$\cdots$，m；$j=1$，2，$\cdots$，n_i），且各零件失效相互独立，则并-串联系统的可靠度为

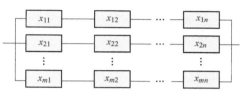

图 19-6　并-串联系统

$$R_s = 1 - \prod_{i=1}^{m}\left[1 - \prod_{j=1}^{n_i} R_{ij}\right] \qquad (19\text{-}8)$$

当所有的 $R_{ij}=R$，且所有的 $n_i=n$，则系统的可靠度为

$$R_s = 1 - (1-R^n)^m \qquad (19\text{-}9)$$

例 19-1　如图 19-7 所示两系统，若零件可靠度均为 $R=0.9$，$m=n=4$，分别求其系统可靠度。

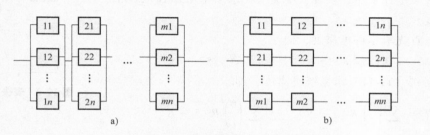

图 19-7　串-并联系统与并-串联系统

串-并联系统，按式（19-7）得

$$R_s = [1-(1-R)^n]^m = [1-(1-0.9)^4]^4 = 0.9996$$

并-串联系统，按式（19-9）得

$$R_s = 1-(1-R^n)^m = 1-(1-0.9^4)^4 = 0.9860$$

4. 表决系统

设系统由 n 个零件组成，系统成功需要其中至少 k 个零件正常工作，这种系统称为 $k/n(G)$ 系统，或称为 n 中取 k 表决系统（$1 \leqslant k \leqslant n$），其中 G 表示系统完好。图 19-8 为典型的 $k/n(G)$ 系统原理图。

显然，串联系统和并联系统都是表决系统的特例。

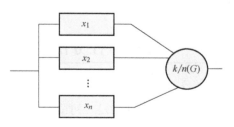

图 19-8　典型的 $k/n(G)$ 系统原理图

1）当 $k=n$，$n/n(G)$ 系统等价于 n 个零件构成的串联系统。

2）当 $k=1$，$1/n(G)$ 系统等价于 n 个零件构成的并联系统。

3）当 $k=m+1$，$m+1/(2m+1)(G)$ 系统称为多数表决系统。

定义
$$x_i = \begin{cases} 1 & \text{第 } i \text{ 个零件正常} \\ 0 & \text{第 } i \text{ 个零件失效} \end{cases}$$

系统正常的条件为

$$\sum_{i=1}^{n} x_i \geq k \qquad (19\text{-}10)$$

若系统由 n 个相同的零件组成，零件的可靠度为 R，则 $k/n(G)$ 系统的可靠度为

$$R_s = \sum_{i=k}^{n} \binom{n}{i} R^i (1-R)^{n-i} \qquad (19\text{-}11)$$

例 19-2　图 19-9 所示表决系统由 6 个相同零件组成，若零件寿命均为指数分布，失效率均为 $40 \times 10^{-6} h^{-1}$，若有不少于 3 个零件工作，系统就不失效，求系统工作到 7200h 的可靠度。

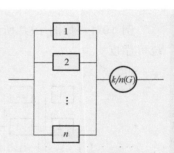

图 19-9　表决系统

解　首先求零件可靠度，即

$$R(t) = e^{-\lambda t} = e^{-40 \times 10^{-6} \times 7200} = 0.75$$

再用式（19-11）求系统可靠度，即

$$R_s = \sum_{i=k}^{n} \binom{n}{i} R^i (1-R)^{n-i} = \sum_{i=3}^{6} \binom{6}{i} R^i (1-R)^{6-i}$$

$$= \frac{6!}{3!(6-3)!} 0.75^3 (1-0.75)^{6-3} + \frac{6!}{4!(6-4)!} 0.75^4 (1-0.75)^{6-4} +$$

$$\frac{6!}{5!(6-5)!} 0.75^5 (1-0.75)^{6-5} +$$

$$\frac{6!}{6!(6-6)!} 0.75^6 (1-0.75)^{6-6}$$

$$= 0.9624$$

19.2　系统可靠性分配

可靠性分配是将系统要求的可靠度指标合理地分配给组成该系统的各个零件，保证系统的可靠性指标得到满足。可靠性分配本质上是一个优化问题。在进行可靠性分配时，必须明确目标函数和约束条件。随目标函数和约束条件不同，可靠性的分配方法也会有所不同。

可靠性分配方法很多，在产品研制的不同阶段所使用的分配方法也有所不同。在设计方案论证阶段，通常采用等分配法等较简单的分配方法，这样的方法一般没有约束条件，简单易行。在初步设计阶段，可以采用评分分配法和比例分配法等。这些分配法带有一定的主观性。在详细设计阶段，主要采用有约束条件的分配方法，如拉格朗日乘子法、直接寻查法、动态规划法等。

1. 可靠性分配的原则

可靠性分配的基本原则如下。

（1）技术水平　对技术成熟的零件，容易实现较高的可靠性，则可分配给较高的可靠度。

（2）复杂程度　对较简单的零件，可分配给较高的可靠度。

（3）重要程度　对重要的零件，失效将产生严重后果，则应分配给较高的可靠度。

（4）任务情况　对整个任务时间内均需连续工作以及工作条件严酷，难以保证很高可靠性的零件，则应分配给较低的可靠度。

此外，还要受到费用、重量、尺寸等条件的约束。总之，可靠性分配最终都是力求以最小的成本来达到系统可靠性的要求。

为了简化问题，一般假定各零件失效相互独立。对指数分布，当失效概率 F 很低时，$F \approx \lambda t$。因此可靠性分配可将系统失效概率 F_s 分配给各零件，或者将系统的失效率 λ_s 分配给各零件。

2. 等分配法

等分配法是在设计初期，产品定义尚不十分清晰时所采用的最简单的分配方法，它是对系统中的全部零件分配以相等的可靠度的方法。

（1）串联系统　设系统由 n 个零件串联组成，若给定系统可靠度指标为 R_s，则按等分配法，分配给各零件的可靠度指标 R_i 为

$$R_i = R_s^{1/n} \tag{19-12}$$

式中，R_s 是系统要求的可靠度；R_i 是分配给第 i 个零件的可靠度；n 是串联零件数。

（2）并联系统

$$F_i = F_s^{1/n} = (1-R_s)^{1/n} \quad (i = 1, 2, \cdots, n) \tag{19-13}$$

式中，F_s 是系统允许的失效概率；F_i 是第 i 个零件分配到的失效概率；R_s 是系统要求的可靠度；n 是并联零件数。

3. 再分配法

若通过预测知串联系统各零件的可靠度分别为 $\hat{R}_1$，$\hat{R}_2$，$\cdots$，$\hat{R}_n$，则系统可靠度的预测值为

$$\hat{R}_s = \prod_{i=1}^{n} \hat{R}_i \quad (i = 1, 2 \cdots, n)$$

若规定的系统可靠度 $R_s \leqslant \hat{R}_s$，表示零件可靠度满足规定的要求。反之，若 $R_s > \hat{R}_s$，表明零件可靠度未满足规定要求。这时，需提高零件可靠度指标，按规定的 R_s 指标进行再分配。由于提高可靠度较低的零件可靠度较容易且效果显著，因此通常只将低可靠度的零件按等分配法进行再分配。为此，先将各零件可靠度预测值按由小到大次序编号，则有

$$\hat{R}_1 \leqslant \hat{R}_2 \leqslant \cdots \leqslant \hat{R}_m \leqslant \cdots \leqslant \hat{R}_n$$

令

$$R_1 = R_2 \cdots = R_m = R_0$$

当

$$\hat{R}_m \leqslant R_0 = \left(\frac{R_s}{\prod\limits_{i=m+1}^{n} \hat{R}_i} \right)^{\frac{1}{m}} \leqslant \hat{R}_{m+1} \leqslant R_{m+1}$$

则

$$\left.\begin{array}{l} R_1 = \cdots = R_m = \left(\dfrac{R_s}{\prod\limits_{i=m+1}^{n} \hat{R}_i} \right)^{\frac{1}{m}} \\[4mm] R_{m+1} = \hat{R}_{m+1}, \cdots, R_n = \hat{R}_n \end{array}\right\} \tag{19-14}$$

应用式（19-14）时，由于 m 尚不知道，一般可暂设 m 进行试算。

例 19-3　已知由 4 个零件构成的串联系统，各零件可靠度预测值由小到大分别为 $\hat{R}_1 = 0.9513$，$\hat{R}_2 = 0.9757$，$\hat{R}_3 = 0.9851$，$\hat{R}_4 = 0.9996$。若规定系统可靠度 $R_s = 0.95$，试进行可靠度再分配。

解　设 $m = 1$，则

$$R_0 = \left(\frac{R_s}{\hat{R}_2 \hat{R}_3 \hat{R}_4} \right)^{1/1} = \left(\frac{0.95}{0.9757 \times 0.9851 \times 0.9996} \right)^1 \approx 0.9888$$

不可行，重设 $m = 2$，则

$$R_0 = \left(\frac{R_s}{\hat{R}_3 \hat{R}_4} \right)^{1/2} = \left(\frac{0.95}{0.9851 \times 0.9996} \right)^{1/2} \approx 0.9822 \begin{cases} \leqslant \hat{R}_3 \\ > \hat{R}_2 \end{cases}$$

故取

$$R_1 = R_2 = 0.9822$$
$$R_3 = \hat{R}_3 = 0.9851$$
$$R_4 = \hat{R}_4 = 0.9996$$

4. 比例分配法

新设计的系统与原有系统基本相同时可用此方法。已知原系统各零件的失效概率 $\hat{F}_i$ 或失效率 $\hat{\lambda}_i$，但对新设计的系统规定了新的可靠性要求，这时可令新系统分配给各零件的失效概率 F_i 与原系统相应零件的失效概率 $\hat{F}_i$ 成正比；若为指数分布，则各零件分配的失效率 λ_i 与原系统相应零件的失效率 $\hat{\lambda}_i$ 成正比。

（1）串联系统　若系统要求可靠度为 R_s，则

$$F_i \approx \frac{F_s \hat{F}_i}{\sum\limits_{i=1}^{n} \hat{F}_i} = \frac{(1 - R_s) \hat{F}_i}{\sum\limits_{i=1}^{n} \hat{F}_i} \tag{19-15}$$

当各零件寿命服从指数分布时

$$\lambda_i = \frac{\lambda_s \hat{\lambda}_i}{\sum\limits_{i=1}^{n} \hat{\lambda}_i} \qquad (19\text{-}16)$$

例 19-4　已知某系统为 4 个零件串联，原系统工作 100h 时各零件失效概率分别为 $\hat{F}_1 = 0.0425$，$\hat{F}_2 = 0.0149$，$\hat{F}_3 = 0.0487$，$\hat{F}_4 = 0.0004$，新设计要求系统工作 100h 的可靠度 $R_s = 0.95$，试对各零件进行可靠性分配。

解

$$\sum_{i=1}^{4} \hat{F}_i = 0.0425 + 0.0149 + 0.0487 + 0.0004 = 0.1065$$

$$F_s = 1 - R_s = 1 - 0.95 = 0.05$$

应用式（19-15），则

$$F_1 = \frac{0.05}{0.1065} \times 0.0425 \approx 0.01995$$

$$F_2 = \frac{0.05}{0.1065} \times 0.0149 \approx 0.0070$$

$$F_3 = \frac{0.05}{0.1065} \times 0.0487 \approx 0.0229$$

$$F_4 = \frac{0.05}{0.1065} \times 0.0004 \approx 0.00019$$

验算

$$R_s = R_1 R_2 R_3 R_4 = (1-F_1)(1-F_2)(1-F_3)(1-F_4) = 0.98005 \times 0.9930 \times 0.9771 \times 0.99981 \approx 0.9507$$

例 19-5　已知例 19-4 中各零件寿命服从指数分布，失效率分别为 $\hat{\lambda}_1 = 0.000425\text{h}^{-1}$，$\hat{\lambda}_2 = 0.000149\text{h}^{-1}$，$\hat{\lambda}_3 = 0.000487\text{h}^{-1}$，$\hat{\lambda}_4 = 0.000004\text{h}^{-1}$，新设计要求 $R_s = 0.95$，求各零件应有的可靠度。

解

$$\lambda_s = \frac{1}{t}\left(\ln \frac{1}{R_s}\right) = \frac{1}{100}\ln \frac{1}{0.95}\text{h}^{-1} \approx 0.0005129\text{h}^{-1}$$

$$\sum_{i=1}^{4} \hat{\lambda}_i = (0.000425 + 0.000149 + 0.000487 + 0.000004)\text{h}^{-1} = 0.001065\text{h}^{-1}$$

应用式（19-16），则

$$\lambda_1 = \frac{0.0005129}{0.001065} \times 0.000425\text{h}^{-1} \approx 0.0002047\text{h}^{-1}$$

$$\lambda_2 = \frac{0.0005129}{0.001065} \times 0.000149\text{h}^{-1} \approx 0.00007176\text{h}^{-1}$$

$$\lambda_3 = \frac{0.0005129}{0.001065} \times 0.000487\text{h}^{-1} \approx 0.0002345\text{h}^{-1}$$

$$\lambda_4 = \frac{0.0005129}{0.001065} \times 0.000004h^{-1} \approx 0.00000193h^{-1}$$

各零件应分给的可靠度为

$$R_1 = e^{-\lambda_1 t} = e^{-0.0002047 \times 100} \approx 0.97974$$

$$R_2 = e^{-\lambda_2 t} = e^{-0.00007176 \times 100} \approx 0.9928$$

$$R_3 = e^{-\lambda_3 t} = e^{-0.0002345 \times 100} \approx 0.9768$$

$$R_4 = e^{-\lambda_4 t} = e^{-0.00000193 \times 100} \approx 0.9998$$

验算

$$R_s = R_1 R_2 R_3 R_4$$

$$= 0.97974 \times 0.9928 \times 0.9768 \times 0.9998$$

$$\approx 0.9499$$

（2）并联系统 若系统要求失效概率为 F_s，则

$$F_i = \left(\frac{F_s}{\prod\limits_{i=1}^{n} \hat{F}_i} \right)^{1/n} \hat{F}_i \tag{19-17}$$

当各零件寿命服从指数分布时

$$\lambda_i = \left(\frac{F_s}{\prod\limits_{i=1}^{n} \hat{\lambda}_i} \right)^{1/n} \frac{\hat{\lambda}_i}{t} \tag{19-18}$$

例 19-6　已知某系统为 3 个零件并联，预测工作 1000h 各零件失效概率分别为 $\hat{F}_1 = 0.08$，$\hat{F}_2 = 0.10$，$\hat{F}_3 = 0.15$，新设计要求工作 1000h 时 $R_s = 0.9995$，求各零件应分配的可靠度。

解

$$\prod_{i=1}^{3} \hat{F}_i = \hat{F}_1 \hat{F}_2 \hat{F}_3 = 0.08 \times 0.10 \times 0.15 = 0.0012$$

$$F_s = 1 - R_s = 1 - 0.9995 = 0.0005$$

应用式（19-17），则

$$F_1 = \left(\frac{0.0005}{0.0012} \right)^{1/3} \times 0.08 \approx 0.0598$$

$$R_1 = 1 - F_1 = 1 - 0.0598 = 0.9402$$

$$F_2 = \left(\frac{0.0005}{0.0012} \right)^{1/3} \times 0.10 \approx 0.0747$$

$$R_2 = 1 - F_2 = 1 - 0.0747 = 0.9253$$

$$F_3 = \left(\frac{0.0005}{0.0012} \right)^{1/3} \times 0.15 \approx 0.112$$

$$R_3 = 1 - F_3 = 1 - 0.112 = 0.888$$

验算

$$R_s = 1 - F_1 F_2 F_3$$
$$= 1 - 0.0598 \times 0.0747 \times 0.112$$
$$\approx 0.9995$$

例 19-7 若前题各零件寿命为指数分布，预测得各零件失效率 $\hat{\lambda}_1 = 0.00008\text{h}^{-1}$，$\hat{\lambda}_2 = 0.0001\text{h}^{-1}$，$\hat{\lambda}_3 = 0.00015\text{h}^{-1}$，新设计要求 $R_s = 0.9995$，求各零件应分配的可靠度。

解

$$\prod_{i=1}^{3} \hat{\lambda}_i = \hat{\lambda}_1 \hat{\lambda}_2 \hat{\lambda}_3 = 0.00008 \times 0.0001 \times 0.00015\text{h}^{-3} = 1.2 \times 10^{-12}\text{h}^{-3}$$

$$F_s = 1 - R_s = 1 - 0.9995 = 0.0005$$

应用式（19-18），则

$$\lambda_1 = \left(\frac{0.0005}{1.2 \times 10^{-12}}\right)^{1/3} \frac{0.00008}{1000}\text{h}^{-1} \approx 0.00005975\text{h}^{-1}$$

$$\lambda_2 = \left(\frac{0.0005}{1.2 \times 10^{-12}}\right)^{1/3} \frac{0.0001}{1000}\text{h}^{-1} \approx 0.00007469\text{h}^{-1}$$

$$\lambda_3 = \left(\frac{0.0005}{1.2 \times 10^{-12}}\right)^{1/3} \frac{0.00015}{1000}\text{h}^{-1} \approx 0.000112\text{h}^{-1}$$

$$R_1 = \text{e}^{-\lambda_1 t} = \text{e}^{-0.00005975 \times 1000} \approx 0.942$$

$$R_2 = \text{e}^{-\lambda_2 t} = \text{e}^{-0.00007469 \times 1000} \approx 0.928$$

$$R_3 = \text{e}^{-\lambda_3 t} = \text{e}^{-0.000112 \times 1000} \approx 0.894$$

验算

$$R_s = 1 - (1 - R_1)(1 - R_2)(1 - R_3)$$
$$= 1 - (1 - 0.942)(1 - 0.928)(1 - 0.894)$$
$$\approx 0.9996$$

5. 综合评分分配法（AGREE 方法）

综合评分分配法是按经验对各零件综合评分，根据各零件得分多少分配可靠性指标。关于需要考虑的因素，此法可视具体情况而定，高分则分给较高的失效概率或失效率。一般考虑的因素如下。

（1）技术水平　对技术成熟，有把握保证高可靠性者评 1 分，反之评 10 分。

（2）复杂程度　结构简单评 1 分，反之评 10 分。

（3）重要程度　极其重要评 1 分，反之评 10 分。

（4）任务情况　整个任务期中工作时间很短，工作条件好评 1 分，反之评 10 分。

第 i 个零件综合得分可取各因数得分之积，即

$$\omega_i = \prod_{j=1}^{4} \omega_{ij} \tag{19-19}$$

式中, $j=1$, 2, 3, 4 分别代表前述四项因素。

系统总分为

$$\omega = \prod_{i=1}^{n} \omega_i \qquad (19\text{-}20)$$

式中, $i=1$, 2, $\cdots$, n 为零件编号。

第 i 个零件得分比

$$\varepsilon_i = \frac{\omega_i}{\omega} \qquad (19\text{-}21)$$

一般串联系统分配

$$R_i = R_s^{\varepsilon_i} \qquad (19\text{-}22)$$

当各零件寿命为指数分布, 则

$$\lambda_i = \varepsilon_i \lambda_s = \frac{\varepsilon_i}{t} \ln \frac{1}{R_s} \qquad (19\text{-}23)$$

$$R_i = e^{-\lambda_i t} \qquad (19\text{-}24)$$

思考题与习题

1. 将 50 个某规格的轴承投入恒定载荷下运行, 其运行时间及失效数记录于表 19-1 中, 试求该规格轴承工作到 100h 和 400h 时的可靠度 R (100) 和 R (400)。

表 19-1 轴承运行时间及失效数记录表

运行时间/h	10	25	50	100	150	250	350	400	500	600	700	1000
失效数/个	4	2	3	7	5	3	2	2	3	3	4	3

2. 某产品的失效率为 $\lambda = 10^{-4} \mathrm{h}^{-1}$, 可靠度函数为 $R(t) = e^{-\lambda t}$, 试求与可靠度 $R = 0.9$ 对应的可靠寿命 $t_{0.9}$。

3. 可靠度一般为时间的函数。在机械可靠性设计过程中, 应用应力-强度干涉模型时, 如何反映可靠度与时间参量之间的关系? 针对不同的产品服役环境和失效机理, 如何理解、如何获得应力-强度干涉模型中的应力分布和强度分布?

4. 零件传统的设计安全系数与可靠度指标之间有怎样的关系? 试举例说明。

5. 如下所示的串联系统和并联系统的可靠度计算公式 (式中, R_s 是系统的可靠度; R_i 是第 i 个单元的可靠度) 在什么情况下可以应用、在什么情况下不能应用?

串联系统 $$R_s = \prod_{i=1}^{n} R_i$$

并联系统 $$R_s = 1 - \prod_{i=1}^{n} (1 - R_i)$$

6. 以汽车零部件的可靠性设计或可靠性评价为例, 详细阐述应用应力-强度干涉模型进行可靠性设计计算的方法与步骤, 包括需要哪些载荷信息、如何获得。通过怎样的统计计算才能获得正确的载荷分布? 怎样反映时间因素对可靠度的影响?

7. 设计一圆截面拉杆, 所承受的拉力 F 服从正态分布: $F \sim N(40000, 1200^2)N$, 材料强度 x_s 也服从正态分布: $x_s \sim N(700, 30^2)$ MPa, 求可靠度为 0.999 时拉杆的截面尺寸及满足可靠性要求的公差。

8. 行星齿轮传动机构简图及其系统逻辑关系图如图 19-10 所示。若太阳轮 a、行星轮 g 和齿圈 b 的可靠度分别为 0.995、0.999 和 0.990，试求该机构的可靠度。

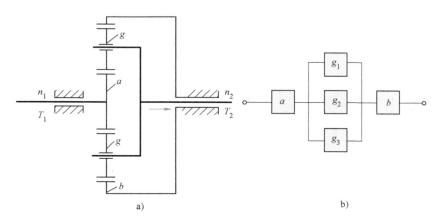

图 19-10 行星齿轮传动机构简图及其系统逻辑关系图

参考文献

[1] 赵新军，李晓青，钟莹. 创新思维与技法 [M]. 北京：中国科学技术出版社，2014.

[2] 赵新军，孙晓枫. 40 条发明创造原理及其应用 [M]. 北京：中国科学技术出版社，2014.

[3] 金昊宗. 实用 TRIZ 研究与实践 [M]. 张俊峰，译. 北京：中国科学科技出版社，2014.

[4] 赵敏，张武城，王冠殊. TRIZ 进阶及实战：大道至简的发明方法 [M]. 北京：机械工业出版社，2015.

[5] 闻邦椿，刘树英，赵新军. 创新创业方法学 [M]. 北京：中国社会科学出版社，2016.

[6] 沈孝芹，师彦斌，于复生，等. TRIZ 工程题解及专利申请实战 [M]. 北京：化学工业出版社，2016.

[7] 闻邦椿，赵新军，刘树英. 科技创新方法论浅析 [M]. 北京：科学出版社，2017.

[8] 加德，TRIZ——众创思维与技法 [M]. 罗德明，王灵运，姜建庭，等译. 北京：国防工业出版社，2015.

[9] 孙永伟，伊克万科. TRIZ 打开创新之门的金钥匙 I [M]. 北京：科学出版社，2015.

[10] 成思源，周金平，郭钟宁. 技术创新方法——TRIZ 理论及应用 [M]. 北京：清华大学出版社，2014.

[11] 曾攀，石伟，雷丽萍. 工程有限元方法 [M]. 北京：科学出版社，2010.

[12] 刘扬，刘巨保，罗敏. 有限元分析及应用 [M]. 北京：中国电力出版社. 2008.

[13] 周昌玉，贺小华. 有限元分析的基本方法及工程应用 [M]. 北京：化学工业出版社，2006.

[14] 颜云辉，谢里阳，韩清凯. 结构分析中的有限元法及其应用 [M]. 沈阳：东北大学出版社，2000.

[15] 谭建国. 使用 ANSYS6.0 进行有限元分析 [M]. 北京：北京大学出版社，2002.

[16] 王国强. 实用工程数值模拟技术及其在 ANSYS 上的实践 [M]. 西安：西北工业大学出版社，1999.

[17] 王勖成，邵敏. 有限单元法基本原理和数值方法 [M]. 北京：清华大学出版社，2003.

[18] 刘惟信. 机械最优化设计 [M]. 北京：清华大学出版社，1994.

[19] 张翔，陈建能. 机械优化设计 [M]. 北京：科学出版社，2012.

[20] 孙靖民，梁迎春. 机械优化设计 [M]. 5 版. 北京：机械工业出版社，2012.

[21] 陈立周，俞必强，机械优化设计方法 [M]. 4 版. 北京：冶金工业出版社，2014.

[22] 邢文训，谢金星. 现代优化计算方法 [M]. 北京：清华大学出版社，1999.

[23] 孙国正. 优化设计及应用 [M]. 北京：人民交通出版社，2000.

[24] 牟致忠. 机械可靠性——理论 方法 应用 [M]. 北京：机械工业出版社，2011.

[25] 谢里阳，王正，周金宇，等. 机械可靠性基本理论与方法 [M]. 2 版. 北京：科学出版社，2012.

[26] 李良巧. 可靠性工程师手册 [M]. 2 版. 北京：中国人民大学出版社，2017.

[27] 秦大同，谢里阳. 疲劳强度与可靠性设计 [M]. 北京：化学工业出版社，2013.

附 录　冲 突 矩 阵

改　善　的　工　程　参　数

恶　化　的　工　程　参　数

冲突矩阵特性		1	2	3	4	5	6	7	8	9	10	11	12	13	14	15	16	17	18	19	20	21	22	23	24	25	26	27	28	29	30	31	32	33	34	35	36	37	38	39
运动物体的质量	1			15,8		29,17		29,2		2,8	8,10	10,36	10,14	1,35	28,27	5,34		6,29	19,1	35,12		12,36	6,2	5,35	10,24	10,35	3,26	3,11	28,27	28,35	22,21	22,35	27,28	35,3	2,27	29,5	26,30	28,29	26,35	35,3
静止物体的质量	2				10,1	35,30			35,10		8,10	13,29	13,10	26,39	28,2		2,27	28,19		18,19	18,19		19,6	35,3		1,18	19,14	10,28	18,26	10,1	2,19	35,22	28,1	6,13	28,1	19,15	1,10	25,28	2,26	1,28
运动物体的长度	3	8,15				15,17		7,17		13,4	17,10	1,8	1,8	1,8	8,35	19		10,15	32	8,35		1,35	7,2	4,29	1,24	15,2	29,35	10,14	28,32	10,28	1,15	17,15	1,29	15,29	1,28	14,15	1,19	35,1	17,24	14,4
静止物体的长度	4		35,28		29,35		17,7		35,8		28,10	1,14	13,14	39,37	15,14			3,35	3,25		12,8		6,28	10,28	24,35	30,29	2,32	1	3,2	2,32		1,18	15,17	2,25	3	1,35		26		30,14
运动物体的面积	5	2,17		14,15		29,30		7,14		29,30	19,30	10,15	5,34	11,2	3,15	6,3		2,15	15,32	19,32		19,10	15,17	10,35	30,26	26,4	29,30	29,9	26,28	2,32	22,33	17,2	13,1	15,17	15,13	15,30	14,1	2,36	14,30	10,26
静止物体的面积	6		30,2		26,7						1,18	10,15	5,34	2,38	40			35,39				17,32		30,18		10,35	6,13	32,35	26,28	2,29	27,2	22,1	40,16	16,4	16		13	18,28	23	10,15
运动物体的体积	7	2,26		1,7		1,7				29,4	15,35	6,35	1,15	28,10	9,14	6,35		35,6	2,13	34,39		35,6	36,39	2,22		2,6	29,30	14,1	25,26	25,28	22,21	17,2	29,1	15,13	10	15,29	26,1		2,36	10,6
静止物体的体积	8		35,10	19,14	35,8			7,2			28,10	1,14	1,40	35,34				35,6		34,39		30,6		10,39		35,16	35,3	2,35			34,39	30,18	35		1					35,37
速度	9	2,28		13,14		29,30		7,29			13,28	6,18	35,15	28,33	8,3	3,19		28,30	10,13	8,15		19,35	14,20	10,13	13,26		10,19	11,35	28,32	10,28	1,28	2,24	35,13	32,28	34,2	15,10	10,28	3,34	10,18	
力	10	8,1	18,13	17,19	28,10	19,10	1,18	15,9	2,36	13,28		18,21	10,35	35,10	35,10	19,2		35,10		19,17	1,16	19,35	14,15	8,35		10,37	14,29	3,35	29,37	1,35	2,36	13,3	15,37	1,28	15,1	15,17	26,35	36,37	2,35	3,28
应力或压力	11	10,36	13,29	35,10	35,1	10,15	10,15	6,35	35,24	6,35	36,35		35,4	35,33	9,18	19,3		35,39		14,24		10,35	2,36	10,36		37,36	10,14	10,13	10,40	1,40		2,36	35,19	35,24	2,35	35	19,1	2,36	35,24	10,14
形状	12	8,10	15,10	29,34	13,14	5,34		14,4	7,2	35,15	35,10	34,15		33,1	30,14	14,26		22,14	13,15	2,6		4,6	14	35,29		14,10	36,22	10,40	28,32	32,30	22,1	35,1	1,32	32,15	2,13	1,15	16,29	15,13	15,1	17,26
结构的稳定性	13	21,35	26,39	13,15	37	2,11	39	14,1	35,34	33,15	10,35	2,35	22,1		17,9	13,27	39,3	35,1	32,3	13,19	27,4	32,35	14,2	2,14		35,27	15,32	35,19	32,35	2,35	35,30	35,22	1,8	23,24	35,28	35,23		2	35	23,35
强度	14	1,8	40,26	1,15	15,14	3,34	9,40	10,15	9,14	8,13	10,18	10,3	10,30	13,17		27,3		30,10	35,39	5,19	35	19,35	35,10	35,28		29,3	29,10	11,3	3,27	3,27	18,35	15,35	11,3	32,40	27,11	15,3	2,13		35,19	29,35
运动物体作用时间	15	19,5			2,19			10,2		3,35	19,2	19,3	14,26	13,3	27,3			19,35		2,19		28,6	19,10	28,27	10	20,10	3,35	11,2	3	3,27	22,15	21,39	27,1	12,27	29,10	1,35	10,4		6,10	35,17
静止物体作用时间	16		6,27						35,34			10		39,3				19,18				16		27,16	10	28,20	3,35	34,27	10,26			35,34			1			25,34		20,10
温度	17	36,22	22,35	15,19	15,19	3,35	35,38	34,39	35,6	2,28	35,10	35,39	22,14	1,35	10,30	19,13	19,18		32,30	19,24		2,14	21,17	21,36		35,28	3,17	19,35	32,19	24	22,33	22,35	26,27	26,27	4,10	2,18	2,17	3,27	26,2	15,28
光照度	18	19,1	2,35	19,32		19,32				10,13	26,19		32,30	32,3	35,19	2,19		32,35		32,1	32,35	32	13,16	13,1	1,6	19,1	1,19	11,15	3,32	15,19	35,19	19,35	28,26	15,17	15,1	6,32	32,15	2,26	2,25	2,13
运动物体的能量	19	12,18		12,28		15,19		35,13		8,35	16,26	23,14	12,2	19,13	5,19	28,35		19,24	2,15			6,19	12,22	35,24		35,38	34,23	19,21	3,1		18,44	2,35	28,26	2,35	12,28	23,24	1,6	32,2	12,3	35,10
静止物体的能量	20		19,9								36,37			27,4	35								37,18				3,35	10,36			10,2	19,22	1,4							
功率	21	8,36	19,26	1,10		19,38	17,32	35,6	30,6	15,35	26,2	22,10	29,14	35,32	26,10	19,35	16	2,14	16,6	16,6			10,35	28,27	10,19	35,20	4,34	19,24	32,15	32,2	19,22	2,35	26,10	26,35	35,2	19,17	20,19	19,35	28,2	28,35
能量损失	22	15,6	19,6	7,2	6,38	15,26	17,7	7,18	7	16,35	36,38		14,2	26	19,38	1,13		17,25	19,38	1,13		3,38		35,27		10,36	10,18	10,30	18,3	3,2	21,22	21,35		35,32	2,19	7,23	35,3	2	28,10	28,10
物质损失	23	35,6	35,6	14,29	10,28	35,2	10,39	1,29	35,8	28,10	14,15	3,36	29,35	2,14	35,28	28,27	27,16	21,36	1,6	35,18	28,27	28,27	35,27		28,27	15,18	6,3	10,24	24,2	32,35	32,35	2,35	35,10	15,34	32,28	2,35	15,10	35,10	35,18	28,35
信息损失	24	10,24	10,35	1,26	26	30,16				30,26		2,22			10	10						10,19		10,19		24,26	24,34	24,26				22,10	10,21	32	27,22			35,33		13,23
时间损失	25	10,20	10,20	15,2	30,24	26,4	10,35	2,5	35,16	35,16	10,37	37,36	4,10	35,3	29,3	20,10	28,20	35,29	1,19	35,38	1	35,20	10,5	35,18	24,26		35,38	10,30	24,34	32,26	35,18	35,10	24,26	35,18	35,10	15,10	6,29	18,28	24,28	28,18
物质或事物的数量	26	35,6	27,26	29,14	35,14	15,14	2,18	15,20	35	35,29	35,14	3,36	14,35	15,2	14,35	3,35	3,35	3,17	34,29	3,35		35	7,18	6,3	24,28	35,38		18,3	13,2	33,30	35,33	3,35	29,1	35,29	2,32	15,3	3,13	3,27	8,35	13,29
可靠性	27	3,8	3,10	15,9	15,29	17,10	32,35	3,10	2,35	21,35	8,28	10,24	35,1	11,28	2,35	34,27		3,35	11,32	21,11		10,11	10,35	10,29	10,28	10,30	21,28		32,3	11,32	27,35	35,2	27,17	1,11	13,35	11,13	27,40	11,13	1,35	1,35
测试精度	28	32,35	28,35	28,26	32,28	26,28	26,28	32,13		28,13	32,2	6,28	6,28	32,35	28,6	28,6	10,26	6,19	6,1	3,6		3,6	26,32	10,16		24,34	2,6	5,11			28,24	3,33	6,35	1,13	1,32	13,35	27,35	26,24	28,2	10,34
制造精度	29	28,32	28,35	10,28	2,32	28,33	2,29	32,23	25,10	10,28	28,19	3,35	32,30	30,18	3,27	3,27		19,26	3,32	32,2		32,2	13,32	35,31		32,26	32,30	11,32			26,28	4,17			25,10			26,24		10,18
物体外部有害因素作用的敏感性	30	22,21	2,19	17,1	1,18	22,1	27,2	22,23	34,39	21,22	13,35	22,2	22,1	35,24	18,35	22,15	17,1	22,33	1,19	1,24	10,2	19,22	21,22	33,22	22,10	35,18	35,33	27,24	28,33	26,28		24,35	2,25	35,10	35,11	22,19	22,19	33,3	22,35	22,35
物体产生的有害因素	31	19,22	35,22	17,15			22,1	17,2	30,18	35,28	35,28		1,3	24,2	15,22	21,39	22,35	22,35	19,24	2,35	19,22	2,35	21,35	10,1	10,21	1,22	3,24	24,2	3,33	4,17						19,1	2,21	2		22,35
可制造性	32	28,29	1,27	1,29	15,17	13,1	16,40	13,29	35	35,13	35,12	35,19	1,28	11,13	1,3	27,1		27,26	28,24	28,26	1,4	27,1	19,35	15,34	32,24	35,28	35,23	1,35	1,32		24,2			2,5	35,1	2,13	27,26	6,28	8,28	35,1
可操作性	33	25,2	6,13	1,17	1,28	1,17	18,16	1,16	4,18	18,13	28,13	2,32	15,34	32,35	32,40	29,3	1,16	26,27	13,17	1,13		35,34	2,19	28,32	4,10	4,28	12,35	17,27	25,13			2,25	2,5		12,26	15,34	32,26	1,34	15,1	12,17
可维修性	34	2,27	2,27	1,28	3,18	15,13	16,25	25,2	1	34,9	1,11	13	1,13	2,35	11,1	11,29	1	4,10	15,1	15,10	15,1	15,10	15,22	32,1	2,35	32,1	2,28	11,10	10,25		35,10		1,35	1,12		7,1	34,35	1,32		15,10
适应性及多用性	35	1,6	19,15	35,1		15,30	15,16	15,35		35,10	15,17	35,16	15,37	35,30	35,3	2,16		27,2	6,22	19,35		19,1	18,15	15,10		35,28	3,35	13,35	27,35			35,30	35,11	1,13	1,35		15,29	27,34	35,28	5,12
装置的复杂性	36	26,30	2,26	1,19		14,1		6		34,26	1,16	19,1	16,29	2,35	2,13	10,4	2	2,17	24,17	27,2		20,19	10,35	35,10		6,29	13,3	13,35	2,26	26,24				13,35	1,32	12,26				12,26
监控与测试的困难程度	37	27,26	6,13	16,17		2,13	2,39	29,1		3,4	36,37	35,3	27,13	11,22	27,3	19,29	25,34	3,27	2,24	35,38	19,35	19,1	35,3	18,1	35,33	18,28	3,27	27,40	26,24	22,19	22,19	2,21	5,28	2	12,26	1,15	15,10		34,21	5,12
自动化程度	38	28,26	28,26	14,13	23	17,14				28,10	2,35	13,35	15,32	18,1	25,13	6,9		26,2	8,32	2,32		28,2	23,28	35,10	35,33	24,28	35,13	11,27	28,26	28,26	2,33	2	1,26	1,12	1,35	27,4	15,24	34,27		5,12
生产率	39	35,26	28,27	18,4	30,7	10,26	10,35	2,6	35,37	28,15	28,10	10,37	14,10	35,3	29,28	35,10	20,10	35,21	26,17	35,10		35,20	28,10	28,10	13,15	35,38	1,35	1,35	27,2	1,35	10,38		1,35	1,10	18,10	22,35	35,22	35,28	5,12	

改　善　的　工　程　参　数